国家自然科学基金面上项目 51778118

Λ解码

历史地段保护与更新中的数字技术

唐芃 著

东南大学出版社 · 南京

Λ DECODE

DIGITAL TECHNOLOGY IN
PROTECTION AND RENEWAL
OF HISTORIC AREA

图书在版编目（CIP）数据

∧ 解码：历史地段保护与更新中的数字技术 / 唐芃
著 . -- 南京：东南大学出版社，2021.12
    ISBN 978-7-5641-9980-7

Ⅰ . ① ∧… Ⅱ . ①唐… Ⅲ . ①旧城保护 – 研究 – 宜兴
Ⅳ . ① TU984.253.4

中国版本图书馆 CIP 数据核字（2021）第 274400 号

∧解码：历史地段保护与更新中的数字技术
∧ JIEMA: LISHI DIDUAN BAOHU YU GENGXIN ZHONG DE SHUZI JISHU

著　　者：唐　芃
责任编辑：戴　丽　魏晓平
责任校对：子雪莲
责任印制：周荣虎
装帧设计：陈今子　唐　芃

出版发行：东南大学出版社
社　　址：南京市四牌楼 2 号
邮　　编：210096
电　　话：025-83793330
网　　址：http://www.seupress.com
电子邮箱：press@seupress.com
印　　刷：南京新世纪联盟印务有限公司
经　　销：全国各地新华书店
开　　本：700 mm×1 000mm　　1/16
印　　张：19
字　　数：385 千字
版　　次：2021 年 12 月第 1 版
印　　次：2021 年 12 月第 1 次印刷
书　　号：ISBN 978-7-5641-9980-7
定　　价：118.00 元

序

    2012年，刚回国不久的唐芃加入了我负责的"十二五"国家科技支撑计划项目"传统古建聚落规划改造提升关键技术研究与示范"的研究团队。从那时起，除了项目课题设定的性能化规划、预防性保护、市政设施增设、热舒适环境改善等内容外，关于数字技术应用的一些新研究方法也由唐芃尝试着带进了课题研究工作中。如今，唐芃的工作已经经历了"十二五"国家科技支撑计划、"十三五"国家科技重大专项和国家自然科学基金项目的持续深化进阶，特别是通过数年宜兴蜀山古南街历史文化街区保护和适应性再利用的数字技术实践，逐渐总结出了一些成果并集结在本书中呈现。

    "数字技术"与"遗产保护"的相遇常常被人误解，不少人认为数字技术在传统建筑聚落的应用就是数字化测绘或三维扫描。这本书以丰富的研究案例展现了以信息技术为代表的数字手段在解码历史信息和历史文化传承创新中的潜力和作用。唐芃根据传统建筑聚落的尺度层级，从建筑立面风格获取、街巷形态建构、空间肌理解析、传统街道连续性探索和公共空间尺度层级量化评价等方面，详解了数据挖掘和机器学习等数字技术的应用。同时，结合古南街的实际工程将解析获取的规则写入程序，尝试完成了历史地段更新设计中的计算机自动生成设计。本书的每一个研究案例都是经过精挑细选的，并力求解析逻辑清晰\结构完整，而将这些研究案例串联起来就呈现了一个历史地段多尺度层级的数字化研究图谱。

多少年来，我国城镇建筑遗产一直面临快速城镇化进程中保护与发展的尖锐矛盾。2021年9月3日，中共中央办公厅、国务院办公厅印发了《关于在城乡建设中加强历史文化保护传承的意见》，经过一代又一代学者、规划师和建筑师的持续努力，我们终于看到了历史文化街区和建筑遗产保护传承和扬弃创新的新共识和新愿景，而数字技术的创新展拓无疑是实现新共识和新愿景的重要路径之一。

中国工程院院士
东南大学建筑学院教授

前　言

　　λ 演算（Lambda Calculus）是一套从数学逻辑中发展出来，以变量绑定和替换的规则来研究函数如何抽象化定义、函数如何被应用以及递归的形式系统，由数学家阿隆佐·邱奇（Alonzo Church）在1930年代首次发表。与图灵机类似，λ 演算目的是构造一个计算模型，可以通过简单的规则完成任何机械计算，但与图灵机倾向于硬件实现不同，它更倾向于逻辑的推理。λ 演算是最根本的函数式编程语言，是一个由 λ 项定义和规则组成的形式系统（Formal System），它通过 λ 项和对 λ 项的变换操作来表达计算。由 λ 项的语法设定变量、函数和函数调用的定义，它们在 λ 演算中的术语分别是变量、抽象和应用。

　　在本书中，"λ 解码"用来概括我们在历史地段保护与更新中的数字应用。针对具有系统性尺度层级的中国传统历史地段，我们通过解析各层级要素之间的关系、各空间要素自身的构成，对其进行数字编码，用以描述各个空间要素本身的特征和各层级要素之间的几何和逻辑关系。我们套用 λ 演算的结构，针对每一个空间构成要素如建筑立面、道路系统、公共空间等的研究，都有定义变量、抽象运算与设计应用的过程。为此，本书借用"λ 演算"的概念，命名为《λ 解码：历史地段保护与更新中的数字技术》。

　　本书分为绪论、理论研究篇和工程实践篇三篇。

　　绪论：探讨了作者团队多年来在历史地段保护规划与更新实践中所遇到的问题，提出解决这类问题的研究思路和所要用到的数字技术的方法，并介绍了国内外经典案例。

理论研究篇：主要围绕宜兴蜀山古南街历史街区保护规划中的科研工作，介绍了涵盖二维层面的传统民居立面风貌保护到三维层面的传统聚落空间构成的诸多研究内容。遵循历史街区空间要素的尺度层级，建立建筑立面、道路肌理、街道连续性、公共空间尺度层级、建筑群体的渐进关系并展开研究论述。在该篇中每一章的第一部分都有对概念的详解，对每一章节所用到的算法工具、软件平台或数字技术手段也有较为翔实的解释，能够帮助读者准确获取信息。

工程实践篇：主要围绕宜兴蜀山古南街历史街区的实际工作，先介绍了街区整体保护规划导则和设计策略，再根据规划设计、建筑设计、景观设计等工作，按照从街区尺度到建筑尺度的尺度层级进行项目介绍。因为工程实践一直在进行当中，本书只能呈现部分已建成的或有代表性的案例，希望在不久的将来可以呈现更多的作品。

本书的每一章所阐述的研究问题、研究方法或案例解析内容都相对独立，读者可以按照作者建立的尺度层级关系体系进行阅读，也可以直接进入某一章进行阅读。

目　录

绪论
INTRODUCTION

0.1 历史地段保护与更新中的问题

位于我国各处的历史文化街区或者传统建筑聚落，是城镇建筑遗产的聚集地带。在它们当中未必有很多法定的保护建筑，也不是每一个单体建筑都具备文物价值，但这些单个的建筑组合形成的建筑聚落却具有从街区到建筑多尺度连续的形态肌理，保留着城镇的历史记忆和物质空间的连续性，反映出城镇历史风貌的特点，是传承历史文化信息最直接的载体。城镇历史地段的保护与适应性再利用工作需要行之有效的技术手段和组织管理，在这之后才能保证良好的建筑设计与施工落地。王建国院士曾说，当下针对中国特有的历史地段保护与适应性再利用的研究工作，其意义事关中华优秀建筑文化传承和"乡愁记忆"的身份认同，符合当前世界范围内建筑遗产保护和再利用前沿发展的国际潮流。

在本书中，依据团队多年来在历史地段的实践工作中遇到的问题，聚焦数字技术与人工智能在城镇历史地段风貌保护与更新过程中的研究思路和技术策略。

历史地段（Historic Area）是国际上通用的概念。历史地段可以是文物古迹比较集中连片的地段，也可以是能较完整地体现出历史风貌或地方特色的区域。历史地段内可以有文物保护单位，既包括城镇中的街区，也可指代其他建筑群、古镇、古村等。我国颁布的《历史文化名城保护规划规范》（GB 50357—2005）中对其定义为："保留历史遗存较为丰富，能够比较完整、真实地反映一定历史时期传统风貌或民族、地方特色，存有较多文物古迹、近现代史迹和历史建筑，并具有一定规模的地区。"[1]本书沿用这一定义来明确研究对象。

国际上对于历史地段保护问题的关注始于1960年代，并从那时起将文化遗产保护的概念逐渐扩大，强调"由单体建筑扩大到周边环境以至历史地段"。1980年代之后国外城市形态研究的工具与方法被不断介绍进我国，其中 "形态类型学"（Typo-Morphology），"结构主义"（Structuralism）思潮以及"空间句法"（Space Syntax）等影响较大。这类研究工具或方法揭示的是事物间的结构与系统，引导的是整体性、系统性分析问题的角度。它们均强调关注形态要素间共时性的层级关系：尺度层级（Hierarchical Scales）。"通过街道、地块及建筑三个基本形态要素来识别城市建成形态特征是一个普遍的共识"[2]。英国

图0-1　克罗普夫的层级序列图解揭示了从建筑材料构件到城市肌理的层级结构关系

城市肌理 Urban Tissue

街道 Street（单一肌理 Simple Tissue）

地块序列 Plot Series

地块 Plots

建筑 Buildings　地块 Areas

房间 Rooms

路径/街道空间 Routes/Street Spaces

构件 Structures

材料 Materials

学者克罗普夫结合了康恩泽等为代表的城市形态学（Urban Morphology）和卡尼吉亚等为代表的建筑类型学（Architectural Typology）的理念，针对传统城市街区提出"组合层级"（Compositional Hierarchy）理论，如图0-1所示，明确了"城市肌理—单一肌理—地块序列与街道—地块—建筑与场地（无建筑覆盖空间）"的层级结构关系[3]。著名的城市理论学家尼克斯·萨林加罗斯在《新建筑理论十二讲——基于最新数学方法的建筑与城市设计理论》中提到，历史上优秀的建筑和城市设计中存在普遍的尺度层级的规律，两个连续尺度之间存在大概比率。若一个设计能够满足这个条件，一定会更加适应人类审美感知，就像在古代或中世纪的建造中频繁出现的倍数一样[4]。在我国，2002年颁布的《中华人民共和国文物保护法》和2018年发布的《历史文化名城保护规划标准》也明确建立起包含"历史文化名城—历史文化街区—文物保护单位"三个层级的历史文化遗产保护体系。

中国针对历史地段的研究已经经历了几个阶段，当下更多见的是探索历史地段空间形态的演化进程、内外部关联、层级化格局与特点等综合和立体的研究。尤其难能可贵的是，一些学者对国外的研究工具与方法进行了适合中国城镇特点的改进，为中国历史地段的空间形态研究做出了创新的探索。例如东南大学的宋亚程、韩冬青等在街区与内部要素结构关系层面，通过对南京老城街区形态的观察与研究，提出"物质地块"及"套叠"（Embeddedness）两个概念，并发展出一套描述街区内部要素结构关系的量化方法，使得国外引进的形态类型学的理论能够更好地应用于中国特色的城市研究，催生出适合中国城市形态研究的方法体系[5]。

总之，不孤立地研究某个历史建筑或者历史遗存，整体而系统地看待历史地段，建立起多尺度层级的空间概念并认知其构成规则，是目前历史地段空间形态研究的总趋势。然而在历史地段保护与更新的研究中仍存在一些尚未很好解决的问题。

1. 不同层级的空间要素在认知上缺乏连贯性

城市建设一般是通过从宏观、中观到微观不同尺度层级的控制与引导来完成的。在这一过程中研究对象虽然都是物质空间要素，但参与的学科领域以完全不同的观察视角和立场进行工作。例如，同样面对城市建设用地，地理学者从国土空间的角度出发，关注城市建设用地与地理结构和其他城市间的平面格局；城市设计者关注城市建设用地与城市基础设施、生态环境及景观风貌的适应关系；建筑师关注建造逻辑与空间氛围的塑造。不同的观察视角引发了相互分离的研究语言体系，致使在自上而下的层级控制过程中信息的误传频频发生，很难通盘推演和认知城市中各尺度层级要素间的连贯性和关联性。

空间形态要素之间跨越尺度层级的连贯性认知尚需数字技术的介入。数字驱动的设计方法在国际上的应用正是一次设计思维的变革，它打破了城市建设中各学科领域以尺度划定工作范围的界限，以数据信息的递归完成城市与建筑尺度之间，甚至城市设计到建筑单体构件之间的无缝衔接，建构起各尺度层级空间要素之间的整体关联，并提供有效的解析工具。

2. 形态分析与形态设计之间缺乏互动性

形态分析是通过对复杂建成环境的抽象与概括，捕捉形态模式的形成与演变规律的过程，是从微观层级导向宏观层级的推演过程；形态设计则是依据分析结果从宏观层级向微观层级推演的过程。在目前的工作中，这两种相反的思维过程所使用的方法与工具截然不同，也因为数据流在两者之间没有相互传递的渠道，降低了它们的互通效率。因此，一直以来历史地段的形态分析与保护规划设计之间始终有一条间隙，形态分析无法为设计工作提供明确依据，设计成果也无法从形态分析中得到有效反馈。

在数字设计领域，把建筑设计原理转为自动化程序的生成设计（Generative Design）为建筑设计方法的数理化发展提供了契机。不断精细化的历史地段保护与更新工作，需要将形态分析工作中形态到数据的逆向建模过程，与生成设计中数据到形态的正向设计过程连接起来，形成"形态分析—形态设计"之间的良性互动，以预期模拟的方式应对历史地段保护与更新中的问题。

我们认为，当前对历史地段空间形态要素之间连贯性的认知尚缺乏能够跨越尺度界限开展工作的解析工具，同时，当前各类数字化测绘与量化技术成为历史地段形态研究的外围辅助工具，但并非研究的核心，数理分析方法亟须与设计创作方法融合，以数据驱动形态分析与生成设计方法的一体化。

0.2 基于数字技术的研究思路与方法

0.2.1 研究思路

王建国院士在《中国城市设计发展和建筑师的专业地位》一文中提到，信息化社会中新一代城市设计范型"是一次以工具方法革命为前提的范型跃升，数据库第一次被作为城市设计的基本成果形式呈现，且能够容纳并处理前三代范型所需成果的海量信息，可以建构与城市规划共享的数据平台从而可以更有效地进入设计管理和后续实操"[6]。这段话同样适用于我们在历史地段的保护与更新中的工作。

一方面，测绘工具的日益精进使研究者在可以短时间内收集和存储大量信息，同时量化分析工具的涌现为空间形态解析提供了多种手段。另一方面，遵循中国传统理念建构起的历史地段，无论是建筑本身的模数化建造体系，还是院落形式，抑或街巷构型，都有着明确的尺度层级关系，适合建立起逻辑结构清晰的数据集（Data Set），并能够以此为基础挖掘历史地段空间形态的构成规则。应当看到，信息数据的大量积累为数据驱动的历史地段空间形态的体系化研究和生成设计应用带来了新的可能。

从技术角度看，数字、信息技术参与历史地段的保护与更新工作，其优势体现在以下四个方面：

第一，数据集是计算机存储、组织数据的方式，是指相互之间存在一种或多种特定关系的数据元素的集合。在通常情况下，精心选择的数据结构可以带来更高的存储或者运行效率[7]。第二，以数据记录而非图文记载的方式描述空间形态，能够系统准确地编码和标识空间要素的信息，在建筑学意义上能够贯通"从形态到数据"的形态分析过程和"从数据到形态"的形态设计过程之间的数据流，形成跨越尺度界限的一体化工作方法。以数据形式进行的信息传递和归纳是传统的图形和文字无法比拟的。第三，大量数据的有序组织使计算机信息技术在处理模糊信息上的优势能够体现出来。机器学习（Machine Learning）等信息技术工具能支持研究者发现隐含在空间形态表象背后不可言说的规则，为历史地段空间形态的研究打开一扇大门。第四，数据集往往同高效的检索算法和索引技术有关。基于算法程序而建立的数据集将各尺度层级信息统合起来，可获得空间形态构成规则，从而能够直接进入下一步的生成设计工作，形成形态分析与形态设计及方案优化的数字链闭环。

综上所述，数字、信息技术参与历史地段的保护与更新工作，主要是以数据驱动的方法提取历史地段空间形态特征，并以数据流链接形态分析与形态设计的各个阶段。其重点旨在借助计算机信息技术，以数据集的方式反映历史地段空间要素之间连贯的多尺度层级关系，挖掘空间形态特征并形成要素间映射机制，研发数据驱动的历史地段保护与更新的生成设计工具，形成"形态分析—形态设计"一体化的工作流程（图0-2）。

这一研究思路，一方面将目前空间形态研究的理论与方法进行系统化梳理，用数字方法表述历史地段空间形态要素间的关联，推进"基于经验的人为归纳"到"基于数据的模式提取"的工作方式；另一方面进行跨越尺度界限连贯性的形态解析与认知，推进"多尺度离散研究"到"多尺度连贯性推演"的认知体系升级。这一研究思路将计算机信息技术运用到历史地段保护与更新工作中，以数据流链接 "数据收集—特征提取—生成设计—方案优化" 全流程，建立起形态分析到形态设计的一体化工作方法。这一研究思路也希望推动历史地段保护与更新设计的数字化方法探索，尝试以设计师身份自主开发设计生成工具，切实解决实际工作中的问题，完成从"设计师提出方案"到"智能算法与设计师协同"的方法升级。

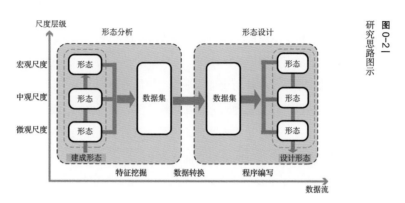

图 0-21 研究思路图示

0.2.2 既有研究方法梳理

1. 历史地段空间形态的定性与定量研究方法

目前为止，历史地段空间形态的研究大致分为两类：1）基于专业知识和经验的定性分析与归纳，如谱系梳理、拓扑关系归纳、类型学研究等等；2）跨学科背景下的多种量化与数学建模方法，包括空间句法、分形维度（Fractal Dimension）等等。

其中，定性分析与归纳的成果已经广为人知，例如：彭松研究了西递聚落单体以及整体聚落形态[8]；丁沃沃、李倩总结了聚落的形态规律、空间特征以及归纳出村落形态要素，指出道路的交叉情况直接影响了聚落的空间形态[9]；段进、季松等基于结构主义方法对太湖流域古镇空间进行了解析[10]；田银生、谷凯等引进了类型学理论并将该学派的方法运用于中国传统城市形态的研究中[11]；梁江、孙晖也运用类型学方法对中国几个城市中心区的形态演化展开了研究，强调了地块要素在分析中的重要作用[12]；叶宇、庄宇运用空间矩阵分析了上海中心街区形态，总结了空间指标分布规律及空间形态类型[13]。

对历史地段进行定量分析与数学建模等研究的发展，得益于GIS技术[14]、统计分析软件（如SPSS）、智能建模软件（如CityEngine、Grasshopper插件）、景观分析软件（如Fragstats）的发展。历史地段平面形态的量化方法通常采用多指标组合的方式，如王昀采用"求心量—领域—方向性—住居间距"[15]、浦欣成采用"边界形状、空间结构、建筑秩序"

三组形态指数[16]。量化分析的数学手段包括聚类分析、相关性分析、Logistic回归模型[17]等。为大家所熟知的空间句法的研究方法基于图论（Graph Theory）来揭示空间形态的深层结构特征（空间的连接度、深度、集成度等等），进而建立物质空间结构与空间功能配置的关联[18]。大量学者运用空间句法对中国的城市形态进行了研究，如：杨滔从空间句法理论出发探讨了城市空间形态的基本问题，加强了城市空间结构及其效率的认识[19]；盛强聚焦福州三坊七巷等地区的传统街巷网络，提出了多尺度网络系统叠加和"分类器"的概念[20]；王浩锋应用空间句法分析了徽州传统村落的空间结构形态，并归纳出了聚落形态属性表[21]；陈泳等从空间角度解释了江南古镇的演化机制，尤其是在公共空间系统演变过程中隐含着的规则[22]。分形维度的方法多被用于表征历史地段平面的层级与序列关系[23]等。

目前历史地段空间形态的研究，在建筑聚落、街区路网、空间肌理等各个层面展开并正在形成具有本土特色的理论与方法群，这是本书后文陈述的研究的基石。

2. 人工智能的方法在空间形态特征提取中的应用

近年来，数字技术及其理念越来越多地应用到建筑学领域，其研究更多地集中在形态信息的智能化解析与特征提取上。机器学习是人工智能的一个分支，在30多年来已经发展为一门涉及概率论、统计学、逼近论、复杂性理论等的交叉学科，其研究历程表现出一条从以"推理"为重点到以"知识"为重点再到以"学习"为重点的脉络。目前其理论主要作为设计和分析让电脑可以自动"学习"的演算工具[24]，并在建筑学领域有着广泛的探索和实验。例如，机器学习中基于案例推理的方法（Case Based Reasoning，简称CBR），模拟了设计师基于设计经验和参考案例设计的思维过程，即对大量既有建筑方案进行收集、存储和分析，当面临新的问题时对数据库中的相关方案进行检索，经过推理等适应性调整后运用于目标问题中，通过测试和优化得到解决方案，并将生成的方案作为新案例存储于数据库之中，从而完成问题解决和经验积累的过程[25-26]。许多学者根据要解决的建筑问题研发了算法工具或开发了工具平台。苏黎世联邦理工学院（ETH）的本杰明·迪伦伯格（Benjamin Dillenburger）教授将描述地块与建筑关系的包裹（Parcels）作为一个基本数据储存单位，来尝试适应建筑学思维方式的空间检索（Space Index），并为苏黎世建立了城市空间形态检索和机器学习的程序算法[27]。以此为启发，笔者团队在罗马中央火车站周边地区城市更新的中外合作研究中，利用OpenStreetMap（OSM）地图数据建立罗马城市建筑与地块关系案例数据库，通过基于案例推理获得地块建筑组合规则并运用到生成设计中，获得了初步的成果[28]。这两个案例将在下一节进行介绍。Fan Lubin等从图像修补的思路入手，通过既有信息自动补全被遮挡、残缺的建筑立面，对于门窗较多且特征明显的建筑立面修复呈现出令人满意的结果，展示了在历史地段空间重建中应用的可能[29]。笔者团队也尝试基于CityEngine平台对南京市建成区优秀空间形态进行规则解析与重构，并在新区城市设计的初期形态方案中进行了应用[30]。

2017年后以机器学习方法为核心的人工智能研究迅速崛起，基于卷积神经网络等的深度学习能够摆脱人的主观控制从数据中找到隐含的规则[31]。蔡陈翼、李飚等利用神经网络对抽象空间的组织模式进行识别和分类，并用于南京住宅区形态的聚类与推荐[32]，这个案例将在下节进行介绍。沙玛（Sharma）团队开发的DANIEL推荐系统可根据输入的建筑平面图提取建筑布局逻辑，对应输出具有相似特征的建筑平面[33]。黄蔚欣等基于生成对抗神经网络（GAN）实现根据新输入的功能色块图生成逼真的户型平面图[34-35]。彭茜等利用CNN网络对城市纹理和土地利用分类进行大规模、精细的判别等[36]。目前深度学习的方法在历史地段空间形态中的应用比较少见，但既有案例表明其在判别历史地段空间肌理，提取空间形态要素规则等方面有广泛的前景。

3. 生成设计方法

智能化的生成设计方法强调以数据驱动的从数据收集到生成设计甚至关联到数控建造的全链条工作流程。苏黎世联邦理工学院的卢德格尔·霍夫施塔特（Ludger Hovestadt）教授在在一项拥有300个住户的公寓街区的设计中开发了数字链（Digital Chain）控制系统。在设计中通过调节按钮，无论是改变城市规划层面的要素还是建筑构造细节，都可以关联到整个建筑的自动更新，这是基于数字链系统的生成设计方法的较早尝试[37]。本书的研究将历史地段中包含建筑构件到空间肌理各尺度层级的形态要素进行数据集的整合也基于这一理念。

国外多所知名大学和多个团体在生成设计方面有着丰富的进展，斯坦福大学计算机系完善了住宅设计的优化算法，澳大利亚Superspace小组基于城市数据对建筑设计进行自动化分析与优化[38]。当前人工智能正在从信息集成、映射建模、预测决策等层面渗透到建筑设计中[39]，而生成设计方法力求使智能算法参与设计师的设计思维与空间操作过程。基于多目标优化、复杂适应性系统等理论，生成设计方法通过定义规则实现动态演化过程，最终产生符合预设目标的大量设计方案。非线性建筑设计理论把数字化图解与生形算法引入建筑设计中[40-41]，能够生成历史地段路网、划分地块、建立景观乃至设计建筑单体。形式语法（Shape Grammar）被用来模拟传统建筑的整体形式[42]或局部构造[43]。数字图解可通过运算化手段来实现建筑性能化设计[44]，并实现高度定制化的建造过程。智能化手段与建筑设计问题的结合日益深入，可进行各类历史地段空间形态相关的设计实验[45]。在本书第二章中将介绍的利用粗糙集等数据挖掘工具解析宜兴蜀山古南街历史文化街区建筑立面的要素组合规则，以此编写传统街巷建筑立面生成设计工具的案例，也是生成设计在历史地段应用的最新案例。

0.3 国内外既有案例介绍

0.3.1 基于用地相似度的基地索引方法及在苏黎世的运用

目前为止在其他领域能够高效使用的搜索引擎很难适用于建筑学的设计案例检索。因为建筑学的案例通常通过图形的方式进行记录和存储。搜索引擎对于语言类表述的反应是比较直接而敏锐的，通过建筑功能分类关键词的方式进行功能查询是可行的，但并不能达到检索出建筑形态的目的。苏黎世联邦理工学院本杰明·迪伦伯格教授指出，目前使用较多的三种建筑检索的方法是基于文本的搜索引擎（Text-Based Search Engines）、形状匹配软件（Shape-Matching Software）和地理信息系统（Geographic Information Systems），但这些都不适用于精确的空间检索。究其原因，其一，形状相似度的计算比文本更复杂，编辑成本更高；其二，在研究中，有效的案例不仅要描述建筑本身的属性，还需要描述建筑周边区域的属性，更为复杂；其三，这些搜索引擎的信息以各种文件格式存储，通常过于详细以至于无法有效浏览。

在迪伦伯格的研究中提出，包裹可能是计算机辅助检索建筑物问题的案例研究的关键。其数据库可以是矢量格式的地块的地图，因为它可以由地理信息系统不断地进行补充和提供。地块、建筑物和街道由二维多边形表示，包裹之间相似性的度量必须由无限可能性来定义其目的是为给定的建筑问题找到最合适的案例研究。在这种情况下，包裹就构成了城市的基本单位。它们超越维度的主要特征是它们与周围环境的相互关系。因此，可以在一个包裹上建造一个建筑物的可能范围不仅取决于其形状，还取决于包裹的周边环境，例如必须满足一定的日照、视线和可达性等基本需求。也就是说文脉（Context）必须被纳入相似度的评价体系中（Thus the context must be incorporated into the measure of similarity）。除了包裹形状的相似性之外，迪伦伯格还提出了三个属性作为可转移性的指标：可见性、相邻建筑物的分布以及街道的方向和位置。

在建立了包裹的量化属性之后，迪伦伯格紧接着提出了对量化结果进行索引的方法。为了实现快速可比性，分析结果被标准化。每个地块都覆盖一个网格，该网格始终由相同数量的垂直列和水平行组成。对位于包裹边界内的网格的每个点计算质量，如上一节中所述，获得的信息可以显示为灰度图像具有固定宽度和高度的n像素，亮度映射到评估值。这些图像此后称为无量纲图。为了测量这些映射中的两个映射之间的距离，总结了单个像素值的差异。值的序列将保存到索建筑师收到一个新任务：他必须在包裹上设计一座新建筑。在案例中，它是一个角落包裹，两侧是邻居建筑物，另一边是街道。它们与边界框的尺寸和简单的几何属性一起，为检索包裹提供了准确的密钥。

　　假设街道直接访问每个地块，那么通往街道的距离和包裹的方位都可以是相关值。对于网格的每个点，保存到街道的最短距离的方向可以通过欧几里得距离进行比较。该矢量的角度也可以保存到位图索引中作为选项，并且差值可以是两者之间的最小角度。为了不丢失相关信息，使用文本来表达检索结构几乎是不可能的，作者制作了一个图形用户界面，进行基于图形的检索。这种方式允许使用者更直观地描述空间配置。通过将地块绘制为多边形，不仅可以对类似地块进行直观的检索，还可以绘制周围的建筑物并定义连接的街道（图0-3）。

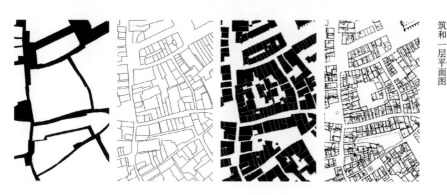

图 0-3|
可能的索引尺度：地块、建筑用地、建筑和一层平面图

　　在检索中，包裹的相似性被实时计算为不同属性如形状相似性、可见性、到周围建筑物的距离和朝向街道的方向等之间的相似性的加权和。为了指定不同检索条件的重要性，用户可以调整各个评价值的相对权重，从而改变了检索结果的相关性排名。在检索结束时，所有地块将按其与问题的相似性进行排序和显示（图0-4）。

　　以上方法被用在苏黎世进行检验。建筑师的任务是在既有的基地上设计一座新建筑。基地位于一个角落，两侧是邻居建筑物，另一边是街道。通过已经开发的用户界面，建筑师可以为他的设计寻找参考。他草绘了基地和周边地块，通过检索将找到与他的基地类似的包裹，从而获得基地与建筑的关系，这种关系是符合苏黎世的城市空间肌理的，从而可以直接从城市地图中选择相关地块作为替代方案。检索程序启动后，计算机在几秒钟内提供了类似的地块包裹，它们作为图纸显示在列表中，并按其相似性排序。用户还可以通过滑块

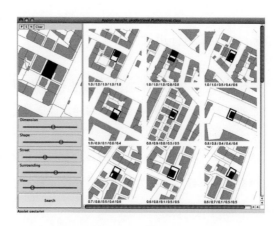

图 0-4|
图形用户界面的软件原形、示例查询和检索的搜索结果

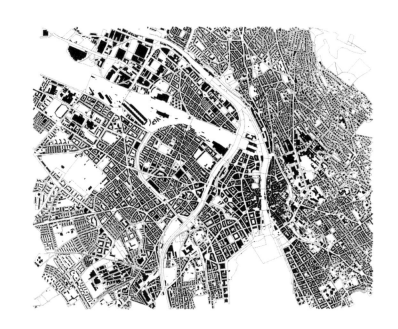

图 0-5｜ 将苏黎世内城的地块地图作为测试案例

调整相关性排名，直到获得他想要的案例。在理想情况下，如果用户找到合适的结果，他就可以访问有关这些包裹的更多详细信息。甚至可以估计建筑的复杂性，预测成本、经济价值或找到与其相关的施工图。他可以了解案例中的既有建筑是如何组织的，楼梯所在的位置以及它们包含的房间数量等。这些都将成为建筑师在这个地块进行设计的起点（图0-5）。

在城市更新设计中，大量的新建街区需要与既有城市空间肌理契合。尤其在城市中的历史地段，空间肌理的合理延续是城市设计重点关注的问题之一。基于数字技术的案例检索系统，可以提取空间肌理的评价值，通过直观的方式获取与地相匹配的地块与建筑的形式；可以提高未来建筑设计过程的速度，并优化其质量；可以避免错误，并改善现有的良好解决方案。

0.3.2 赋值际村：生成设计思维模型与实现

2014年东南大学建筑学院参加全国近十所高校的联合毕业设计，这是一个以世界文化遗产宏村为背景的课题："建构——黟县际村村落改造与建筑设计"。基地位于安徽省黟县的际村，其东、西分别与水墨宏村、宏村相邻，总建设用地约76000 m^2（图0-6）。学生需要根据调研结果自行选择设计目标，课题具有相当的开放性。东南大学建筑学院尝试划分一组学生以模型研究与程序算法为切入点，运用建筑数字技术探索古村落肌理生成、建筑建构方式及与之相关的村落形态演变，将其取名"赋值际村"。

"赋值际村"基于设计组多次"试错式"程序探索，最终确定以演化模型作为程序开发基础。首先提取并分解该课题潜在的原型单元，如肌理形成内因、地块演化逻辑、交通系统与地块功能关联规则等等。一方面，它们基于建筑学科特定课题的应用需求，并将成为程序循环开发的功能模块预设；另一方面，分类

图0-6｜「赋值际村」平面图

方式需要结合开发者对程序算法与数理描述可能性的深度理解，并在确定分类的时候便可以借助理性模型大致描述。如：肌理与"张量场"（Tensor Field）概念存在一定关系，并借助于该数理方法模拟建筑群的生成肌理；地块演化逻辑可以基于半边数据结构（Half-Edge Data Structure）实现；交通系统可能与路径最优化算法相关，并由此拓展到地块的功能暗示；"模式识别"（Pattern Recognition）技术可以应用到中国传统建筑建构与形式生成探索等。换句话说，这种分类并不能根据单一学科确定，必须是开发者对总体知识结构（涵盖建筑学与计算机学科）而做出的理性预断。由于建筑生成设计成果的开发者与使用者合二为一，所以当工具核心需求实现后，研究小组可以通过不定期研讨提出有效的反馈，并在此过程中精化系统、增强系统能力，最终确定"赋值际村"的最终理性演化模型框架（图0-7）。

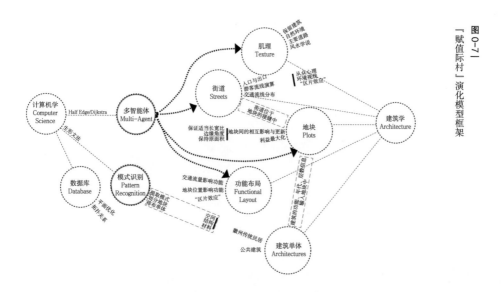

图0-7｜「赋值际村」演化模型框架

际村与世界文化遗产宏村一河之隔，"赋值际村"基于村落的现状秩序，运用程序算法提取可程序化的建筑设计原型，从际村的形态、肌理、交通、建筑功能和单体模式探索其发展趋势，寻求模型方法、程序手段与建筑现状的优化组合。

1. 肌理模拟

选择张量和场的数理方法作为控制村镇肌理生成规则之一是基于其数据图形化与城市或乡村聚落肌理的形似，内在关联有待进一步研究，张量场均可以通过一组矩阵向量表示空间点的多重线性变换。"赋值际村"主要考虑四种关联因素：1）河流、山体等既定位置关系，如背山面水布局特征；2）重要（保留）建筑，新建建筑与老建筑通常方向一致；3）历史形成的主要干道以及"鱼骨形"次一级干道，沿街建筑通常面向街道；4）"风水"从另一个角度提供的一些肌理控制规则，如祠堂的朝向等。有了以上四种控制因子，可以给各因子分配不同权重，同时判断何种分配权重最符合建筑学需求。图0-8显示了不同权重系数对基地内矩阵空间的潜在肌理暗示。

肌理生成的控制因子可以根据实际应用不断扩充，需要在程序编写时预留好必要的封装"接口"。肌理与各地块演化将共同影响建筑的主要朝向。

2. 地块优化

地块优化体现为地块利益最大化演化目标的多智能体彼此博弈的过程，地块须保持预定基本参数需求并遵循共同的演化规则，如合理的长宽比、面积浮动范围、地块角度控制等等。"赋值际村"采用半边结构来描述地块与相邻地块的数据关系，相关地块内的建筑年龄、层数、功能及完好程度也被储存，以备整体演化之需。所有地块彼此无缝连接，道路网将通过半边结构节点与边的关系选择性地在地块边界演化生成。

图0-8 张量场形成的肌理暗示

 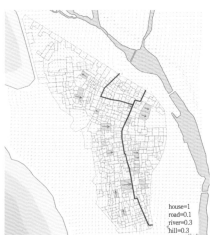

house=0.3
road=0.1
river=1
hill=1

house=1
road=0.1
river=0.3
hill=0.3

∧解码｜历史地段保护与更新中的数字技术｜

地块优化基于多智能体演化算法，并将规划与建筑控制参数植入编程代码，图0-9为随机初始状态下各地块的优化演变过程（地块灰度越深表示状态越差），各地块的演化遵守上述博弈规则。将其初始状态设置为际村既有地块数据，施用相同的演化规则便可以模拟所有地块动态优化进程。

图0-9｜地块优化演化过程

多智能体系统演化模型结合半边程序数据结构可以动态地解决复杂性和不确定性的规划与建筑学问题，单个智能体地块具有独立性和自主性，也能够基于预设的规则确定各自的优化方向，以自主推演的方式影响整体布局的优化进程。

3. 街道与功能分区互动

"赋值际村"交通系统与地块优化互动生成，它们均基于半边数据结构系统，寻径算法已经很多，如A*算法、Dijkstra算法等。半边结构提供了边和节点的基本数据（图0-10a），且可以根据现状路网设定不同的权重，这为街道生成提供了极大的便利。际村位于宏村和水墨宏村之间，考虑际村东西侧交通现状和空间关系，"赋值际村"在西侧和东北侧分别设置4个和6个出入口（图0-10b），两侧相通的路径共有24种可能（图0-10c），结合际村道路现状便可以计算沿交通干道的地块，人流量多少也可以图像化显示，如图0-10d所示颜色越深，人流量越大。

临街且人流量大的地块更倾向于布置商业功能，街区内部的地块倾向于居住功能，其他地块功能则介于两者之间。由此，可以得到一个动态优化的演化模型：地块自组织演化，不断寻找其更为理想的形状和位置，并因此牵动主要交通网络的变更，变更的交通网反过

a 边与节点   b 现状道路   c 流线叠加   d 交通流量

图0-10｜"半边数据结构"道路网系统

来影响地块的功能属性，而地块功能的改变又对地块形状提出新要求。地块、交通网络、功能互相牵制，当演化结果达到预设演化目标时，便可以结束整个优化演化过程，程序总体演化模型如图0-11a所示。此外，"赋值际村"尝试提供人为干预演化模型的可能，如果A、B地块被强制变更为商业功能，由于其规模较大，商业的集聚效应会影响其周边地块的功能，边与节点的权重将也随之改变。这种变化会成为新的演化条件，系统将根据新条件演化出不同的生成结果（图0-11b）。

4. 模式识别与单体生成

传统徽州民居具有明显形制特征，在材料、做法、尺度、比例等方面均具有鲜明的地方特色，其外在表现通常与内部功能和建构方式息息相关。徽州民居的生成可以借助相应的"生形文法"规则完成。单体生成基于特定时刻的地块演化数据及总体肌理暗示（见第0.3.1小节），"赋值际村"以徽派建筑作为其单体塑形模式。对于简单的地块程序经过预处理将其简化成四边形，复杂形状的地块则将其剖分为四边形子地块，程序评判并筛选出最佳的剖分结果（最适宜建筑建造的剖分如图0-12所示），若出现得分并列则根据朝向和道路等因素做决定，程序将以最佳的剖分方式进行单体生成。

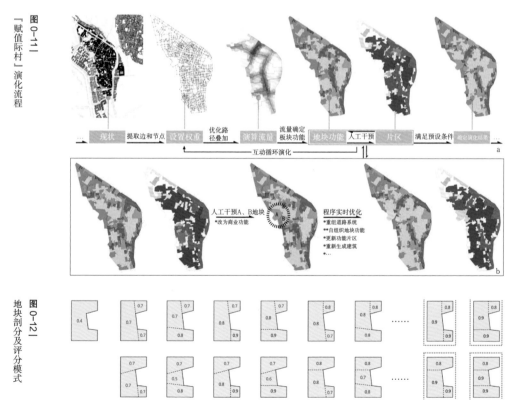

图0-11 「赋值际村」演化流程

图0-12 地块剖分及评分模式

单体生成基于对徽派建筑的建构和风格的认知，是一个从内部结构到外部形式的语法生形过程，即地块剖分、木构架构建、徽派围护结构的模式识别。如图0-13a显示了两例地块的徽派建筑自生成结果，图0-13b为其中384个地块的建筑生成结果。单体生成基于地块参数的线性推导，具有极高的生型效率和极强的自适应性，"赋值际村"只需要数秒钟便可以生成包含结构框架与围护结构的全部单体。

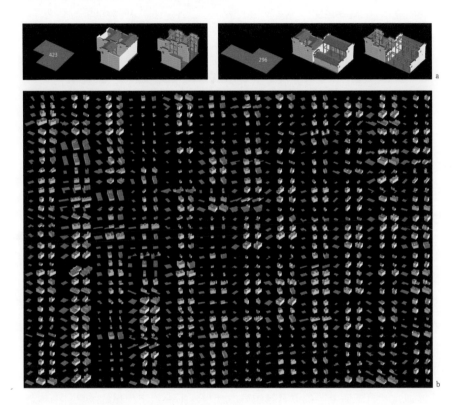

图 0-13 ｜ 徽派建筑结构与表皮自生成系统

上述程序模块遵循模型与应用相分离的原则，所实现的功能也相对独立，但在演化模型过程中它们均保持彼此数据交换的畅通，通过瞬间实现数十次之多的演化、评判、再演化的循环迭代，生成系统逐步提升演化成果的"设计"品质，其间，简单遗传算法起到关键性作用[6]。"赋值际村"源于对建筑学问题的理性演算与推导，但最终成果必须回归建筑学的专业评价。图0-14为演化系统的历时数秒钟的一个生成结果图，对于不同预设参数和干预条件系统将生成不同的结果，并且程序每次运行的结果均满足预设条件而显现成果各异。

"赋值际村"系统使用多智能体演化模型思想，定义智能体以及智能体各自独立的属性和方法，将建筑设计系统转化为由多智能体交互协作的复杂自适应系统，进而针对基于此生成系统的单元模式构建具有特殊适应性的"生形文法"，从而形成完整的建筑生成设计

图
0—14]

「赋值际村」程序生成结果图

的多模块、高内聚低耦合的徽州民居聚落空间生成系统，其模块及演化模型可以扩展到艺术、规划及建筑学等诸多学科。

演化模型系统在"赋值际村"中围绕直观的互动行为和抽象的思维逻辑而展开，并将宏观与微观有机联系。智能体与环境的信息互换使得个体的变化成为整个系统的演化基础，这种方式可以启发建筑师更多地进行关于建模方式的思考——如何让程序提供更多的科学解答而非借助主观控制实现模式化的答案。对于复杂问题的求解，可以通过构建多智能体系统的方式，通过"自下而上"的"自组织"方式呈现不断趋于优化的结果。个体与个体之间的影响在自然界中无处不在，体现主体特征的个体与其所处的环境之间互相影响、互相作用成为系统演变与进化的主要动力。尽管模型方法可运用于各不相同的个案，但技术方法却被应用于越来越多的相关领域。随着计算机程序算法技术的不断提升，各种建筑学经验和思维能力的系统模型与程序算法正朝着更广博、精深、复杂的研究领域扩展。众多以前无法处理的建筑学课题逐步找到新的计算机建模途径，其系统方法日益影响到各类学术分支，模式化的建模手段正逐步形成崭新的横断学科，其研究成果也加快了学科间的密切融合。

（第0.3.2小节的文字和图片源自：李飚，郭梓峰，季云竹. 生成设计思维模型与实现：以"赋值际村"为例[J]. 建筑学报，2015（5）：94-98.）

0.3.3 基于案例学习的罗马Termini火车站周边地块城市更新设计

1. 基地背景

罗马作为世界知名的历史城市，拥有强烈的空间肌理特征。同时，作为一个典型的传统建筑聚落聚集地，其城市空间在漫长的发展过程中遭遇了不断的重构与更新。在东南大学与罗马大学共同进行的关于罗马城市的一系列研究中，"罗马Termini火车站周边地块城市更新设计"是一个相当复杂的课题。双方的研究团队除了进行基于传统设计方法的城市设计以外，还尝试了基于案例学习的数字化城市设计方法。

罗马Termini火车站（Roma Termini Railway Station）是罗马市的主要铁路车站，罗马地铁唯一的转乘站，也是欧洲最大的车站之一，拥有29个月台，每年进出的旅客超过15 000万人次。在1950年完成时，面向站前广场的充满强烈现代感的入口立面宽度就达到了120 m（图0-15左）。其功能形态的强势植入直接破坏了该地区原有的城市肌理，切断了边上的古罗马城墙，也割裂了车站两边的城市生活。目前从火车站的东侧到西侧需要经过漫长的绕行，车站两边呈完全分裂的态势。围绕Termini火车站总用地约20 hm²的片区是本项目的基地（图0-15右）。将因火车站的植入所破坏的城市肌理进行织补、建构便利的沟通车站两边的人行系统、完善城市功能、恢复城市景观是课题设定的四个任务。

在这几项任务中，基于案例学习的方法被用于对Termini火车站周边城市肌理的织补和自动生成中，本文只针对这个问题进行描述。为完成该任务设定的具体步骤为：1）现场调研；2）利用开源城市地图对以基地为中心的罗马主城范围内的地图信息进行全面的数据收集；3）对数据进行分类整合，建立反映每一组地块与建筑之间关系的案例数据库；4）对地块周边人的行为流线、城市空间形态以及各个地块的功能进行分析和归纳；5）探索基于案例学习的街区形态空间相似性的检索方法与优化设计方法，实现地块空间肌理的自动重构和织补。

图 0-15 | 罗马 Termini 火车站周边地区城市现状

2.数据获取与案例库的建立

正如前一个案例所提及的，基于案例学习的方法用到建筑学空间检索（Space Index）中有一定的瓶颈，具体到本研究中反映出的关键问题就是如何描述地块与建筑的形态及其相互关系使得计算机能够识别和特定案例的检索。只有完成这个目标，才能够将案例进行记录与学习，并用于需要织补的地块中。

对于以上问题，笔者将描述地块与建筑关系的包裹作为一个基本数据储存单位来尝试适应建筑学思维方式的空间检索。本研究中的城市设计基本信息来源为OpenStreetMap（OSM）开源网络地图数据库。罗马的OSM开源地图数据较为准确和完整，包含了描述建筑与地块案例所需要的相邻道路、建筑轮廓、地块边界、地块功能等信息，可导出矢量文件，方便计算和判断。在获得的OSM数据中，地块和建筑轮廓均为封闭的多边形，且呈现建筑面积、建筑高度、地块多边形与建筑多边形的包含关系，为后续研究提供了方便。在笔者组建的案例中，存储数据有地块编号、建筑面积、容积率、形状特征、长宽比等基本属性（图0-16）。

这样每一个地块就有了与之对应的一组属性用来进行描述，各组案例之间的相似性被实时计算为不同属性之间相似性的加权和。通过调整加权权重可以指定不同搜索条件的重要性，从而改变相似性排序。图0-17是基于以上案例库进行的测试空间相似性检索成果的程序截图。搭建的搜索引擎成功地从案例库中检索到了可用的案例。程序启动后，计算机会

图 0-16 | 呈现地块与建筑关系多重信息的案例库（局部）

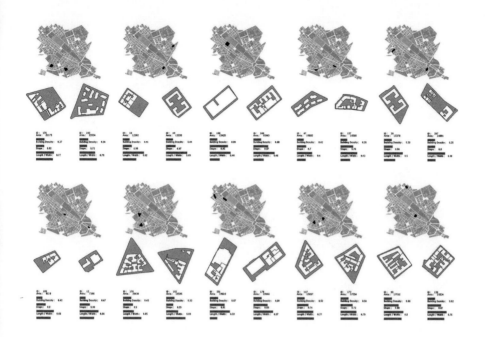

图 0-17|
建筑与地块关系的相似性检索实验（局部）

在几秒钟内提供与目标空间具有相似性的案例，作为图纸显示在列表中，并按其相似性排序。在后续设计工作中，建筑师可以访问被选出案例更多的详细信息。如果确定使用这个案例，它将作为地块解决方案和今后设计的起点。利用这样的方法，可以完成空间肌理的自动织补。

3. 空间肌理的重构和织补

建立案例样本库以及空间相似性检索方法测试有效后，开始探索基于案例学习的空间肌理的自动织补方法。首先通过分析道路连续性、空间连续性、地块功能、地块位置关系以及人流等，提出整个设计地块中最需要更新的几个街区（图0-18a）；其次根据街区周边肌理、相邻地块出入口、相邻街道等级等信息，进行待更新街区内部道路自动划分（图0-18b）。划分好的内部道路形成不同的建筑基地，在案例库中搜索与之具有相似性的案例植入基地之中进行匹配，并将植入后的成果与周边街区进行比对。进行进一步的选择，植入和优化的循环往复过程。在此过程中，植入的案例驱使地块状态逐渐逼近预设目标，如区域开放度、绿地率、容积率、功能复合程度等，最终得到最符合基地条件的植入案例（图0-18c）。

如上所述，案例检索也可以按存储案例的相似度高低依次排序，给建筑师提供多个选择，或者通过调整属性的权重大小控制获得有特殊指向的案例。如果进一步建立实时对话的设计平台，建筑师在预览检索结果后可手动进行调整及再设计，也可根据需要通过计算机进行街区适应性调整。案例置入目标街区后，周边的地图信息随之更新并存储，实时地

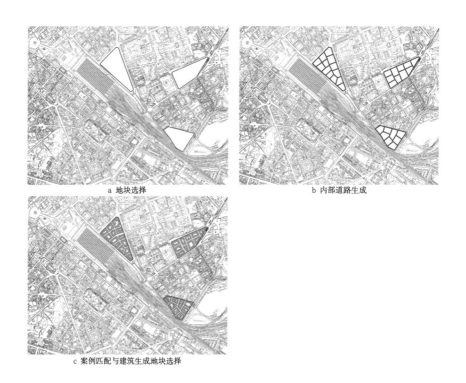

图 0-18|
空间肌理织补的自动生成过程

a 地块选择　　　　　　　　　b 内部道路生成

c 案例匹配与建筑生成地块选择

反馈该建筑植入基地后对周边环境的影响，使设计过程更加理性和高效。

（第0.3.3小节的文字和图片源自：唐芃，李鸿渐，王笑，等. 基于机器学习的传统建筑聚落历史风貌保护生成设计方法：以罗马Termini火车站周边地块城市更新设计为例[J]. 建筑师，2019（1）：100-105.）

0.3.4 神经网络导向的历史性城市住区形态分析与设计决策支持方法

历史性城市中的住宅区是城市形态肌理构成中的重要角色，结合住宅区设计的大量案例数据的解析与决策，将有助于城市更新过程中肌理的延续。住宅区聚类实验探索神经网络对无预设标签的复杂城市形态分析，提出面向形态的住区案例的高效检索方法，构建了案例推荐系统的雏形。

1. 数据挖掘与智能信息处理

实验获取了南京市的兴趣面、建筑轮廓与路网的地理数据（图0-19）。基于ArcGIS平台完成数据集构建，每个住宅区的属性包括名称、ID、详细地址、经纬度、面积、经纬度等。最终获取到4172个南京市住宅区的三维模型，其中一些住宅区仍在建设中或没有建筑信息，最终具备有效信息的住宅区有3656个。

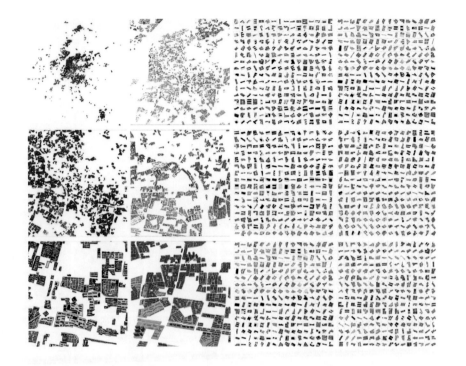

图 0-19 |

基于数据挖掘获取南京市所有住宅区的几何数据及属性信息

2.形态特征提取与聚类可视化

实验以GoogLeNet多层特征映射将住宅区的形态特征表征为2048维向量，继而做数据降维（Data-reduction），从而完成聚类的可视化。住宅区形态的聚类结果如图0-20所示，图0-20a是对基地形状的聚类，图0-20b是对基地形状结合建筑肌理的聚类。从图中可见具有相似形态特征的住宅区平面自动聚合为聚类组团：长形、方形、不规则形地块分别聚集，不同布局方式的联排住宅、点式住宅、别墅区等分别聚集。

表0-1以随机挑选的4个住宅区平面在神经网络中的表现为例，通过欧氏距离计算4个样本的特征数据间的距离。从图中可见相较于 b 与 a，b 与 c 的相似度更高，这与建筑师的直观判断结果一致。表0-2以2个目标地块为例，计算获取与其距离最近的4个案例。图0-21列举了10个聚类组团中的案例样本。神经网络基于像素的分布特征判断图像的相似程度以实现自动聚类，可见于单栋建筑、横向的狭长联排住宅区、纵向的狭长联排住宅区、中心密集型住宅区以及不规则形的联排住宅区等聚类组团。

3.案例推荐系统的构建

案例推荐系统基于特征数据的相似度索引，所推荐案例的相关属性可一并获得，其街景图像等其他相关信息可通过ID或名称关键字获取。图0-22是分别基于地块形状与地块形状结合建筑肌理的案例推荐结果。可见深度卷积神经网络的特征提取与聚类结果，与建筑师

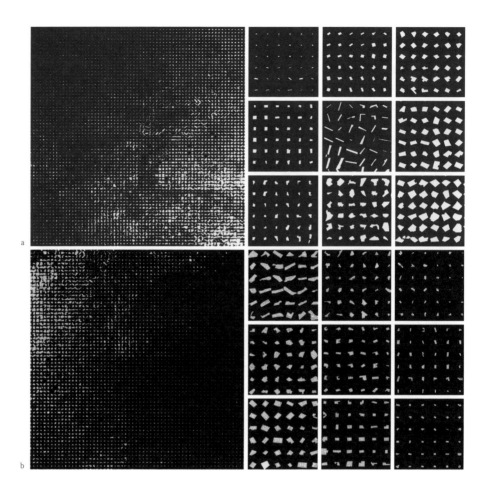

图 0-20

基于住宅区地块形状及建筑肌理的自动聚类结果及其可视化

a

b

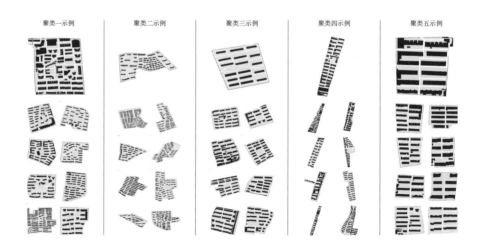

聚类一示例　　聚类二示例　　聚类三示例　　聚类四示例　　聚类五示例

表 0-1 | 样本的 2048 维特征数据间的欧氏距离计算示例

特征距离

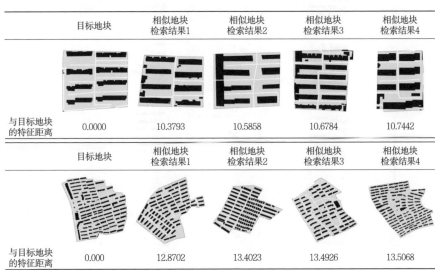

	a	b	c	d
a	0.000	19.829	18.799	20.719
b	19.829	0.000	11.166	20.951
c	18.799	11.166	0.000	21.175
d	20.719	20.951	20.175	0.000

表 0-2 | 基于与目标地块的特征距离的相似地块检索示例

目标地块	相似地块 检索结果1	相似地块 检索结果2	相似地块 检索结果3	相似地块 检索结果4
与目标地块 的特征距离	0.0000	10.3793	10.5858	10.6784	10.7442

目标地块	相似地块 检索结果1	相似地块 检索结果2	相似地块 检索结果3	相似地块 检索结果4
与目标地块 的特征距离	0.000	12.8702	13.4023	13.4926	13.5068

图 0-2 | 住宅区形态的自动聚类组团结果展示（以 10 个聚类组团为例）

聚类六示例	聚类七示例	聚类八示例	聚类九示例	聚类十示例

   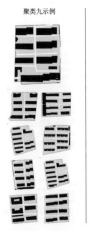 

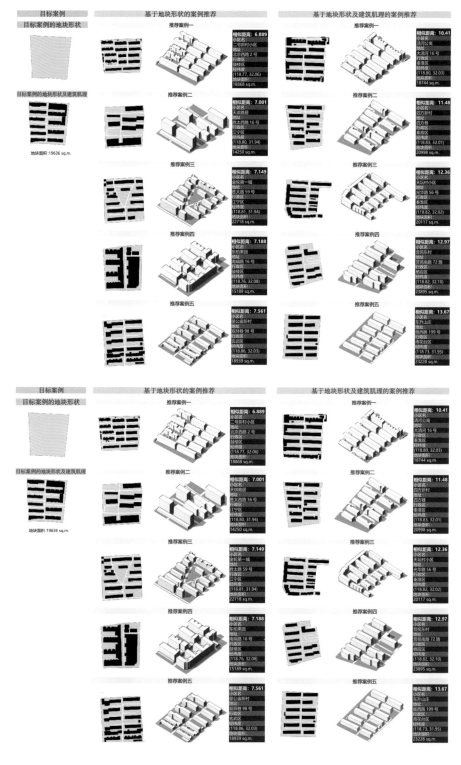

对场地文脉、建筑布局的认知具备较好的契合度。在没有预设住宅区形态标签的情况下，深度卷积神经网络通过无监督学习，高效地完成相似案例的检索，能够在特定的设计任务中为建筑师做有效的推荐，为设计决策提供支持。在未来的优化中，同类形态样本库的扩充能够使得案例推荐结果与建筑师的预期目标更为契合，建筑师能够更高效地整合同类问题的既有经验，并对具体设计做更充分地再创造。

大数据背景下，以神经网络为导向建立巨量数据与设计问题的映射机制，能够突破数据仅停留在可视化层面的瓶颈，对数据进行深度解析。神经网络模型在空间形态样本的特征提取、分类、相似性聚类等任务上较机器学习等方法均有较好表现，为非指令响应机制的设计决策问题提供技术支撑。本研究工作可以从以下几个方面总结：1）对于建筑学领域样本不足的问题，通过规则系统生成能够反映问题原型的学习样本，以此为基础，依旧能较好地完成分类、预测等任务。这样的方法可观地降低了获取、清洗、预处理训练数据集的资源成本。2）神经网络能够帮助解决部分设计规则因无法被明确定义而难以输入算法模型的问题，有助于在设计决策阶段，将风格定义、主观偏好、肌理延续等问题以数据传输入计算性模型参与动态演化的生成。3）形态编码是数据驱动的形态分析的基础工作。本实验中的特征映射信息编码方法有效地表征了简单与复杂的空间形态特征，这意味着非明确定义的设计决策因素能够被精确的数据所表征，继而被存储和传输。神经网络能够助力数据驱动与规则系统方法的连接与整合，让数据驱动方法下的决策数据直接成为规则系统方法下的约束条件。

本案例中，提出建筑形态信息编码方法，构建能够表征建筑学感性规则或模糊定义的形态特征数据集，以较低的人工资源成本有效地完成数据集的建立，并基于神经网络算法解析数据库的一般性特征规律，帮助建筑师解决设计过程中的决策问题。在未来的工作中，更多的形态设计决策要素可以被纳入，如建筑高度、道路系统、城市绿化、生态等，以获得更完善的决策支持。神经网络导向的形态分析和聚类方法的实现，将拓宽以下三方面的发展：1）助力精确检索形态特征相似的案例；2）数据可传入pix2pix等深度学习算法中，完成建筑形态的自动合成从而作为设计参考；3）深度学习语境下的建筑生成设计，须整合规则系统与数据驱动的算法，神经网络的输出结果可作为规则系统的输入条件，进而影响设计关联构建与优化。即将数据驱动的设计决策传入规则驱动的设计生成，从而整合既有案例反映的历史经验与理性规则导向的设计优化，完善人机交互的智能化设计系统，最终助力建筑设计复杂问题中理性与创造性的综合与平衡。

（第0.3.4小节的文字、图表源自：蔡陈翼，李飚，卢德格尔·霍夫施塔特. 神经网络导向的形态分析与设计决策支持方法探索[J]. 建筑学报，2020（10）：102-107.）

注释、参考文献和图表来源

注释

1   中国城市规划设计研究院. 历史文化名城保护规划规范: GB 50357—2005[M]. 北京: 中国建筑工业出版社, 2005.

2   CONZEN M R G. Alnwick, Northumberland: a study in town-plan analysis[J]. Transactions and Papers (Institute of British Geographers), 1960(27): iii.

3   KROPF K. Ambiguity in the definition of built form[J]. Urban Morphology, 2014, 18(1): 41–57.

4   SALINGAROS N A . Twelve lectures on architecture: algorithmic sustainable design[M]. Solingen: Umbau-Verlag, 2010.

5   宋亚程, 韩冬青, 张烨. 南京城市街区形态的层级结构表述初探[J]. 建筑学报, 2018(8): 34–39.

6   王建国. 中国城市设计发展和建筑师的专业地位[J]. 建筑学报, 2016(7): 1–6.

7   彭军, 向毅. 数据结构与算法[M]. 北京: 人民邮电出版社, 2013.

8   彭松. 从建筑到村落形态: 以皖南西递村为例的村落形态研究[D]. 南京: 东南大学, 2004.

9   丁沃沃, 李倩. 苏南村落形态特征及其要素研究[J]. 建筑学报, 2013(12): 64–68.

10 段进, 季松, 王海宁. 城镇空间解析:太湖流域古镇空间结构与形态[M]. 北京: 中国建筑工业出版社, 2002.

11 田银生, 谷凯, 陶伟. 城市形态研究与城市历史保护规划[J]. 城市规划, 2010, 34(4): 21–26.

12 梁江, 孙晖. 模式与动因: 中国城市中心区的形态演变[M]. 北京: 中国建筑工业出版社, 2007.

13 叶宇, 庄宇. 城市形态学中量化分析方法的涌现[J]. 城市设计, 2016(4): 56–65.

14 XI J C, WANG X G, KONG Q Q, et al. Spatial morphology evolution of rural settlements induced by tourism[J]. Journal of Geographical Sciences, 2015, 25(4): 497–511.

15 王昀. 传统聚落结构中的空间概念[M]. 北京: 中国建筑工业出版社, 2009.

16 浦欣成. 传统乡村聚落平面形态的量化方法研究[M]. 南京: 东南大学出版社, 2013.

17 吕静, 徐凯恒, 王爱嘉. 基于量化模型的聚落空间分布适宜性研究: 以吉林省蛟河市为例[J]. 城市建筑, 2017(7): 112–116.

18 朱怡然. 太湖流域古镇保护与利用共赢探讨: 基于空间句法的实证分析[D]. 南京: 东南大学, 2017.

19 杨滔. 城市空间形态的效率[J]. 城市设计, 2016(6): 38–49.

20 盛强. 城市迷宫: 空间、过程与城市复杂系统[J]. 世界建筑, 2005(11): 92–95.

21 王浩锋. 徽州传统村落的空间规划: 公共建筑的聚集现象[J]. 建筑学报, 2008(4): 81–84.

22 陈泳, 倪丽鸿, 戴晓玲, 等. 基于空间句法的江南古镇步行空间结构解析: 以同里为例[J]. 建筑师, 2013(2): 75–83.

23 刘泽, 秦伟. 基于分形理论的北京传统村落空间复杂性定量化研究[J]. 小城镇建设, 2018(1): 52–58.

24 BISHOP C M. Pattern recognition and machine learning[M]. New York: Springer, 2006.

25 魏力恺, 张颀, 张备, 等. Architable: 基于案例设计与新原型[J]. 天津大学学报(社会科学版), 2015, 17(6): 556–561.

26 田小永. 数据挖掘在网络化基于实例设计系统中的应用[D]. 郑州: 郑州大学, 2005.

27 DILLENBURGER B . Space index: a retrieval system for building-plots[C]// Proceedings of 28th eCAADe Conference, September 15–18, 2010, ETH Zurich, Switzerland, 2010: 893–899.

28 唐芃, 李鸿渐, 王笑, 等. 基于机器学习的传统建筑聚落历史风貌保护生成设计方法: 以罗马Termini火车站周边地块城市更新设计为例[J]. 建筑师, 2019(1): 100–105.

29 FAN L B, MUSIALSKI P, LIU L G, et al. Structure completion for facade layouts[J]. ACM Transactions on Graphics, 2014, 33(6): 1–11.

30 WANG X, SONG Y C, TANG P. Generative urban design using shape grammar and block morphological analysis[J]. Frontiers of Architectural Research, 2020, 9(4): 914–924.

31 马辰龙, 朱姝妍, 王明洁. 机器学习技术在建筑设计中的应用研究[J]. 南方建筑, 2021(2): 121–131.

32 蔡陈翼, 李飚, 霍夫施塔特. 神经网络导向的形态分析与设计决策支持方法探索[J]. 建筑学报, 2020(10): 102–107.

33 SHARMA D, GUPTA N, CHATTOPADHYAY C, et al. DANIEL: a deep architecture for automatic analysis and retrieval of building floor plans[C]// 2017 14th IAPR International Conference on Document Analysis and Recognition (ICDAR). November 9–15, 2017,

Kyoto, Japan. IEEE, 2017: 420–425.

34 HUANG W X H, ZHENG H. Architectural drawings recognition and generation through machine learning[C]// Proceedings of the 38th Annual Conference of the Association for Computer Aided Design in Architecture (ACADIA), Mexico City, 2018.

35 CHAILLOU S. AI + architecture: towards a new approach[D]. Cambridge: Harvard University, 2019.

36 PENG X, LIU P K, JIN Y F. The age of intelligence: urban design thinking, method turning and exploration[C]//YUAN P F ,XIE Y M, YAO J W, et al. Proceedings of the 2019 Digital FUTURES: the 1st International Conference on Computational Design and Robotic Fabrication (CDRF 2019). Singapore: Springer Singapore, 2019.

37 HOVESTADT L. 超越网格: 建筑和信息技术、建筑学数字化应用[M]. 李飚, 华好, 乔传斌, 译. 南京: 东南大学出版社, 2015.

38 MERRELL P, SCHKUFZA E, KOLTUN V. Computer–generated residential building layouts[J]. ACM Transactions on Graphics (TOG), 2010, 29(6): 1–12.

39 孙澄, 韩昀松, 任惠. 面向人工智能的建筑计算性设计研究[J]. 建筑学报, 2018(9): 98–104.

40 徐卫国, 李宁. 算法与图解: 生物形态的数字图解[J]. 时代建筑, 2016(5): 34–39.

41 黄蔚欣, 徐卫国. 参数化非线性建筑设计中的多代理系统生成途径[J]. 建筑技艺, 2011(S1): 42–45.

42 LI A I. A shape grammar for teaching the architectural style of the Yingzao Fashi[D]. Cambridge: Massachusetts Institute of Technology, 2010.

43 吉国华. 传统冰裂纹的数字生成[J]. 新建筑, 2015(5): 28–30.

44 袁烽. 从图解思维到数字建造[M]. 上海: 同济大学出版社, 2016.

45 李飚, 郭梓峰, 季云竹. 生成设计思维模型与实现: 以 "赋值际村" 为例[J]. 建筑学报, 2015(5): 94–98.

参考文献

1 HOVESTADT L. Beyond the grid: architecture and information technology[M]. Basle: Birkhauser, 2010.

2 李飚. 建筑生成设计[M]. 南京: 东南大学出版社, 2012.

3 孙澄, 韩昀松, 任惠. 面向人工智能的建筑计算性设计研究[J]. 建筑学报, 2018(9): 98–104.

4 龙瀛, 沈尧. 数据增强设计: 新数据环境下的规划设计回应与改变[J]. 上海城市规划, 2015(2): 81–87.

5 HUA H, HOVESTADT L, TANG P, et al. Integer programming for urban design[J]. European Journal of Operational Research, 2019, 274(3): 1125–1137.

6 吕帅, 徐卫国, 燕翔. 基于快速反馈的建筑方案数字设计方法研究[J]. 建筑学报, 2017(5): 18–23.

7 唐芃, 李鸿渐, 王笑, 等. 基于机器学习的传统建筑聚落历史风貌保护生成设计方法: 以罗马Termini火车站周边地块城市更新设计为例[J]. 建筑师, 2019(1): 100–105.

8 孙澄宇, 周沫凡, 胡苇. 面向应用的深度神经网络图说[J]. 时代建筑, 2018(1): 50–55.

9 GOODFELLOW L, BENGIO Y, COURVILLE. A deep learning[M]. Cambridge: The MIT Press, 2016.

图表来源

图0-1   图片来源：KROPF K. AMBIGUITY IN THE DEFINITION OF BUILT FORM[J]. URBAN MORPHOLOGY, 2014, 18(1): 41–57.

图0-2   图片来源：DILLENBURGER B SPACE INDEX: A RETRIEVAL SYSTEM FOR BUILDING–PLOTS[C]// PROCEEDINGS OF 28TH ECAADE CONFERENCE, SEPTEMBER 15–18, 2010, ETH ZURICH, SWITZERLAND, 2010：893–899.

图0-3   图片来源：DILLENBURGER B SPACE INDEX: A RETRIEVAL SYSTEM FOR BUILDING–PLOTS[C]// PROCEEDINGS OF 28TH ECAADE CONFERENCE, SEPTEMBER 15–18, 2010, ETH ZURICH, SWITZERLAND, 2010：893–899.

图0-4   图片来源：DILLENBURGER B SPACE INDEX: A RETRIEVAL SYSTEM FOR BUILDING–PLOTS[C]// PROCEEDINGS OF 28TH ECAADE CONFERENCE, SEPTEMBER 15–18, 2010, ETH ZURICH, SWITZERLAND, 2010：893–899.

图0-5   图片来源：李飚, 郭梓峰, 季云竹. 生成设计思维模型与实现: 以 "赋值际村" 为例[J]. 建筑学报, 2015(5): 94–98.

图0-6~图0-22, 表0-1、表0-2   图表来源：见正文说明。

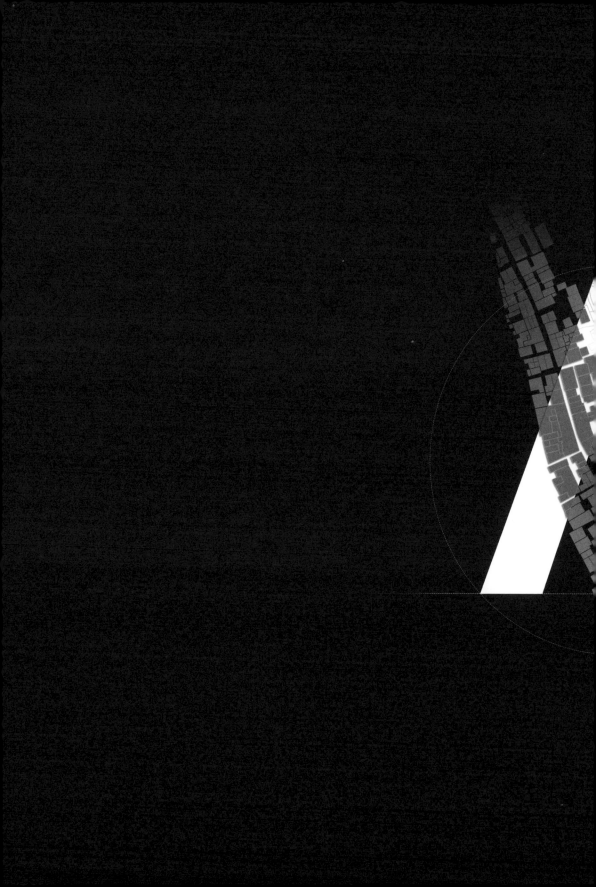

第一章　基于粗糙集的建筑立面传统性分析与生成

'SIS AND GENERATION OF ARCHITECTURAL FACADE TRADITION BASED ON ROUGH SET

CHAPTER 1

1.1 概念界定

1.1.1 粗糙集理论

当今社会已经进入了网络信息技术时代，面对急剧增长的数据，如何挖掘潜在的、有利用价值的信息，这给人类的智能信息处理能力提出了前所未有的挑战。在数据仓库（Data Warehouse）以及机器学习（Machine Learning）这两门学科的相互融合下，知识发现（Knowledge Discovery in Data, KDD）及其核心技术数据挖掘应运而生。建筑学领域基于知识发现的思想和理论的研究多见于建筑技术、建筑结构、建筑工程管理等方向，并逐渐向建筑设计领域渗透，其涉及的数据挖掘工具包含粗糙集（Rough Set）、案例推理等。

在数据挖掘工具中，处理不确定、不完整信息的有力途径之一的粗糙集，是处理模糊信息、发现共性知识的重要理论工具。兹齐斯拉夫加·帕夫拉克（Zdzislaw Pawlak）奠定了粗糙集理论的基础[1-2]并推动了国际上对粗糙集应用的研究。粗糙集理论可以支持数据挖掘的多个步骤，该理论最大的特征是，无须提供除问题所需处理的数据集合之外的任何先验信息，即无须对知识或数据的局部给予主观评价，这是这个理论与证据理论和模糊集理论的最主要的区别，也是最重要的优点[3]。

国外目前在粗糙集领域的研究主要集中在约简的优化算法、粗糙集理论和模糊理论、粗糙集理论同神经网络理论等其他人工智能技术的结合、粗糙逻辑等课题上。近年我国在对粗糙集理论有了较多的研究，主要集中在对它的数学性质、有效算法的研究方面，如粗糙集理论的知识表示、知识约简算法、粗糙逻辑等[4]。粗糙集理论在建筑学知识发现中的运用，日本建筑学会都市建筑感性工学分会（The Japan Society of Kansei Engineering）的森典彦、田中英夫、井上胜雄于2004年出版了《ラフ集合と感性 - データからの知識獲得と推論》一书，成为都市/建筑感性工学领域中粗糙集理论较权威的论著，开始了粗糙集理论在建筑学知识发现中的运用[5]。之后斋藤笃史等将粗糙集理论运用于京都重要历史街区产宁坂的传统建筑立面更替的研究中（图1-1），实现专业人士、非专业人士、管理部门对历史风貌保护的信息共享和知识[6]。宗本晋作将粗糙集理论运用于博物馆空间的设计，这也是该理论在建筑空间设计研究上的尝试[7]。这些研究都为粗糙集理论在建筑学领域的研究提供了很好的示范。

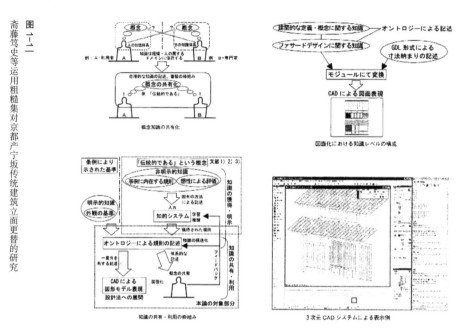

图 1-1

斋藤笃史等运用粗糙集对京都产宁坂传统建筑立面更替的研究

我国在粗糙集理论领域的研究起步较晚，在工程领域，粗糙集理论已经运用到评价模型或指标体系的研究中。闫友彪、陈元琰对机器学习的主要策略进行了较为系统的梳理[8]。刘后胜在基于不确定理论和机器学习的知识发现研究中，对粗糙集理论在机器学习中的应用进行了探讨，并结合案例进行了实验验证[9]。孟宜成探讨过粗糙集理论在机器学习中的应用与研究[10]。张腾飞将基于粗糙集和RBF网络的动态建模方法运用于以125 MW中间再热燃煤机组负荷系统中，并做了仿真研究[11]。寇立业、王力等则在结构设计选型过程中进行了知识发现的应用研究等[12-13]。

国内将粗糙集理论运用于建筑学中的研究，除了在能耗、结构等工程方面的研究以外，对建筑和聚落的形态、功能等问题的探索还较少。目前仅见于东南大学郭子君基于对语义本体分析（Ontology）和粗糙集的认知比较，郭子君提出将其运用到古建聚落建筑外观风貌保护导则编制工作中的可能，但尚未进行实际的操作[14]。王晨等运用语义本体分析等对芜湖近代外廊式建筑立面形式进行了系统的分析，是建筑学领域对形态要素的数据进行类似描述和记录方法的探索[15]。

1.1.2 基于案例推理

基于案例推理（Case Based Reasoning，简称CBR）起源于计算机领域的基于案例的推理理论，其本质是借鉴以往相似问题的解决方案来处理新的问题，模拟了设计师基于设计经验和参考案例设计的思维过程。基于对大量既有建筑方案的收集、存储和分析，当面临新的问题时，通过类比对数据库中的相关方案进行检索，经过推理等适应性调整后运用于目标问题当中，通过测试和优化得到解决方案，并将生成的方案作为新案例存储于数据库之中，从而完成问题解决和经验积累的过程[16]。

基于案例推理最初可追溯到罗杰·史昌克（Roger Schank）在人工智能领域对动态记忆（Dynamic Memory）理论的研究，随后在计算机领域不断发展，逐渐运用到土建、机械、军事、医疗等领域的设计当中[17]。玛丽·卢·梅尔（Mary Lou Maher）等从基于案例推理的设计全过程入手分析了其中的关键问题[18]。

对于基于案例推理的设计原型工具的开发，最早有美国佐治亚理工学院开发的Archie和Archie-II，该工具着重展示和检索过去的相关案例，并将人们对方案的评价也作为建筑知识信息储存[19]。此后有苏黎世联邦理工学院CAAD实验室、钢结构研究所和人工智能研究所共同开发的CADRE，该工具能够记录建筑的空间、流线和结构三方面信息，并主要集中于将设计案例根据新环境进行适应性调整[20]。此外还有FABEL、IDIOM、PRECEDENTS、SEED等工具，它们对案例分析、特征表达、适用变形等方面采取了不同的策略[21]。此外Zhang Hao等基于对称性最大化目标对不规则立面进行层次性分析和重组的探索，依据局部和整体对称性找到最优的划分方法，在基于立面图的要素重组、加建、恢复等方面得到应用[22]。Fan Lubin等从图像修补的思路入手，通过既有信息自动补全被遮挡、残缺的建筑立面，其研究对于门窗较多且组合较为规律的建筑立面修复呈现出令人满意的结果（图1-2），展示了在城市重建中的应用可能[23]。国内学者吴宁及其团队基于CityEngine平台，探索了传统村落空间形态的解析与重构及在规划当中的应用。他们依据CityEngine平台自带的道路和地块生成规

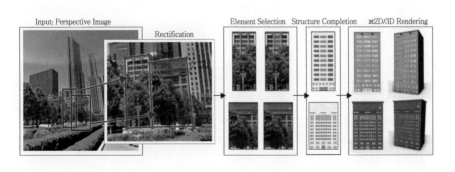

图1-2 修复被遮挡立面的研究

则及自定义的CGA（Computer Generated Architecture）建筑生成规则，通过对既有村落案例的学习，生成继承研究案例空间形态特征的村落规划方案[24]。

对于基于数据挖掘和机器学习的建筑学探索，国内的相关研究有刘文凤在公共建筑能耗分析中，针对在建筑用能设备系统的运行能耗计量过程中大量的实时能耗数据，通过建立公共建筑能耗分析的聚类模型、二次开发数据挖掘工具Weka和利用案例数据验证优化的方法，找到案例能耗的时间分布规律[25]。崔治国等在建筑能耗监测数据预处理方面，基于KNN算法的缺失数据填充、K-Means算法的异常数据识别与清洗、PCA算法的多维度数据降维的原理，提出的数据预处理体系和方法实现了缺失数据的填充、异常数据的识别与清洗、数据的降维[26]。此外，国内的相关研究还有运用回归归因法解决建筑能耗数据库中缺失数据的问题，并对异常点进行检测进而得到的商用建筑能耗预测模型[27]，以及利用基因表达式编程进行建筑工程造价预测[28]等等。

1.1.3 数字生成技术在建筑设计中的应用

1. 生成设计在建筑设计中的研究与运用

目前的研究趋势是设计者运用以前的案例解决建筑设计过程中的复杂性问题。前人积累的许多设计案例和概念被应用于计算机算法进程，使案例成为寻求建筑设计成果的系统手段和建筑成果搜索过程的启蒙状态[28]。同时，许多学者致力于提升无法解决的建筑基本问题，他们从建筑设计认知阶段进入到了解设计行为，并运用计算机运算法则、程序逻辑努力使建筑设计黑箱透明化。如苏黎世联邦理工学院卢德格尔·霍夫施塔特（Ludger Hovestadt）教授及其团队即通过计算机程序算法理性呈现设计黑箱的过程，融入理性数据、视觉审美及多样元素的互动与形变，借助计算机程序内部运行机制对阶段性成果反复推敲，如在建筑设计计算机支持系统、基于城市数据流的交通动态建模等方面的研究，以及包括中国国家体育场"鸟巢"在内的大量建筑实践与实验项目（图1-3）[29]。

在建筑设计方案生成的数字技术研究中，国内众多的学者也进行着不断的探索和思考。徐卫国关注参数化设计过程与算法找形的关键技术，在探讨了褶子构成物质的基本原理

图1-3｜霍夫施塔特教授团队在生成设计领域的研究与实践

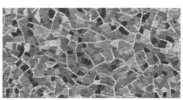

后，指出数字技术正是形成褶子建筑的手段与工具，通过这种手段，能够使得建筑的形式更加符合环境与性能要求[30-31]。袁烽等通过大量建造实践的思考，形象地诠释了性能化建构的内涵和外延[32]。于雷探讨了在数字建造的工作环境下，建筑师如何通过积极、有效地利用机器人等数字加工和建造手段，拓展设计自身的范畴，将多种学科的元素融入设计本体[33]。孙澄等则对数字语境下的环境互动设计进行了探索，运用数字技术在系统互动作用下生成建筑形态的建筑与环境互动设计模式，此外，他们还尝试了将建筑环境作用规律参数化，结合建筑信息建模技术建立建筑环境动态信息模型，并总结出基于该模型的建筑节能设计模式的研究构想[34-35]。

在理论探讨方面，黄蔚欣等亦研究了多代理系统生成途径在参数化非线性建筑设计中的应用，结合教学尝试通过构筑参数化模型，模拟系统中个体的相互作用和历时性动态演化过程，生成建筑雏形[36]。魏力恺等在基于遗传算法的建筑布局进化研究中，提出了利用遗传算法思想结合人机交互干预和定向进化过程的方法，实现建筑布局的迭代生成的思路。值得注意的是，魏力恺等在对计算机辅助建筑设计发展进行梳理和溯源过程中，提出了计算机辅助建筑设计的9个策略，以及基于机器学习和基于知识的计算机辅助建筑设计趋势，并列举了国内外利用人工神经网络等机器学习技术对计算机进行训练，实现建筑空间布局、平面和立面自动生成和优化的案例[37]。

李飚在《基于复杂系统的建筑设计计算机生成方法研究》中探讨了计算机生成建筑的主要思路，结合案例对"细胞自动机系统"模型、遗传算法及简单进化模型、多智能体系统模型等主要方法进行了介绍和演示，展示了通过程序化的手段生成和优化建筑、解决相关复杂问题的可能[28]。在实际案例的探索中，李飚等结合徽州地区传统古建村落际村的形态、肌理、交通、建筑功能和单体模式，以模型研究与程序算法为切入点，运用建筑数字技术探索古村落空间肌理生成、建筑建构方式及与之相关的村落形态的演化和优化，充分显示了数字化生成设计在传统建筑聚落的风貌保护与利用中应用的可能性[38]。

2. 数字技术在古建保护中的研究与运用

目前基于数字化技术的古建保护研究多数集中于对三维扫描等测绘技术以及图像识别技术的应用[39]。徐桐针对古建筑信息传播的困境，分析了传统古建筑测绘及其相关信息的数字化采集与传播的研究状况，应用数字技术进行古建筑信息传播尝试，并提出了基于建筑图像比对识别技术的信息传播可能性分析[40]。除此之外，在传统建筑的参数化建模方式上。吉国华等针对数字化技术在古建的应用也做了相关的研究，包括基于Revit Architecture族模型的古建参数化建模，以及传统纹样的数字生成等[41-42]。薛峰团队从虚拟场景建模的角度讨论了徽派建筑群自动生成的相关技术问题。他们将徽派建筑根据风格和功能布局等特征模块化并建立数据库，以图论的角度，将模块看作图的节点，使得建筑的生成转化为图的拓扑结构的自动生成，结合数据库，通过图的广度遍历算法实现所有模块节点的遍历和编辑，从而根据不同的初始化信息自动产生多样化的拓扑结构，进而建立建筑模型[43]。李尚林等提出了多层参数约束结合贝叶斯网络推理的方法[44]。在传统村落更新规划的问题上，郭梓峰等结合传统古建村落际村的形态、肌理、交通、建筑功能和单体模式，以模型研究与程序算法为切入点，运用建筑数字技术探索古村落空间肌理生成、建筑建构方式及与之相关的村落形态的演化和优化（图1-4）[45]。瑞士的霍夫施塔特教授在荷兰阿姆斯特丹城郊地块的组织规划项目中的方法探索，也成为传统街区保护规划可以借鉴的案例[29]。上述诸多研究对传统聚落、单体建筑以及传统建筑元素都进行了一定深度的探索，如形态上的分析、算法上的探索等，可以对传统聚落保护的某些特定环节提供支持，但针对具体案例还没有从实际问题入手提供相对完整的解决路径和建立相对可行的技术流程。

图 1-4
传统古村落际村的数字化生成设计探索

1.1.4 信息技术工具引入历史文化街区立面风貌整治流程

本章探讨如何将机器学习中的粗糙集引入历史街区立面风貌整治工作中，走通一条数字工具介入传统聚落保护的路径，探索其可行性和有效性，以总结出一套具有借鉴意义的流程方法作为范式，并针对现实问题，结合所述方法，尝试给出具有实践价值的成果作为论证。

研究立足于相对客观的视角，借助知识发现工具，获得人们对于历史街区立面"传统性"这一概念表面认知下的内在规律。利用数字技术的优势，量化描述和生成具有特定历史街区风貌的形态特征。通过定量的分析使信息得以准确传递，通过计算机模拟使结果得以快速生成，为传统聚落的保护规划方案设计提供高效、可行的技术手段。

研究在理论上提供了一种思路来应对传统聚落保护乃至文化传承的困境，消解因主观认知差异导致的信息传递偏差，重建保护规划设计各环节间应有的衔接。以"知识学习—数字生成—指导建造"的思维方式填补各环节之间的缝隙。研究的内容和成果最终指向具体可用的立面风貌导则和软件工具，能够辅助当地传统聚落保护规划方案的设计和政策的制定，同时为其他地区传统建筑、街区的保护实践提供详细的参考，通过具体的技术模块填充置换，从而用于解决实际问题。

1.1.5　基于粗糙集的古南街历史文化街区立面规则提取与数字生成

1.梳理古南街历史文化街区建筑立面信息

为达到研究目的，操作上对一般传统聚落的保护工作流程进行了拓展和改进，希望最终解决以下的三大关键问题，进而实现由部分到整体流程的系统性构建。

1）通过实地测绘和文献调研，采用对形态和形式的分解、分类和编码的方式，实现对传统聚落历史风貌特征的数字化描述。

2）通过知识发现，获得传统聚落历史风貌的建筑立面、建筑单体、群体布局及沿街整体立面、街道空间形态等的控制规则。

3）通过编程，实现针对实际问题的生成设计功能，得到可指导实践的参考导则图则和工具。

针对以上目标，须对以下几个方面的内容进行研究：

1）基于粗糙集理论的传统建筑聚落风貌特征的知识发现。包括：研究古南街历史文化街区所在的江南地区传统民居建筑的特征，不仅设计各种形式、各个部位的形制，还涉及石作、砖作、瓦作、木作等样式和做法；对古南街历史文化街区现存建筑立面进行梳理，对如门窗样式等的直观形态特征进行分解和分类，对如门窗洞口的组合形式等的非直观形态特征进行定义、提取，并用数字和字母进行编码以便于计算机处理；研究代表性建筑，针对传统与非传统的大众认知判断分析其中的原因，并结合粗糙集的知识约简原理进行知识的挖掘，获得指向传统认知的元素集合和组合规则。

2）传统建筑聚落历史风貌保护方案的数字化生成设计方法。包括：知识发现规则的数字化转译，在二维坐标系中，通过几何计算将规则用诸如坐标值及其大小关系等数字语言表示；针对立面修缮、界面弥合、空间织补等实际需求，尝试进行生成算法设计，从而实现依据规则和实际条件自动替换门窗样式、自动绘制立面图像、自动生成数栋有机组合的立面、自动生成顺应肌理的地块并优化进而生成有机组合的单体等功能。

2.研究方法与工具平台

知识发现是从诸多信息中，依据不同的目标和需求发现和获取新知识的过程。数据挖掘是知识发现的核心和关键步骤，通过分析数据的模式或模型抽取，从一个数据集中提取信息，并将其转换成可理解的结构以进一步使用。以上规则将传导到程序中进行设计生成。

粗糙集理论是可以用于知识发现的一种重要的理论，是同概率论、模糊理论、证据理论类似的专门处理不确定性的数学工具[46]。粗糙集理论在处理模糊信息、发现共性知识方面具有独特优势。通过数据预处理、数据缩减、规则生成等，可以发现不确定信息中的明确知识[47]。该理论最大的特征是无须提供除问题所需处理的数据集合之外的任何先验信息，这是这个理论与证据理论、模糊集理论最主要的区别，也是其最重要的优点[48]。粗糙集理论把知识理解为对数据的划分，划分的结果为一系列概念的集合。即通过分类的机制，利用已知的知识库，寻找知识在特定空间内的等价关系，将不精确或不确定的知识用已知的知识来做近似的刻画[48]。在本研究中，传统与非传统的认知这一概念具有模糊性，在获得影响传统性认知要素集合以及合理描述建筑风貌两者的基础上，可运用粗糙集理论来对其进行进一步分析。

Processing是一个基于Java语言的程序语言和开发环境，可以让创造者快速创建复杂的图形和交互性应用，同时尽量最小化与软件编译和组建相关的麻烦问题，尤其可以帮助想要对影像、动画、声音进行程序编辑的工作者以及学生、艺术家、设计师、建筑师等人员开发原型及制作。目前可以使用的Processing开发软件有其官方网站提供的原生软件，亦可整合到诸如Eclipse集成开发环境下进行程序编写。Processing的语法和结构等源于Java语言，但将一些语法和命令简化封装，使用户易于上手，适合建筑学者自行开发和运用（图1-5）。

本章涉及的图像、互动操作问题等都可借助Processing强大而易于实现的功能来实现。

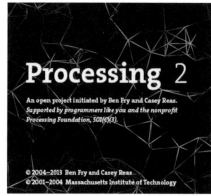

图 1-5｜Processing 软件界面

3.研究流程概述

1）实地调研：对研究案例进行测绘，包括图像拍摄和相关数据的测量采集，如每户开间、檐高、立面洞口大小等相关尺寸，以便对拼合图像进行尺度矫正，从而得到整条沿街、沿河立面图；还须对宜兴周边地区（如周铁镇）进行调研，以此作为参考。

2）文献调研：包括相关研究论文等文献以及《营造法原》等传统文献资料，结合实际调研结果，对当地较为典型的传统民居的立面样式、营造做法等进行归纳和提取。

3）问卷调查：该方法包括问卷设计、现场调查、结果分析等步骤。问卷设计主要针对研究者感兴趣的居民认知设计问题和选项，以确保结果具有参考性。现场调查是在确定调查对象和范围之后进行现场填写问卷和回收问卷。调查结果的分析包括统计学上的分析以及趋势性的预测和潜在规律的归纳总结，其结果用于之后的粗糙集处理。

4）几何分析与数理统计：数理统计用于处理调查结果，对相应的调研测绘数据进行统计分析，获得基于几何分析的聚落空间结构量化信息，用数据界定参数的取值范围，说明聚落空间肌理的特征，作为生成三维模型的重要依据。

5）计算机模拟：计算机技术为核心载体的信息处理技术是本研究的重要基础之一。利用计算机高效的运算能力和计算机图形学原理，通过计算机相关程序及代码编写，获取控制规则和对聚落空间进行生成模拟。

6）案例分析与验证：以古南街历史文化街区为例，利用提出的方法进行风貌分析，通过对古南街现状问题的编程解决，验证方法的有效性。

4.技术路线与研究框架

根据上述研究方法和内容的梳理可得本研究的技术路线，即从实际问题出发通过现状调研和认知调查获得风貌的描述与评价，通过知识发现方法获得风貌的特征规则提取，通过数字生成与优化获得参考方案，并应用于相应问题的解决（图1-6）。

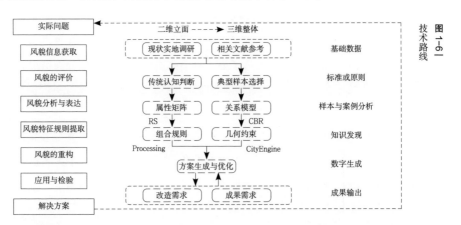

图1-6 技术路线

1.2 建筑立面风貌的评价与表述

1.2.1 古南街建筑调研与基本信息获取

1. 实地踏勘

研究的实地踏勘过程即初步了解古南街及其周边环境的过程。实地踏勘内容主要包括：1）街区出入口。对入口广场、停车场的基本范围进行确定，对与交通道路交接的桥涵、流线等进行梳理（图1-7a）。2）古南街东街、南街和西街的主街部分、沿河部分和次级巷街部分。对沿街民居建筑的外观、部分建筑的内部进行查看，对部分民居的功能、使用和维护状况进行摸排，对部分历史建筑的位置、形制、建成年代等基本情况进行记录，对厕所等公共设施的设置与使用情况做初步了解（图1-7b）。3）建筑与山体连接部分、上山步道。对建筑与山体交接的情况进行评估，对可能上山的路线的数量、走向进行标注记录（图1-7c）。4）河岸、码头等。了解河岸的走向，对码头的数量、位置进行记录，对沿河建筑与河岸的关系进行摸排，对沿河建筑的改造和沿河道路的拓展、打通等进行预估和判断（图1-7d）。5）街区外围街区、自然环境。对毗邻古南街的街区以及蜀山、蠡河的环境状况、地理信息进行整体的认知。

图 1-7｜实地踏勘情况

a   b   c   d

除了对古南街自身实际信息的了解以外，还对古南街的产业发展、业态现状进行初步的调查。通过走访部分当地居民，了解了古南街居民的人员构成、职业种类、生活作息规律等。还通过当地主管部门的工作人员了解了目前古南街房屋的产权分布情况，通过参观古南街中的紫砂作坊、参观宜兴当地的紫砂展馆等了解了古南街紫砂文化的源流及脉络。

2. 现场测绘

现场测绘的对象包括街道、交通节点、沿街立面、立面细部等；测绘获得的基础数据类型包括实拍照片、实测尺寸数据、无人机航拍数据等。本研究引入了无人机巡航扫描自动建立3D模型的技术，该技术提供了能够在线上重建和浏览场地的高精度三维模型，为综合感知街区风貌提供了支持（图1-8）。

Λ解码｜历史地段保护与更新中的数字技术｜

图 1-8
DJI 航拍 –Altizure 3D 建模

测绘选择了建筑历史风貌留存较为完整、保护较为得当的沿街、沿河部分，包括南街、东街和西街的沿街两侧立面与空间节点、沿蠡河的两侧立面与空间节点。对于垂直主街的延伸的巷道部分及街区其他地块的建筑则采用了图像记录的方式。测绘首先对需要测绘的每一栋建筑进行照片拍摄，由此获得立面的图像数据。因为街道宽度和拍摄设备的限制，照片均为局部拍摄所得，后续基于测量尺寸对照片进行校正拼合（图1-9a）。尺寸测量的对象包括立面组团的延续长度、间隔（巷口）宽度、每户开间、檐高、立面洞口间距和大小等不同尺度的相应尺寸。根据测得尺寸在Auto CAD中绘制出轮廓，以此拼合完整的立面图像，并最终完成CAD图纸的绘制（图1-9b）。

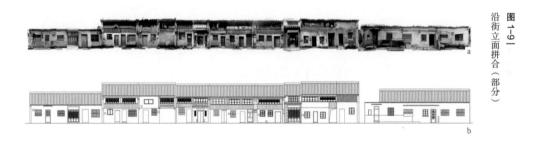

图 1-9
沿街立面拼合（部分）

3. 文献调研

除了对实地数据进行了记录整理外，着重调研了与当地聚落风貌相关的文献。

（1）记述苏锡常一带传统营造技艺的《营造法原》

《营造法原》按营建的顺序和部位做法系统地介绍了江南传统建筑的形制、构造、做法和工限等内容，并涉及园林建筑的相关内容，是记述我国江南地区传统建筑营造技艺的集大成者。依据《营造法原》有关屋顶、门、窗、墙面的相关记载，结合在当地调研的结果，我们整理出可供参考的图样（图1-10）。

（2）记录当地聚落形成及演变的地方志

具有参考意义的宜兴地方志有3部，分别是最早的明万历十八年《重修宜兴县志》、体

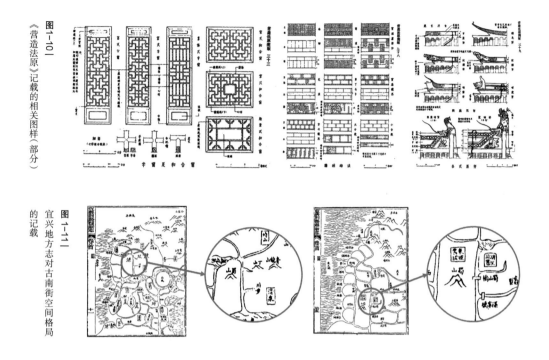

图1-10
《营造法原》记载的相关图样（部分）

的记载
图1-11
宜兴地方志对古南街空间格局

量最大的清嘉庆二年《增修宜兴县旧志》、距今最近的中华民国十年《光宣宜荆续志》。这些地方志较为系统地呈现了宜兴发展变迁的历史图景，也包括宜兴的建筑等的变迁和传承信息（图1-11）[49]。与古南街所在的丁蜀镇相关的《丁蜀镇志》详细记录了丁蜀镇发展的各种信息，对于了解古南街建筑特色、文化产业有很大的帮助[50]，笔者团队根据《丁蜀镇志》推演出古南街空间格局的演变过程（图1-12）。

（3）当地有关部门提供的地形图、上位规划方案等

宜宾市住房和城乡建设局提供了古南街及其周边较为详细的测绘图和《宜兴蜀山古南街历史文化街区保护规划》，从测绘图中获得了地块、道路和地形等基本信息，《宜兴蜀山古南街历史文化街区保护规划》则成为研究的政策基础。

（4）既有研究成果

国内学者对古南街的聚落风貌、地形环境和建筑特色已经进行了一定的总结研究。例如张苗苗对古南街民居建筑的自身结构、形制、形态的造型特征进行了统计和归纳整理[51]。钱岑对苏南传统聚落的建筑造型、平面布局特色以及包括大木作、小木作、瓦石营造在内的营造技术做了分析和总结[52]。程浩然则专门对古南街的营建工艺和细部特征进行了归纳总结[53]。他们的研究成果均可作为提取古南街历史风貌特征的理论基础。

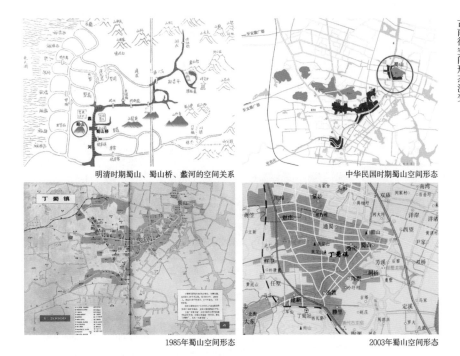

图 1-12 | 古南街空间形态演变

明清时期蜀山、蜀山桥、蠡河的空间关系　　　　　　中华民国时期蜀山空间形态

1985年蜀山空间形态　　　　　　　　　　　2003年蜀山空间形态

1.2.2 风貌形态解读

1.门

古南街常见的是单扇木板门，或有简单的门框及装饰。对于兼有店面功能的民居，也有采用较为精美的隔扇门作为大门的做法。大部分的店铺采用木板门或隔扇门，隔扇门多为四扇。但随着防盗意识的增强，越来越多的住户开始使用不锈钢防盗门和铁皮门，商户多使用带防盗的推拉门和卷帘门，从而使得街区的历史风貌产生了破坏。另外，街区内要求不可在墙面随意开设洞口，对原有门洞的封堵须采用相同的砌筑和抹面方式（图1-13）。

2.窗

古南街一层的窗多为简单的木框玻璃窗，有的在内侧或外侧安装了木质或铁质的防盗格栅。古南街二层的窗多为槛窗，通长开窗，居民们常将其室内的一侧糊上窗户纸或者安装玻璃，用来保温隔热。和门相同，古南街的窗开始越来越多地使用铝合金或塑钢推拉窗，外设铝合金防盗格栅，部分店铺采用较大的玻璃窗或落地窗等不符合传统风貌的形式。古南街的窗亦有通长或非通长的木框玻璃窗，其传统性稍弱，对其的修复须结合其他传统性立面要素。铝合金或塑钢推拉窗则无传统性。修缮时对于通长的开窗，建议采用槛窗的形式；对于一般窗洞，可改为通长窗，也可保留原来的窗洞形式使用槛窗和木框玻璃窗（图1-14）。

图 1-13｜古南街门的传统做法与非传统做法对比

图 1-14｜古南街窗的传统做法与非传统做法对比

3.墙

古南街传统民居一层墙体部分采用木板，多数墙面采用白灰抹面。在长时间的物理、化学及生物作用下，斑驳的墙面及点点的青苔表现出极强的历史厚重感和江南古镇的韵味。但部分民居和店铺在改造中采用了水泥抹面和现代面砖，失去了传统的特色。二层开长窗的民居会保留小部分木质的窗侧墙，非通长窗的窗侧墙则以抹灰为主。部分新改建的民居的窗侧墙采用黄色或灰色涂料饰面，更有用砖砌筑不施抹面的情况，这种做法与传统风貌不符。对于二层民居建筑，其二层窗下墙给人的传统性认知带来的影响较大。古南街的二层窗下墙多采用木板和深色塑料布带压条（图1-15）。

4.墀头

墀头是山墙伸出至檐柱之外的部分，突出在两边山墙边檐，以支撑前后出檐。古南街的墀头造型较为简易，多为直接叠涩出挑，部分利用抹灰塑造出曲线造型（图1-16）。

5.屋顶

古南街传统民居以坡屋顶为主，屋面坡度不受成法约束，前后坡度可对称，也可不对称。不对称时多前浅后深，前半面以通风采光为主，后半面以挡风御寒为主。现存在少数

图 1-15｜古南街墙的传统做法与非传统做法对比

房屋加建或改建成平屋顶，失去了传统民居的重要特征要素。

古南街传统屋面绝大部分使用小青瓦（图1-17），少数使用具有当地特色的陶瓦。小青瓦单块面积小，防水性能好，强度较高，使用及维护方便，在屋面形成美观的肌理。使用毫无地方特色的机平瓦铺设的屋顶线条生硬，不符合当地的传统风貌。

6.屋脊

古南街传统民居屋脊（即正脊）通常用砖瓦叠砌而成，其做法简单，直接把瓦片竖向铺设或斜铺，称为游脊，脊头可以由砖砌筑或做水泥脊头。脊头的造型亦有不同，在古南街多采用甘蔗脊和纹头脊的形式（图1-18）。

图 1-16| 古南街埠头

图 1-17| 古南街屋顶

7.披檐、雨篷、遮阳设施

古南街民居的雨篷和遮阳设施没有特殊的形式和做法，比较传统的是披檐，居民利用阳光板、塑料布、石棉瓦等简易搭建的雨篷和遮阳设施不符合建筑立面的传统风貌。

1.2.3 立面传统性评价

1.感性认知评价

传统性感性认知评价，即基于人们在较为感性的情况下产生的认知[54]对建筑风貌的传统与否进行评价。采用感性认知评价的原因在于：

其一，为保证参与各方对评价结果产生认同，避免由参与评价的受试者自身知识储备带来的限制。而感性认知的评价由本能驱动，具有直观性，能有助于消解专业壁垒和鸿沟。

图 1-18| 古南街屋脊

其二，相较于依靠较强理论分析得出的传统与否的判断，感性的评价也能得出较为一致的结果，且感性评价涉及具有不同专业背景的评价者，更能反映广泛大众对建筑风貌整体的感知和理解。虽然基于系统的传统建筑知识进行的逻辑思考与分析能够从建筑学和遗产保护的角度得出较为准确的学术论断，但在人们感性认知的情况下，评价者自身的经验和积累、群体的审美意趣、社会经济文化的变革都产生了综合的作用和影响。当然，这并不说明两者会产生不同的结论。从后续的研究中我们发现，感性评价结果并不违背建筑学常识。受试者感性认知评价的结果在将来的保护方案中会得以体现，并最终作用于受试者自身，从某种角度来说实现了一定程度的自洽。

其三，实行感性认知评价需要付出的时间少、精力小、程序简便，具有可操作性。在调查过程中受试者只需要回答简单的问题，调查结束后研究者只需要进行简单的数据统计处理，研究的核心转移到在显性的评价结果中挖掘和发现潜在的认知规律。

2.调查问卷的设计与实施

（1）评价样本的选择

基于对古南街传统民居现状的梳理，我们选取了48个具有代表性的民居作为样本，包含了古南街民居中不同层高、开间等的新旧建筑样式，将其作为问卷的主要调查对象内容。如前文所述，考虑到受试者的知识背景和文化水平的差异，问卷要求受试者只需判断图片上的建筑在他看来是不是传统的即可，并用"1"代表传统、"0"代表非传统来回答。

（2）评价者的选择

作为实验，研究选择了具有和不具有建筑学知识背景的人士各5位参与调查。其中具有建筑学背景的人士包括建筑设计从业者和建筑学专业学生，非建筑学背景的人士包括土建、经济、能源等领域的从业者和学生。有无建筑学专业背景的被调查者均被考虑进来，可以使调查结果更具普遍性，符合普通大众的认知，避免专业视角对结果的影响。

（3）调查问卷的设计

调查问卷除必要的标题和解释性文字以外，包含问卷调查的背景、目的、方法，受试者的年龄、职业等基本信息，以及由案例图片和判断选项组成的主要表格（图1-19）。

（4）问卷的发放与回收

受研究者自身时间、精力、物力的限制，问卷调查采用发放线下纸质问卷和线上电子版问卷两种方式。必填选项未作答将会被作为无效问卷。此次问卷调查中，每一个受试者均给予了有效的反馈，共计发放10份问卷，回收10份问卷，有效问卷10份。

3.调查结果

部分样本的判断结果呈现出明显的倾向性，这表明其历史性特征明显。根据以上调查问卷结果，获得传统性判断超过半数的样本被认为是可以使民众产生传统性的感性认知，即该样本呈现传统性形态特征，并以此统计出反映调查样本传统性的评价结果。其中，共计23个案例被认为具有传统性，占案例总数的45.8%。案例图片及调查结果如图1-20、图1-21所示。

1.2.4 立面特征表述

风貌形态表述体系建立的过程是对图像呈现、文字描述的形态特征进行数字化解析与转译的过程，也是将获得的数据为后续

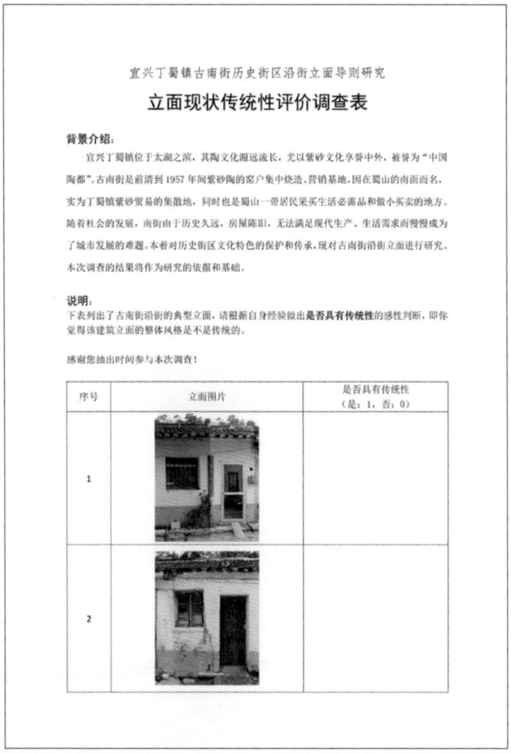

图 1-19 | 调查问卷首页

图 1-20 | 案例与调查结果

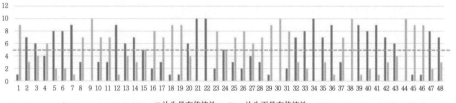

图 1-21 | 调查结果统计

■ 认为具有传统性　　■ 认为不具有传统性

知识发现和数字生成步骤做准备、选择和预处理的过程。

1. 属性矩阵

立面要素的属性矩阵即由立面要素的各个属性依照一定规律组成的矩阵，可看作划分好的一系列概念的集合。其中描述立面的集合是知识的条件属性，传统性评价结果是决策属性，二者结合共同作为计算机知识发现的知识库基础。通过对冗余条件的约简，就能够得到主要的条件属性及其组合方式与决策属性即传统与否的对应关系，进而得出传统性控制规则。

在本研究中，直观的形态特征具有明确、独立的形态要素，因而具有天然的分类定义。例如，对于一个建筑立面，可以明确指出有何种建筑构件，是何种建筑样式，使用了何种建筑材料等。因此对于这样的形态特征，直接以建筑学定义进行分类。非直观的形态特征无法以明确的类型来定义，如门窗洞口的组合形式等。因此将构成和反映这些特征的要素组合，从而划分为不同的集合。对于分类和聚类之后的分组结果，均由数字和字母进行编码表示，建立数据集（图1-22）。

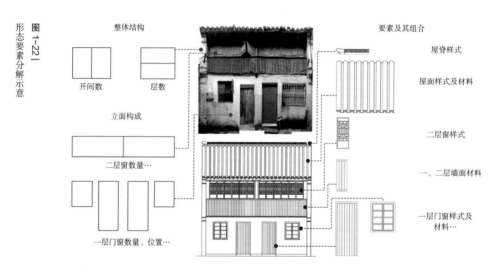

图1-22 | 形态要素分解示意

整体结构　　开间数　　层数

立面构成　　二层窗数量…　　一层门窗数量、位置…

要素及其组合　　屋脊样式　　屋面样式及材料　　二层窗样式　　一、二层墙面材料　　一层门窗样式及材料…

2. 立面要素的条件属性

建筑立面及其组成的沿街立面呈现了建筑本身的传统特征，塑造了街巷的性格，是影响聚落特征的重要部分。结合传统建筑既有的特征，首先将单体建筑立面进行单元划分和分解、分类。要素不仅包括如屋顶、门、窗、墙面等构件，还包括材料、大小以及层数、开间数等等。通过单元划分和分解、分类，一个立面就转化成诸多要素的组合，不同的组合则代表了相应的立面形态。

3. 立面要素的决策属性

决策特征即形态是否具有传统性的判断结果。如前文所述，依据感性认知评价结果，统计所有受试者对每个案例的判断。在本研究中，超过半数的受试者认为案例具有传统性即标记为传统，反之标记为非传统。依据前文所述，所有参与评价的案例和评价可以获得立面要素的决策属性。

4. 建立属性矩阵

由此可建立立面要素的属性矩阵，具体的每个属性呈现在表1-1中。

表 1-1　立面要素属性矩阵

序号	条件属性																	决策属性
	屋顶		一层					二层			其他						整体格局	
	屋顶形式	屋顶材料	墙基材料	墙面材料	墙面开洞	门样式	窗样式	墙面材料	墙面开洞	窗样式	阳台	栏杆	女儿墙	披檐	雨篷			
1	r1	t1	j2	m1	x1	d5	w2									z1		0
2	r1	t1	j2	m1	x1	d1	w3									z1		1
3	r1	t1	j2	m1	x1	d1	w6									z1		1
4	r2		j2	m1	x1	d7	w12						k1			z1		0
5	r1	t1		m1	x1	d2	w9								c1	z1		1
…						…												…
45	r1	t1		m1	x11	d3		n2	y16	w10						z4		0
46	r1	t1		m2	x12	d4	w11	n2	y5	w10						z6		0
47	r1	t1		m1	x13	d1	w2	n5	y15	w9						z5		1
48	r1	t1		m1	x14		w5	n8	y15	w1					c1	z4		1

1.3　建筑立面传统性特征控制规则

1.3.1　规则形式与提取原理

1. 规则内容及形式

立面传统性特征的规则内容包括以下几个方面：

1）说明何种立面要素的何种形式是传统的，即给出具体形式的一种立面要素，可以判断该种形式的立面要素是否是符合传统的。

2）说明哪些立面要素组合在一起是传统的，即给出具备两种及以上要素的某一立面，可以判断该立面是否使人产生传统性认知。

3）说明哪些立面要素对立面整体传统性影响更大，即说明立面要素的重要性层级关系。

规则以集合的形式出现，集合中的元素可以是描述性的文字，也可以是简化的字符串，依照呈现和使用的对象不同进行选择。比如在具体的导则文本中选择描述性的文字集合，在程序中利用字符组成的代码控制生成。

2. 提取原理

利用粗糙集对于知识的约简，对规则进行提取。根据得到的形态要素编码矩阵，可将其看作划分好的一系列概念的集合。其中描述立面的集合是知识的条件属性，传统性评价结果的集合是决策属性，二者结合共同作为计算机知识发现的知识库基础。通过对冗余条件的约简，就能够得到主要的条件属性及其组合方式与决策属性即传统与否的对应关系，进而得出传统性控制规则。仍然以上述单个民居立面为例，简要地进行说明（图1-23）。

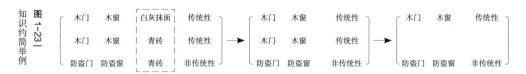

图1-23｜知识约简举例

针对大量的数据处理，我们采用了Rosetta粗糙集数据分析工具集，它是目前较为常用的粗糙集软件，是由挪威科技大学计算机与信息科学系和波兰华沙大学数学研究所联合开发的一个基于粗糙集理论框架的数据分析工具包。它的雏形是挪威人亚历山大·奥恩（Aleksander Ohrn）在完成博士论文期间开发的粗糙集工具。Rosetta软件主要包括计算机核和图形用户界面，它实现了数据挖掘和知识发现的整个过程，包括多种数据导入导出、数据补全、数据离散化、知识约简、过滤、分类、规则生成验证与分析以及获取等价类、上下近似集等功能，它支持对数据的初始浏览和预处理，可计算最小属性约简及产生用户易于使用的if-then决策规则或描述模式，并可对所得到的规则或模式进行验证和分析，以检测其有效性[55-56]。在经过一段时间的测试后，我们认为Rosetta软件对于研究建筑学所对应的问题具有简洁明了、容易掌握的特点。Rosetta软件的用户界面示意如图1-24所示。

1.3.2 传统要素集合与组合规则

1. 属性约简与相关参数计算

由于立面传统形态要素的属性较多，其影响传统性认知的程度不同，需要对上述评价表进行处理，实现知识约简。通过将Excel表格形式的属性矩阵导入Rosetta，通过对各列属性的读取，软件能够根据粗糙集的约简原理，剔除影响较弱的立面要素，仅保留影响较大的要素，从而对要素影响传统性的重要性进行分级，并通过计算提取以编码和文本表示的传统形态要素集合及其组合规则（图1-25），达到街区传统性特征知识发现的目的。

A解码｜历史地段保护与更新中的数字技术

图 1-24|

粗糙集计算示意

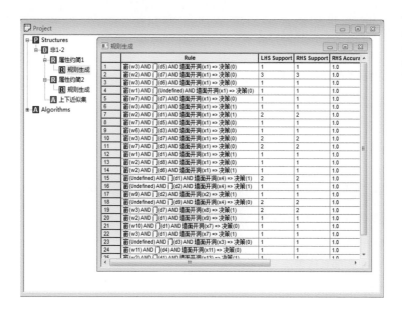

图 1-25|

规则反映的实际感知

2.核心规则获取

由分析结果可知，影响传统性认知的要素按重要程度划分层级，二层墙身材料（窗下墙）以及门窗样式影响程度最大，其次为墙身材料（一层为主）与墙面开洞位置。而我们通常理解的判断是否为传统建筑的关键因素——屋顶形式——并非最重要的立面要素。我们分析，由于在过窄的街巷中，屋顶在视觉上较为弱化，门窗等要素则较为明显，因而民众对门窗等部位更为关注和敏感。而且考虑到当地传统民居几乎全部为坡屋顶，相当于在屋顶形式为坡屋顶的先决条件下判断其他组合的传统性，因此在本研究的语境中屋顶的同质性导致该要素相对隐性。

Attributes					Decision
(n1)	AND	(w2)	AND	(d1)	=>	decision(1)
(n5)	AND	(w10)	AND	(d1)	=>	decision(1)
(n5)	AND	(w2)	AND	(d1)	=>	decision(1)
(n5)	AND	(w3)	AND	(d1)	=>	decision(1)
(n5)	AND	(w9)	AND	(d2)	=>	decision(1)
(w2)	AND	(d1)	AND	(x1)	=>	decision(1)
(w2)	AND	(d1)	AND	(x9)	=>	decision(1)
(w3)	AND	(d1)	AND	(x1)	=>	decision(1)
(w3)	AND	(d7)	AND	(x8)	=>	decision(1)
(w9)	AND	(d2)	AND	(x2)	=>	decision(1)
(w3)	AND	(d5)	AND	(x1)	=>	decision(0)
(w2)	AND	(d7)	AND	(x1)	=>	decision(0)
(w11)	AND	(d4)	AND	(x11)	=>	decision(0)
			...			

1.4 传统建筑立面的数字生成

1.4.1 古南街立面现状梳理

1. 传统聚落存在的问题

古南街的现状风貌破坏程度不同，可分为几类情况：

1）构件样式、构造做法不符合传统，须进行替换更新；

2）洞口位置不合理，墙体或屋顶等关键要素缺失乃至整栋建筑损毁至仅存部分屋架，须对建筑要素进行甄别，确定符合传统的要素的位置和组合；

3）建筑完全损毁缺失，须在数量、开间、高度未知情况下重建（图1-26）。

2. 保护工作的具体需求

（1）实际改造需求

古南街现有民居的具体状况表现为：整条街区的各单体、组团乃至片段的新旧程度、损毁状况不尽相同，性质和产权也较为复杂，这导致采取的解决方法应具有针对性和多样性。南街的历史风貌保护得较为完好，街道的空间格局较为完整，建筑大部分具有传统性。用于商业经营的部分建筑对立面进行了现代化的改建和加建，部分改造的效果不符合传统性。因此南街需要进行局部的整治，整治内容主要是进行原有传统立面恢复和功能拓展后的立面设计（图1-27）。

（2）成果需求

1）相关导则、图则和图纸。在古南街的风貌提升和保护工作中，最主要的工作是编制能够指导修缮和改造的导则。保护工作的参与者显然不仅仅包括政府管理人员，还包括设计人员、施工人员和当地居民。因此，实际需要的导则、图则应充分考虑各主体的差异，不能成为一纸空文，应具有综合性，能够生动地呈现当地建筑的传统信息，阐明设计和改造的依据，且能够提供可参考的改造样板。

2）相关的辅助工具。研究采用的生成设计方法应具有直观性、即时性和可交互性，其

图 1-26 民居现状及改造需求

a 传统民居的立面整治　　　　b 传统民居的修复重建　　　　c 现代民居的立面整治

图 1-27 |
西街部分界面与肌理的织补与重构需求

呈现的结果应具有一定的便利性，充分考虑管理者掌握最终效果和普及相关政策、设计者在方案阶段进行参考、居民选择相应改造样板的需求，因此研究需要的软件工具须提供辅助展示、设计和交互生成的功能。

（3）实际问题向图形问题的转化

基于前述的现状梳理，目前已完成的研究可以应对立面上两类不同程度的问题：

一类问题是单体建筑完好，开间及高度等仍相对协调，仅样式、材料及细部构造欠妥或由于改加建现代要素导致风貌破坏的情况。在这种情况下，只需根据传统性立面要素集合及其组合规则进行整治更新，替换非传统性的要素，剔除非传统性的冗余要素。自动生成新的街区整体立面可作为历史街区风貌保护导则编制的参考图则。

另一类问题是建筑立面破坏程度较严重，如门窗位置不合理、墙体或屋顶等关键要素缺失乃至整栋建筑损毁至仅存部分屋架的情况。在这种情况下，需要通过其仍存留的部分确定开间、层高，根据典型立面的几何特征和传统性立面要素控制规则，生成符合传统性但并不一定与原来相同的参考立面。在通常的历史街区风貌保护过程中，有效地解决这类常见问题尤为重要。

这两类基于现状的立面补全措施采用较为简单的策略，即分层读取现状立面图，主要采用两种操作，一是删除冗余的要素，替换门窗样式，二是在既有的轮廓下绘制需要的立面要素。这些操作可在Processing中基于二维图像进行处理（图1-28）。

图 1-28 |
基于二维图像要素的替换与生成

1.4.2 规则的数字化转译

1. 数据库建立

根据前文对于风貌形态的规则提取的结果，最终在Processing和CityEngine中进行生成建模，描述不同尺度层级风貌的核心参数以变量的形式列表。在实际立面、建筑、道路地块的生成过程中，除了前文所示的核心参数以外，还定义了编程所需的其他辅助参数和变量，在此不逐一列举。此外对于门、窗等标准构件，通过预先建模，建立了带材质的obj格式模型库。对于墙面、屋顶等建立了材质纹理的贴图库。参数集、模型库和贴图库结合支持平台内的CGA语言模型生成。

2. 坐标系建立

结合实际测绘数据确定单体建筑立面要素的几何尺寸，并将建筑立面在Processing中置于二维坐标系中，通过几何计算将各要素的绝对位置以及要素之间的相对位置用坐标值及其大小关系表示，从而使计算机程序依此在屏幕绘制相应的点、线、面等几何元素，构建立面的几何图像（图1-29）。

1.4.3 Processing中的立面处理

Processing中的立面生成主要针对前文所述的立面问题，解决建筑立面要素替换和新立面生成的需求。在功能方面，结合实际的应用，Processing可以生成符合传统性样式的相应面宽和高度的参考立面，且可以根据原有建筑体形和开洞数量及位置等特定要求提供交互式自定义操作。在Processing中通过展示并关联各相关细节的节点样式，可建立选择性样

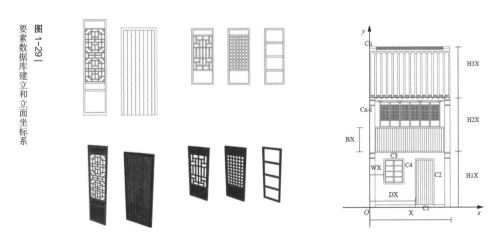

要素数据库建立和立面坐标系

图1-29

板，生成相应的图纸。

1. 立面框架绘制

首先在初始化定义中需要声明一系列变量。对于主要控制参数，不仅要对常量进行赋值，还要对变量赋予初始值。如从简化角度考虑可将屋脊的高度、墀头的宽度等设置为常量，其数值的大小在实际建造中符合一定的砖厚模数，变化不大且影响较小，而开间、层数、总高度等则可视为显著变化的变量。此外还有相关辅助变量的声明。

之后计算并返回相应坐标值。在绘制初始化立面时，通过开间面宽和总高初始值计算开间数kNum、层数hNum。在后续的操作中，开间的面宽和总高可通过鼠标事件获得，改变后将重新计算并判断开间数和层数，从而更新立面的开间和层数划分。

同时根据开间面宽值、高度值以及相应参量，计算立面线框图各边线的起点和终点坐标值，使用line命令绘制线框，包括外轮廓线、屋脊边线、屋顶边线、墀头边线、二层窗下墙边线等，至此完成立面框架的绘制（图1-30）。

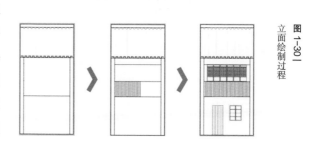

图 1-30 | 立面绘制过程

2. 要素数据导入

首先执行门窗图块预加载。在声明变量时，图块变量定义为PImage变量，主程序中使用loadImage命令加载所有预先绘制的门窗样式图片文件，建立可以选择的库。

之后进行门窗坐标的计算。将前述获得的开间数、层数作为判断条件，计算不同情况下的门窗坐标。程序会给出标准情况下门窗的数量和位置，并使用Image命令绘制门窗。

3. 自定义操作

在编程过程中加入了交互事件，以提供使用者改变总高、开间、门窗数量和位置等自定义操作。使用者可根据自己房屋的现实状况，如既有的门窗洞口位置、数量或待建房屋的开间进深来获得可以参考的立面。同时程序还会显示不同部位的传统性描述和图片，为用户呈现和传达当地的传统营造样式和工艺信息。

1.4.4 实际问题的解决

在初步的探索后，我们希望将成果运用到实际问题当中。经过上述若干步骤的操作，我们提取了基本的生成控制规则，通过编程对街区立面进行生成设计，一系列的尝试从一定程度上证明了这种方法体系能够在历史街区传统风貌的知识发现与共享中发挥作用。从效果上看，生成的参考立面从细部的形态特征到街区的整体风貌甚至各要素的几何关系和组合，都有较好的反映和控制，并能在方案优化和深化中结合实际问题加入更多约束，可供编制立面导则参考和使用。

结合古南街现有民居的具体状况，由于整条街区各个单体、组团乃至片段的新旧程度、损毁状况程度不尽相同，性质和产权也较为复杂，因此采取的解决方法应具有针对性和多样性，对于前文所述两类问题采取不同的应对策略（图1-31~图1-34）。

图1-31
民居现状一

图1-32
要素替换与整治

图1-33
民居现状二

图1-34
缺失的建筑单体生成示意

基于前文所述两类问题的解决，我们将研究的知识发现与生成设计的方法和结果运用在古南街的立面导则编制中。作为指导保护规划实施的导则，一方面依据知识发现提取到的立面要素集合和组合规则制定了立面要素的控制图则，另一方面对生成结果进行处理，展示古南街整体沿街和沿河风貌，同时给出单体改造参考案例和细部做法，从而完成了古南街保护规划（图1-35、图1-36）。

1.5 本章小结

在当下具有历史风貌的一般性传统建筑聚落的保护规划中，对风貌的认知、分析与保护更新是一个环环相扣的系统工程。针对传统聚落保护方案的设计与实施过程中存在的认知偏差、理解主观的问题，本章使用粗糙集等知识发现的工具，对传统建筑立面风貌这一模糊的概念进行剖析和表达，用相对客观的方式得到描述传统建筑外观及空间肌理的表述方法以及其中蕴含的不同形式的内在规则。本章又结合数字技术的发展现状，将生成设计的方法引入传统建筑立面风貌保护与更新设计的过程中，尝试得到生成设计结果，并针对具体的保护问题，给出相应的生成策略。

1）不同的人对于传统建筑聚落历史风貌的认知有不同的理解，但对于是否具有传统性这一问题可以做出明确的判断，因而是否具有传统性可以作为认知共性，成为后续知识发现的出发点。

2）以往的传统建筑立面历史风貌表述与分析均建立在描述性的图片和文字之上，其风貌的组成、特征只可意会，不可言传。而通过对立面风貌构成要素的数字化解析能够构建立面风貌的属性矩阵或关系模型以及相应的参数集，成为规则描述和表达立面风貌的内在特征。作为后续数字化生成的前处理过程，这种描述与"大、小""好、坏"相比更为精确客观，被证明是一种有效的解决思路。

3）数字化的生成设计方法相比于人脑思考方案具有很大的优越性。在不考虑学习成本的情况下，生成设计能够极大地提高方案产出的效率、可控性和多变性。生成设计本身也存在着不同层次、不同方法和不同的思路，可根据具体的实际问题从底层或借助相应的平台实现。

经过初步的探索，本章的工作建立了传统聚落建筑立面历史风貌描述、分析和生成的方法体系，并将成果运用到实际问题当中，给出相应的解决方法。而通过前述若干步骤的操作，本章的工作提取了基本的生成控制规则，通过编程对街区传统建筑立面进行生成设计，这一系列的尝试从一定程度上证明了这一方法体系能够在历史街区传统风貌的知识发

图 1-35｜
导则部分内容

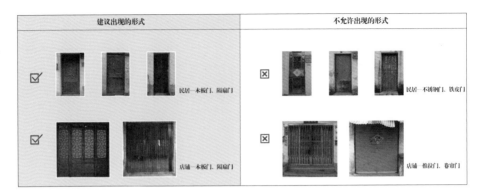

建议出现的形式	不允许出现的形式
☑ 民居—木板门、隔扇门	☒ 民居—不锈钢门、铁皮门
☑ 店铺—木板门、隔扇门	☒ 店铺—推拉门、卷帘门

现状照片 　　　　　　立面现状图 　　　　　　立面改造参考做法

商业带有展览（开店形式）

南街西立面图则

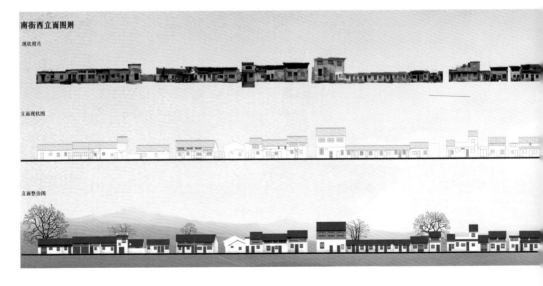

现状照片

立面现状图

立面整治图

Λ解码｜历史地段保护与更新中的数字技术

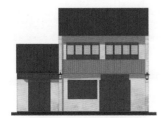

商业带有展览（闭店形式）

维持现状的改造

景观改造

图 1-36 | 当地政府对导则进行的展示和实际做法的展陈

现与共享中发挥作用。从效果上看，生成的参考立面和场景模型对于细部的形态特征、街区的整体风貌以及各要素的几何关系和组合都有较好的反映和表达，并能在方案优化和深化中结合实际问题加入更多约束，可供编制风貌提升导则参考和使用。

　　同所有的历史街区一样，古南街当地居民的活动将成为街区活力保障的最重要因素，而历史文化街区保护的目的在很大程度上是为了生息于此的人们延续传统的生活方式和文化记忆。因紫砂而生、因紫砂而荣的古南街，其活力的延续和重生离不开文化的认同和商业的繁荣。因此，对这种传统街区的保护和更新不应该是打造包裹和掩蔽人们琐碎生活、堆砌传统符号碎片的容器。古南街的传统建筑在对现代生活不断适应、融合的过程中，正由传统的居住建筑转变为带有商业、文化展示等多种功能的载体。这种多义性的转变导致其相应的立面形态、要素构成也发生了改变。数字链思维下的历史街区传统风貌知识发现和生成设计系统应顺应社会需求，在历史风貌不被破坏的基础上根据人们不断发展的认知和功能需求，为人们参与建设和更新这种生活场景提供优化方案和依据，重建与人们活动相关的有机的生活场景，将传统街区的文化和活力延续下去。

注释、参考文献和图表来源

注释

1 庞继芳. 基于粗糙集理论的知识获取方法研究[D]. 太原: 山西大学, 2006.

2 ZALEWSKI J. Rough sets: theoretical aspects of reasoning about data[J]. Control Engineering Practice, 1996, 4(5): 741–742.

3 王珏, 苗夺谦, 周育健. 关于Rough Set理论与应用的综述[J]. 模式识别与人工智能, 1996, 9(4): 337–344.

4 李伟涛. 粗糙集与模糊粗糙集属性约简算法研究[D]. 重庆: 重庆大学, 2011.

5 森典彦, 田中英夫, 井上勝雄. ラフ集合と感性 - データからの知識獲得と推論[M]. 东京: 海文堂出版株式会社, 2004.

6 斎藤笃史, 宗本顺三, 松下大辅. Study on description methods for concept of traditional facade by employing ontology: a case of Sanneizaka preservation district for groups of historic buildings[Z]. 京都: 京都大学, 2005.

7 宗本晋作. ラフ集合を用いた空間要素の組合せ推論に基づく印象評価の研究 : 国立民族学博物館の企画展を対象として [J]. 日本建築学会計画系論文集, 2006: 235–241.

8 闫友彪, 陈元琰. 机器学习的主要策略综述[J]. 计算机应用研究, 2004, 21(7): 4–10.

9 刘后胜. 基于不确定理论和机器学习的知识发现研究[D]. 合肥: 中国科学技术大学, 2008.

10 孟宜成. 粗集理论在机器学习中的应用与研究[D]. 昆明: 昆明理工大学, 2008.

11 张腾飞. 基于粗糙集和RBF网络的动态建模方法研究[D]. 上海: 上海海事大学, 2004.

12 寇立业. 大跨钢结构方案设计知识发现的研究[D]. 哈尔滨: 哈尔滨工业大学, 2006.

13 王力, 袁长春, 吕大刚, 等. 粗糙集理论在高层建筑结构知识发现中的应用[J]. 哈尔滨工业大学学报, 2006, 38(12): 2073–2076.

14 郭子君. 基于Ontology和Rough set理论的传统古建聚落建筑外观风貌保护导则编制技术研究[D]. 南京: 东南大学, 2016.

15 王晨, 高敏, 徐震, 等. 基于语义本体的芜湖近代外廊式建筑立面形式研究[J]. 建筑学报, 2015(S1): 101–107.

16 田小永. 数据挖掘在网络化基于实例设计系统中的应用[D]. 郑州: 郑州大学, 2005.

17 魏力恺, 张颀, 张备, 等. Architable: 基于案例设计与新原型[J]. 天津大学学报(社会科学版), 2015, 17(6): 556–561.

18 MAHER M L, GARZA A G S. Case-based reasoning in design[J]. IEEE Expert, 1997, 12(2): 34–41.

19 魏力恺, 张颀, 黄琼, 等. 建筑的计算性综合[J]. 建筑学报, 2013(10): 100–105.

20 魏力恺. 基于CBR和HTML5的建筑空间检索与生成研究[D]. 天津: 天津大学, 2013.

21 HEYLIGHEN A, NEUCKERMANS H. A case base of Case-Based Design tools for architecture[J]. Computer-Aided Design, 2001, 33(14): 1111–1122.

22 ZHANG H, XU K, JIANG W, et al. Layered analysis of irregular facades via symmetry maximization[J]. ACM Transactions on Graphics, 2013, 32(4): 121.

23 FAN L B, MUSIALSKI P, LIU L G, et al. Structure completion for facade layouts[J]. ACM Transactions on Graphics, 2014, 33(6): 1–11.

24 吴宁, 温天蓉, 童磊. 参数化解析与重构在村落空间中的应用研究: 以贵州某传统村落为例[J]. 建筑与文化, 2016(5): 142–143.

25 刘文凤. 数据挖掘在公共建筑能耗分析中的应用研究[D]. 重庆: 重庆大学, 2010.

26 崔治国, 曹勇, 武根峰, 等. 基于机器学习算法的建筑能耗监测数据预处理技术研究[J]. 建筑科学, 2018, 34(2): 94–99.

27 郑晓卫, 潘毅群, 黄治钟, 等. 数据挖掘技术在上海市商用建筑信息数据库中的应用[J]. 暖通空调, 2008, 38(4): 35–38.

28 李飚. 基于复杂系统的建筑设计计算机生成方法研究[D]. 南京: 东南大学, 2008.

29 HOVESTADT L. 超越网格: 建筑和信息技术、建筑学数字化应用[M]. 李飚, 华好, 乔传斌, 译. 南京: 东南大学出版社, 2015.

30 徐卫国. 数字建构[J]. 建筑学报, 2009(1): 61–68.

31 徐卫国. 有厚度的结构表皮[J]. 建筑学报, 2014(8): 1–5.

32 袁烽, 肖彤. 性能化建构: 基于数字设计研究中心(DDRC)的研究与实践[J]. 建筑学报, 2014(8): 14–19.

33 于雷. 交集亦或补集: 关于机器人参与下的数字建构自主性讨论[J]. 建筑学报, 2014(8): 30–35.

34 孙澄, 韩昀松, 姜宏国. 数字语境下建筑与环境互动设计探究[J]. 新建筑, 2013(4): 32–35.

35 孙澄, 邢凯, 韩昀松. 数字语境下的建筑节能设计模式初探[J]. 动感(生态城市与绿色建筑), 2012(1): 38–41.

36 黄蔚欣, 徐卫国. 参数化非线性建筑设计中的多代理系统生成途径[J]. 建筑技艺, 2011(S1): 42-45.

37 魏力恺, 弗兰克·彼佐尔德, 张颀. 形式追随性能: 欧洲建筑数字技术研究启示[J]. 建筑学报, 2014(8): 6-13.

38 李飚, 郭梓峰, 季云竹. 生成设计思维模型与实现: 以"赋值际村"为例[J]. 建筑学报, 2015(5): 94-98.

39 王桂林. 数字化技术在古建筑保护中的应用研究[J]. 中华民居(下旬刊), 2014(9): 137.

40 徐桐. 基于数字技术的古建筑信息公众传播研究: 兼论"建筑图像比对识别技术"在其中的应用前景[J]. 建筑学报, 2014(8): 36-40.

41 罗翔, 吉国华. 基于Revit Architecture族模型的古建参数化建模初探[J]. 中外建筑, 2009(8): 42-44.

42 吉国华. 传统冰裂纹的数字生成[J]. 新建筑, 2015(5): 28-30.

43 薛峰, 张健, 陆华锋, 等. 一种徽派建筑快速建模方法[J]. 计算机辅助设计与图形学学报, 2009, 21(11): 1595-1600.

44 李尚林, 李琳, 曹明伟, 等. 面向真实构建的徽州建筑快速建模方法[J]. 软件学报, 2016, 27(10): 2542-2556.

45 郭梓峰, 李飚. 建筑生成设计的随机与约束: 以多智能体体块优化为例[J]. 西部人居环境学刊, 2014, 29(6): 13-16.

46 ZALEWSKI J. Rough sets: theoretical aspects of reasoning about data[J]. Control Engineering Practice, 1996, 4(5): 741-742.

47 王珏, 苗夺谦, 周育健. 关于Rough Set理论与应用的综述[J]. 模式识别与人工智能, 1996, 9(4): 337-344.

48 庞继芳. 基于粗糙集理论的知识获取方法研究[D]. 太原: 山西大学, 2006.

49 丛书编纂委员会. 宜兴旧志整理丛书[M]. 北京: 方志出版社, 2018.

50 江苏省宜兴市丁蜀镇志编纂委员会. 丁蜀镇志[M]. 北京: 中国书籍出版社, 1992.

51 张苗苗. 基于类型学的宜兴丁蜀古南街民居建筑造型研究[D]. 无锡: 江南大学, 2009.

52 钱岑. 苏南传统聚落建筑构造及其特征研究: 以苏州洞庭东西山古村落为例[D]. 无锡: 江南大学, 2014.

53 程浩然. 传统古建聚落营建工艺的传承与保护: 以江苏宜兴古南街为例[D]. 合肥: 合肥工业大学, 2013.

54 宗本晋作. 感性评价を取り入れた展示の空間構成法に関する研究[Z]. 京都: 京都大学, 2008.

55 徐袭, 刘玉波, 范学鑫. 基于模糊工具箱和ROSETTA的粗糙集数据挖掘[J]. 微计算机信息, 2007, 23(18): 174-175.

56 吴静. 基于粗糙集理论的属性约简法研究[D]. 合肥: 安徽大学, 2009.

参考文献

1 《平遥古城传统民居保护修缮及环境治理实用导则》, 2015年, 平遥县人民政府.

2 《平遥古城传统民居保护修缮及环境治理管理导则》, 2015年, 平遥县人民政府.

3 《京の伝统的建造物群保存地区》, 平成二十一年三月, 京都市城市规划局都市景观部景观政策课.

4 《建築樣式参考図集——京都の町なみ産寧坂伝统の建造物群保存地区编》, 昭和五十二年, 京都市政府.

5 唐芃, 王笑, 石邢. 基于知识发现和数字生成的传统街区建筑立面表述体系与风貌分析方法: 以宜兴市丁蜀镇古南街历史文化街区为例[C]// 全国高校建筑学学科专业指导委员会, 全国高校建筑数字技术教学工作委员会. 信息·模型·创作: 2016年全国建筑院系建筑数字技术教学研讨会论文集. 沈阳, 2016: 8.

6 Carpo M. The second digital turn[M]. Cambridge: The MIT Press, 2017.

7 东南大学城市规划设计研究院. 宜兴蜀山古南街历史文化街区保护规划[Z]. 南京: 东南大学, 2012.

8 吴书玲. 基因表达式编程的改进及其在知识发现中的应用研究[D]. 西安: 西安建筑科技大学, 2016.

9 童磊. 村落空间肌理的参数化解析与重构及其规划应用研究[D]. 杭州: 浙江大学, 2016.

10 中华人民共和国国务院. 历史文化名城名镇名村保护条例[J]. 中华人民共和国国务院公报, 2008(15): 27-33.

11 《〈历史文化名城名镇名村保护条例〉释义》, 2008年, 中华人民共和国国务院.

12 默寺. processing学习组[EB/OL]. (2007-05-18). [2021-12-01]. https://www.douban.com/group/processing , 2018/03/20.

13 百度百科. Esri CityEngine[EB/OL]. (2012-02-20). [2021-12-01]. https://baike.baidu.com/item/Esri%20CityEngine.

14 姚承祖, 张至刚. 营造法原[M]. 2版. 北京: 中国建筑工业出版社, 1986.

15 江川. 江南传统街巷空间构成及现代启示: 以宜兴古南街为例[D]. 合肥: 合肥工业大学, 2013.

图表来源

图1-1 图片来源: FAN L B, MUSIALSKI P, LIU L G, et al. Structure completion for facade layouts[J]. ACM Transactions on Graphics, 2014, 33(6): 1-11.

图1-2 图片来源: 斎藤篤史, 宗本顺三, 松下大辅. Study on description methods for concept of traditional facade by employing ontology: a case of Sanneizaka preservation district for groups of historic buildings[Z]. 京都: 京都大学, 2005.

Λ解码 | 历史地段保护与更新中的数字技术 |

第二章 基于L-system的道路肌理解析与生成

ANALYSIS AND GENERATION OF ROAD TEXTURE BASED ON L-SYSTEM

CHAPTER 2

2.1 概念界定

2.1.1 L-system

L-system（Lindenmayer System）由乌特勒支大学的生物学家和植物学家、匈牙利裔的阿里斯蒂德·林登迈尔（Aristid Lindenmayer）在1968年提出并发展。它是一种基于规则的并行字符串重写系统，也是一种形式化语法。它可以描述植物细胞的行为，模拟各种生物的形态，并为植物发育的生长过程建模，生成自相似的分形体。与迭代函数系统生成分形依靠数字的迭代不同，L-system依赖的是字符的迭代。每个字符串由若干不同的模块组成，包括一个可用于制造字符串的符号字母表、一个将每个符号扩展为某个更大的符号字符串的生产规则集合、一个可开始构建的初始字符串以及一个将生成的字符串转化为几何结构的机制（图2-1）。本章的主要工作依据L-system（CityEngine道路生长原理）展开。

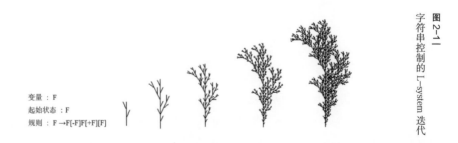

变量：F
起始状态：F
规则：F→F[-F]F[+F][F]

图 2-1 字符串控制的 L-system 迭代

CityEngine是一款用于三维城市建模的软件，主要应用于数字城市、城市规划、轨道交通、电力、管线、建筑、国防、仿真、游戏开发和电影制作等领域。CityEngine可以利用二维数据快速创建三维场景，并能高效地进行规划设计，而其对ArcGIS完美的支持，使很多已有的基础GIS数据不需要转换即可迅速实现三维建模，减少了系统再投资的成本，也缩短了三维GIS系统的建设周期。CityEngine最初由瑞士苏黎世联邦理工学院帕斯卡尔·米勒（Pascal Mueller，米勒是Procedural公司创始人之一，后来成为Procedural公司CEO）设计研发。米勒在计算机视觉实验室进行博士研究期间，发明了一种突破性的程序建模技术，这种技术主要用于三维建筑设计，也为CityEngine软件的问世打下了基础。在2001年，SIGGRAPH（Special Interest Group for Computer GRAPHICS，计算机图形图像特别兴趣小组）发表了约阿夫·I.H.帕里什（Yoav I. H. Parish）和他的研究论文"Procedural modeling of cities"，这标志着CityEngine正式走出实验室[1-2]。

CityEngine采用改进的Extended L-systems来模拟道路的生长和分支，从而生成主要和次要道路（图2-2）。这种方法兼顾全局目标和局部约束，并减少了生长规则的复杂性，使道路生成结果更贴近实际。其主要的特点在于将系统模块中参数的设置和修改移植到外部函数中。这些函数遵循一个松散的层次结构，以区分高层次的任务和环境约束。这些函数分别称为全局目标（Global Goals）和局部约束（Local Constraints）。每当这些规则被应用于现有的模块串时就会依次调用执行：首先系统模块根据内置的路网模式等全局目标将参数设定为初始值，再通过道路几何尺寸、级别、交叉口等局部约束来对路段和节点进行修改[3]。

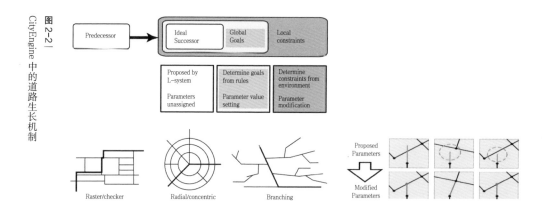

图2-2｜ CityEngine 中的道路生长机制

本研究中对传统聚落生成规则的提取与CityEngine基于规则建模的特点相契合。且CityEngine对于其他软件的互通和多种三维模型文件格式的支持，使其具有很高的可拓展性和便利性。在研究结果的实际应用时，对大部分使用者来说也具有一定的友好性。

这一研究在理论上延续了当下传统聚落的保护规划中对聚落内道路网络形态和生成原理的研究，同时在道路网络形态的量化方面进行了更深一步的挖掘，尝试准确地表述并传递传统建筑聚落道路结构所蕴含的风貌信息。研究的关注点转向了一般性非文物保护建筑聚落，对这类聚落的保护与更新提供更为贴合聚落自身成因的办法。研究从对聚落空间的形成、聚落单体建筑之间存在的联系的探究圈跳跃出来，将聚落视为一个简单的具有几何关系的有机体，运用数理逻辑进行解析与重构，在传统建筑聚落空间更新改造中对道路网络进行计算机形态模拟、复制以及重构。

2.1.2 传统建筑聚落街区街巷的研究方法与理论

目前国内对传统建筑聚落形态上的研究方向分为两大类：一类研究从聚落的历史沿革、自然环境、地理选址布局开始，对道路街巷的空间布局、建筑组团模式进行定性的分析与归纳，属于建筑学与历史、地理、经济、人文等学科的广泛交叉。另一类研究关注聚落的历时性发展与变迁和聚落中某一具体的研究专题，涉及特定传统聚落的更新与保护工作，如对传统聚落水系、街巷的演进机制研究等。

针对传统建筑聚落道路街巷的空间形态，通常采用定性分析与归纳的方法。受不同理论与方法的指导，东南大学建筑学院段进教授的学术团队借助拓扑网络法、群结构、序结构等结构主义理论对太湖流域周边的传统聚落的街巷网络、水网的特性进行解析与总结。伦敦大学巴特莱特建筑学院的比尔·希列尔（Bill Hillier）教授团队发明的"空间句法"也被引入国内用于传统聚落空间研究当中。在《空间句法在中国》一书中，段进等运用该理论对苏州地区街巷交通系统进行了定性的分析，但缺少对街区的道路数据进行准确的提取和分析[4]。在《传统聚落形态研究》一文中，陈紫兰受凯文·林奇的心理认知图式方法的影响，强调了传统聚落之中包含着界域性和中心性两点特征，道出聚落形态的最终确定是由人类活动、亲缘关系、精神需求甚至传统风水观念等多方面共同因素影响[5]。王澍在其《皖南村镇巷道的内结构解析》一文中从结构角度出发，指出内结构系统中巷道在整个村落形象中的重要作用，总结要创造有文脉的、内涵深刻的新建筑需要从形制出发，经过结构的解析、构造的变化而恢复形制[6]。而通过点、线、面三类图形的基本特征来表征聚落形态，是业祖润在《传统聚落环境空间结构探析》中分析传统聚落环境空间结构的构成要素的主要方法[7]。

近年来，有研究开始采用其他学科的研究方法比如将定量分析融入建筑学，或者用与其他领域相结合的方法来对传统村落的研究进行新尝试。浦欣成在《传统乡村聚落平面形态的量化方法研究》一书中运用了景观生态学、分形几何学与计算机辅助的数理方法对传统乡村聚落的形态进行分析，建立模型对聚落的秩序化程度进行定量判断，找寻聚落抽象形态背后的机制与规律[8]。童磊在博士论文中采用了浦欣成早期对聚落的研究方法，对聚落空间信息的提取方法做了优化，对传统聚落的道路、地块与建筑空间的肌理采用数理分析的手段，弥补了前者在空间肌理规律量化研究的不足，并尝试性地基于Eris CityEngine建模软件平台将其内置的街道参数化技术引入村落空间肌理的规划设计中[9]。李欣等在《城市肌理的数据解析——以汉口沿江片区为例》中，通过建立一系列基于街区单元的几何形态指标，利用多种计量统计学方法对这些形态指标进行因子降维和聚类分析，实现了对街区单元类型的有效分类，并利用GIS方法对其空间分布规律进行可视化呈现，精确地定位出该区域中重要的核心肌理连续带和断裂区，从而解析出不同类型的街区单元在城市肌理中的潜在形态规律[10]。印度学者拉姆·巴哈杜尔·曼达尔（Ram Bahadur Mandal）认为对聚落的研究方式总体上可归结为以下三种：对历史研究进行综述的方法、对比参照同类型聚落的方法以及对数据进行统计的方法等等[11]。

　　以上对传统建筑聚落的空间形态进行定量分析的研究，主要是对影响聚落街道肌理形态的因素进行主观性的提取，有的研究进一步将聚落抽象的二维平面图进行参数转译，借助几何学或数理统计的方法提取道路的影响因素，但是以上研究在对聚落进行分析后并没有对遭受破坏的街区结构进行有效的修复或者是运用所提取的因素进行模拟建设。

2.1.3 道路肌理的数字技术研究方法

　　与国内外对传统建筑聚落研究的主流方法不同，在对街道路网的研究中有一批学者采用的是智能方法——将计算机算法设计与建筑规划专业相结合，并且将研究重点缩小到更细致的范围内，如城市中或者聚落的道路网络的平面布局生成之上。

　　"Computing layouts with deformable templates" 一文采用非正交格网四边形剖分和Voronoi剖分之后再调整格网的精细程度，达到了城市设计尺度上划分地形的目的[12]。李飚等在《建筑生成设计的技术理解及其前景》一文中阐述了类矩形建筑基地剖分生成工具，该工具具有提供道路系统自动生成的功能一文[13]。霍夫施塔特在瑞士的 "Schuytgraaf" 项目中使用了Kaisersrot CAAD软件进行计算机辅助规划，通过前期植入规则后依据一些既定的原理，生成舒伊特格拉夫（Schuytgraaf）地区的规划设计方案总平面图[14]。李飚等在《生成设计思维模型与实现——以"赋值际村"为例》一文中基于规则与目标函数的地块优化及其自生长模型探索了地块的自组织与划分，并模拟生成了徽州际村的聚落平面[15]。王振飞等在《关联设计》一文中基于对城市社区中的邻里关系提出了一种关于城市住区生成的规则，根据城市街道尺度和道路之间的不同联系可以生成具有不同布置方式的院落平面[16]。华好在 "A Bi-directional procedural model for architectural design" 中提出了一种基于Shape Grammer的平面布局生成方法，基于该规则可以随机产生各式各样的平面布局[17]。杜尔阿特等在摩洛哥马拉喀什老城案例中用规则系统的方法实现了对老城区内部地块以及路网的生成[18]。季云竹的《基于模式语言的建筑空间生成算法探索——以徽州民居为例》中将模式语言原型化、模块化的特点与生成设计程式化的特点联系起来，采用智能优化算法设计与基于规则系统的过程化建模算法设计，从规划的层面对徽州民居的村落空间进行生成[19]。

以上研究皆是在既定规则的基础上运用计算机语言进行程序编写与设计，实现对城市或者村落规划层面上的平面布局生成设计，体现出当下与未来数字化生成设计在传统建筑聚落的风貌保护与利用中的可能性和优越性。数字技术的运用能为街区形态描述与特征表达提供更加准确的方法，算法设计能够为建筑领域的研究提供给更富有逻辑的理论支持。虽然目前在传统建筑聚落道路肌理的生长模拟中计算机的算法不能完全科学客观地反映其内在的机制与原理，但这类研究方法中所体现出来的逻辑缜密、数据客观的基本特点是本研究需要学习借鉴之处。

2.1.4 研究的目标

本研究采用特征提取与几何量化的方法对传统建筑聚落重要风貌组成部分——街区结构进行形态参数与生长规则解析，总结出一套具有借鉴意义的流程方法作为范式，并且针对实际问题进行操作。

其流程是预先选取太湖周边平原地区具有代表性的传统聚落，利用已有的理论与技术方法对聚落的街区空间形态结构进行归纳并总结，得出具有普适性的传统聚落街区结构风貌重构方法。以古南街历史文化街区南街为案例采用量化描述和模拟实验的方法，提取出古南街南街街道形态生长规律，并以西街为例对其已经被破坏的街区结构风貌进行重构，为传统聚落保护规划设计提供一定的技术支持。

2.1.5 研究内容及工具方法

本章的研究首先将道路网络结构形态要素分解为基本组成要素，进而图解化成数学几何关系，并收集、整理保护良好的江南太湖周边平原地区历史自然村落平面图，依次用基本要素关系对它们进行街区形态解析。

其次从所选取案例中归纳得出各个聚落道路路网结构风貌形态特征的共同点，统计计算出可以控制街道与地块生成的几何特征，使用CityEngine三维建模工具中的生成模块与CGA语法，研究案例中街区结构的生成方法（图2-3）。

最后按照上述方法针对古南街历史文化街区南街街区风貌进行特征提取，并以此对西街进行道路网络结构的模拟和重构，构建一套从道路到地块形态自动生成的设计工具，指导

图 2-31 CityEngine 软件视图界面和规则编辑界面

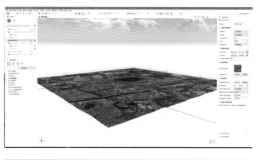

传统建筑聚落道路网络的设计。

2.1.6 工作流程

1）资料调研：通过当地调研以及走访丁蜀镇人民政府和宜兴市测绘地理信息局、查阅各时期出版的县志与导则等获得相关文献资料，包括从明清时期到近代古南街的平面形态变化、紫砂生产模式变更、交通网络、陶瓷制造业的演变以及历史、人文、风土民情等资料；利用网络信息技术如Google Earth获取江苏地区传统聚落的地理信息，采取科学方法对信息进行提取。在本研究中，阅读文献是贯穿始终的一条主线，聚落街区结构信息、规则的提取与发掘也不作为一个个独立的研究对象，而是在研究前期对传统建筑聚落风貌进行建筑学方向上的特征描述，继而参考和分析其他研究案例，提出更加完善和更具系统性的方法。

2）几何分析与统计学分析：本研究在对资料调查所获取的数据结果进行汇总提取中应用几何分析和统计学分析的方法，获得街区结构量化的信息，并用数据表征参数定义的取值范围作为街区结构重构的重要依据。

3）计算机模拟实验：本研究后期对街区结构中的街巷部分做重构实验设计，这部分工作以计算机语言知识为基础，运用CGA语言对街道和地块划分进行优化。

2.2 街区结构分析

2.2.1 古南街南街街区结构形态特征

1.现状描述

丁蜀镇古南街整个村落面积约18万m²，蜀山古南街在明朝始建时仅有几处近水而居的散房，到前清阶段发展到了鼎盛时期，成为热闹的商业集市和紫砂烧制中心。进入1960年代，古南街聚落由生产性街道空间慢慢转化为生活性街道空间，整个街区逐渐衰败，其中街道立面改动较大，空间格局保留完整，质量尚好。

2.地理环境

古南街位于宜兴市南丁蜀镇东端，东接东坡书院，西临蠡河，蠡河自西南向东北穿丁蜀镇，街区民居平行于蜀山和蠡河布局。

3.街区结构

古南街南街的空间结构保存较为完整，聚落的街道、院落地块之间的交通组织关系清晰。南街以蠡河为生长主轴，首先在河道两侧生长出平行于河道的线形交通空间连接各临河节点的码头，并呈带状延伸的趋势。主干道有4条，实地测绘道路宽为1.5~2.7 m，主要联系蠡河街道与蜀山山脚，规整、有序，呈"鱼骨式"。其次，街巷空间随河道带状延伸，变成次要道路并划分出地块，道路开始呈现向内陆块面状发展扩充，局部形成了垂直河道的道路，或一直延伸到蜀山脚下，或向边缘地带扩展，如"鱼骨"般延伸出"鱼肋"，增加了聚落空间的活跃性和渗透性，起到梳理整个聚落交通体系的作用，连接相邻的地块使其各自保持地块的独立性[20]。

随着历史的变迁、人口的增长、人类对功能性活动的扩展以及工业化进程的影响，古南街新旧建筑并存、空间肌理松散的局面逐渐扩大，垂直于河道的次要交通空间形态逐渐细化并进一步依照居民的实际需要做出改变与调整，出现了各种形式自由的小巷道，或者交错的十字路口、半封闭的院落灰空间，最终形成现在秩序分明的江苏地区平原水网类型聚落空间形态[21]。

2.2.2 街区结构体系

对古南街的街道产生因素分析后（图2-4）可归纳街区的生长机制：以水系为主轴，在水系旁侧出现距离较近、宽度较宽的道路网络，随后向内陆减缓延伸划分出地块，地块划分后形成的街巷小径往往呈栅格状并且向内陆边缘地带继续扩展，整体街区结构的形成是从环境出发、从道路到地块的过程（图2-5）。

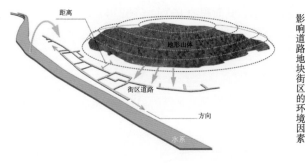

图2-4 | 影响道路地块街区的环境因素

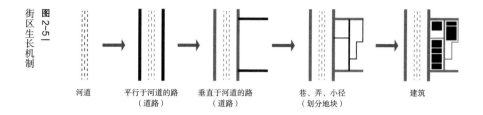

图 2-5 |
街区生长机制

河道 → 平行于河道的路 → 垂直于河道的路 → 巷、弄、小径 → 建筑
　　　　（道路）　　　　（道路）　　　　（划分地块）

2.3 街区结构转译与模拟

2.3.1 街区结构形态表征集合

根据CE平台中对道路和地块的预设模块将街区结构的模拟原理量化为表2-1的集合。

表 2-1 |
街区结构形态表征集合

道路	整体路网形态	路网形态模式 村落中心数量 捕获距离	地块	最小地块面积
	交叉口	交叉口比率 交叉口最小角度		最大地块面积
				地段最小长度
	道路长度	较长道路长度 较短道路长度 较长道路，弹性区间 较短道路，弹性区间		地段与街道相连比率
				中分线比率
	道路数量	总数量		地块个数
				相连个数
	道路偏角最大	两道路之间的较小夹角		

2.3.2 街区结构形态转译

对古南街进行走访、调查后发现，古南街宽2 m左右的主要道路有6条，按照曲折程度每一条主要道路可划分为2~3段。古南街的街巷与小径大约呈正交，将地块划分成网格状。

古南街属于以户为单位划分的建筑组团，地块的划分上更为细致，每个地块包括3~4座单户建筑民居，其面积约100 m² （图2-6）。

图 2-6 |
聚落街区样本转译示意图

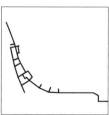

2.3.3　街区道路重构

1. 技术路线

对江苏平原水网类型传统建筑聚落街区结构进行生长规则解析与路网重构需要准确掌握街道路网形态生长的内在规律和形态特征，模拟出与原有传统特征的街道路网相似的模型，为下一步对其他传统建筑聚落的路网模拟提供依据，具体流程如下：

第一步，对现状聚落街区结构平面图进行预处理：将现状道路的中心线提取出来，再统一同一级别的道路宽度，随后将过于复杂的曲线路段进行直线分段。第二步，获取街道路网形态生成的基本控制要素，再将这些要素和特征转译为参数或者规则，并得到这些参数的数学约束关系。第三步，统计参数，主要包括：1）统计最大值或者最小值，必要时剔除极端值，以消除误差干扰；2）对于道路分段长度参数的求值，除了获取平均值、最大值、最小值以外，还需要获取平均值以上和平均值以下的参数的分布范围。第四步，根据CE平台中内置的道路（Streets）生成模块，架构街区结构中分段街道之间的关系，通过调整参数数值，来达到控制路网的形态。

2. 聚落原始数据处理

现实中自然聚落的道路空间肌理形态混乱且复杂，需要对现状街区结构平面进行抽象和预处理，具体包括对各类交叉口、道路本身和路网边界三个方面的处理。

（1）街道交叉口处理

针对各种类型街道交叉口进行处理：1）统一同一级别的道路转弯半径（方便后期为路面建模）；2）确定道路的中心线和道路交叉口处的连接方式：3条道路相连和4条道路相连；3）交叉口处对于相距过近的道路可以忽略距离。

（2）街道道路优化

传统建筑聚落中同一条街道的宽度存在着宽度不统一、道路线形变化丰富等问题，为此需要对街道（Streets）进行以下步骤的预处理：1）以道路交叉口与转弯曲率为拆分端点，将街道拆分为道路段；2）筛选出计算村落的特殊道路（急转弯、桥）作为特殊考虑；3）对单条街道进行宽度规整化处理，取同一路段上多个样点的宽度，然后按这些道路的平均宽度作为该路段的宽度；4）采用曲转直的方法将光滑曲线的街道转化为直线路段：街道的形态中包含大量的连续弯曲线，这些街道可以简化成短直线相连接的街道，通过对阈值角度的控制，使低于此阈值角度的街道在拟合曲线之间形成边界（图2-7）。

（3）整体街道路网提取

最终将上述所提取出的各分段道路的中心线连接成完整的街道形态几何网络，实现整体

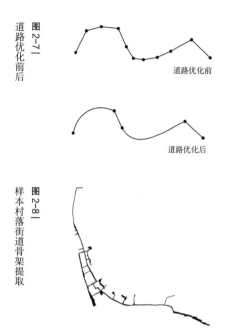

图 2-7｜

道路优化前后

图 2-8｜

样本村落街道骨架提取

街道网络的处理。本研究对李市村、严家桥村、焦溪村、古南街4座村落进行了处理，处理后的网络如图2-8所示。

3. 研究范围确定

在以往对聚落整体的研究中，边界的确定是通过自然、人工、混合边界三种类型来确定的。自然边界是指由山、水、田地等自然体限定的范围，人工边界是指人为限定或是建筑或是构筑物限定的边界。聚落的街区结构平面形态是本研究的对象，研究对象同样需要用明确的空间范围限定，而CityEngine中道路生长设定是不考虑边界因素的，因此前期需要人工将样本中的聚落边界划分出来。

本研究基于村落现状，调查过程中发现村落中道路路网的形态的起始点无从考证，许多近代以来的道路往往自由扩张并延伸到周围的城镇中去，传统村落与现代城镇相交相融。了解各个村落的历史发展脉络是聚落边界确定的重要途径，道路在不同历史时期的分布范围也是街区结构风貌的考证因素。

本研究沿用浦欣成等[8]在使用的聚落边界进行提取的方法，剔除山、水等自然因素的影响，分两步对村落的边界进行确定。

1）初次提取：以100 m为半径圈出分布相对集中、连续的核心聚落范围；将有明确围墙、墙体边界的房屋作为边界线。

2）以7 m为半径勾出聚落边界范围进行边界细化。最终对三份样本村落的街区结构风貌边界的提取结果如图2-9所示。

图 2-9｜

样本村落边界确定

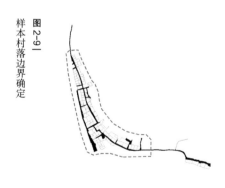

3）在CE中设置有障碍属性图层（Obstacle layer），将图片的亮度阈值函数返回表示为布尔函数来传递映射。亮度在设定的水平值之上的区域能够自动生成街道，反之不能。例如将水平值设定为0.5，亮度小于0.5的黑色范围不允许生成街道。

4. 生长模式确定

在CE中封装好的街道生长模式组合如图2-10所示。

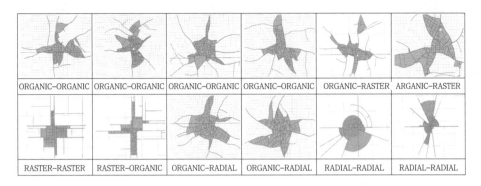

图2-10 |
CityEngine中生长模式组合种类

| ORGANIC-ORGANIC | ORGANIC-ORGANIC | ORGANIC-ORGANIC | ORGANIC-ORGANIC | ORGANIC-RASTER | ARGANIC-RASTER |
| RASTER-RASTER | RASTER-ORGANIC | ORGANIC-RADIAL | ORGANIC-RADIAL | RADIAL-RADIAL | RADIAL-RADIAL |

案例中的道路模式具有明显的层级区别：沿河道路作为村落生长的发源点在经过设定后具有位置与距离无法更改的特性，从几何形态分析，内部较细的道路的生长轨迹较为符合栅格状的模式。

克里斯托弗·亚历山大在《建筑模式语言》一书中阐述了一套方法——模式语言，书中总结了超过250种有关于城市、建筑、房屋的模式，从类似于"环路"这种普通的模式到"铺路与石头之间的缝隙"这种具体、详细的模式，皆有详细的语言来加以叙述。书中列举了多种道路模式，然而这些模式并没有被正式地抽象提取、转化，因此无法在城市规划建模中自动创建。目前在业界内得到广泛认可的道路模式也是针对城市而分析设定的，在以上所提到的研究中，栅格状、有机状和辐射状这三种道路模式是国内外城市道路网络特点与城市发展研究中的主要参照模式，也是平台内置的街道生长模式。

帕斯卡尔和米勒在"Procedural modeling of cities"一文中提出，在多中心城市中栅格状的道路模式是占主导的模式，在单中心城市中辐射状的道路模式是占主导的模式，城内的街道一般体现出栅格状的形态[1]。聚落相比较于城市，虽然在尺度上较小，但机制复杂，历史时期较为久远的村落大多"自下而上"地发展而成，社会因素、经济因素、文化因素等共同决定着街道的生长，聚落内的道路在不同的尺度下遵循着不同的模式，前文中概括出来的街道模式语言并不能直接作为指导聚落街区结构生长的参照，对其控制下生成的路网是否具备传统性也值得商榷。

正是由于传统建筑聚落中存在着诸如人文、历史等不确定性影响因素，所以不能仅仅从定性的角度去分析、归纳，更需要使用定量的方法挖掘内在的信息。CE使用的是一组相对较小的统计数据和地理信息来建构城市模型，其城市的创建基于一套便于使用者理解的分层规则，具有很高的操控性。这些数据可以根据用户的需要进行扩展，同样可以使用相同的生成规则对各种不同的道路模式进行可视化处理。

确定合理的街道生长模式是后续模拟实验的重要前提，用前文归纳、分析得出的村落道路模式的类型进行分析处理，选取平台中部分街道的模式应用到街道地图内并按照不同的规则进行分组，对它们进行评估，再根据输入图像的灰度值对所提取的参数值进行总结加权，使得不同的街道模式可以在定义的区域上轻松地混合。

经过数据比较得出街道的模式应选取Organic为主要的生长模式，选取Raster为次要的生长模式。

5.街道重构

经过对CE平台中的行为和约束的分析与筛选，研究选择了Advanced Settings中的街道交叉口之间的距离、最小街道之间的角度、街道与交叉口比率、村落中心数量、主次街道偏移角度，Basic Settings中街道数量、街道生长的模式、最长街道的长度、最短街道的长度、街道长度的范围，Environment Settings中的障碍图层，Pattern Specific Settings中对有机模式最大弯曲角度这12项约束作为样本研究的制约。

对街道形态的特征归纳提取结果如表2-2所示。

表2-2 街道形态的特征提取结果

类型	参数名称	参数定义	参数提取方法	数值
整体路网形态	路网形态模式	有机型、放射型、方格网型	根据路网的特征进行总结与组合	
	村落中心数量	村落存在的中心数量	根据主观经验判断村落的中心点。中心点的道路密度更高	0.000
交叉口	捕获距离	模拟过程中生成的交叉口之间的最小距离	统计各个交叉口之间的距离取平均值和最小值	33.000
	交叉口比率	主要道路节点数量和交叉口数量之间的比率	主要道路节点数/交叉口节点数	0.529
	交叉口最小角度		统计并且取最小值	69.000
道路长度	较长道路长度			47.745
	较短道路长度			18.854
	长道路长度弹性区间			36.824
	短道路长度弹性区间			10.819
道路宽度	主要道路宽度			
	次要道路宽度			
	主要道路宽度弹性区间			
	次要道路宽度弹性区间			
道路数量	统计道路的总数量			39.000
道路偏角最大值	两道路之间的较小夹角			

采集信息之后遵循下列方法对街道进行生成：

1）使用浦欣成方法对三座村落的边界进行提取，将得到的结果绘制成障碍图层并导入平台当中；2）确定沿河的主要道路；3）延续边界外部道路入口，将入口处道路预设准备；4）将上文提取的参数进行配置与生成；5）对于前后没有连接的道路，顺其延长线的方向或者连接就近的点将道路延长。最终得到结果如图2-11、图2-12所示。

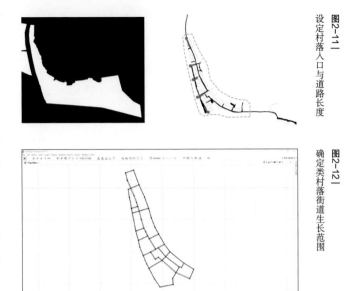

2.3.4 街区地块重构

村落与城市的交通结构不同。在城市中各个地块的联系主要是靠城市中的道路，城市中的地块直接与街道相连；村落中的交通联系除了依靠街道以外还依靠单体建筑之间退让而形成的"巷道"，这些巷道数量多、密度大，错综复杂的形态无法组织成连续的街道。为此研究将巷道纳入"地块"的研究范畴，作为聚落街区结构的一部分，用地块的模块设定对其进行重构建模。

1.技术路线

地块解析与重构结束流程如下：

第一步，对现状地块网络形态进行预处理，保留街巷网络，按一定规则提取地块形态，将农耕用地作为单独情况考虑划分出去；确定地块分割线。地块简化的原则为：1）化微曲为直，删除微小边，简化成规整几何形状。2）合理控制简化过程中面积属性的增减，面积变化控制在5%内。选取对象进行简化。

第二步，将地块基本形态几何要素转译为约束其划分生长的参数和规则，并明确这些参数的数学约束条件。

第三步，搭建完整聚落街区结构关系模型，编写规则文件，导入CE中进行重构。

第四步，对解析与重构后的街道与地块联合起来进行生成前后形态对比，以确定实验的合理性。

2.地块模式确定

CE中内设的参数地块模式有三种：网格型（Recursive Subdivision）、内退型（Offset Subdivision）、骨架型（Skeleton Subdivision）。

网格型的特征是自由形成丁字路口，交叉点之间的距离很近，网格的划分采用的是递归OBB算法，通过计算每一个地块中的分割线来划分全部单个地块。如果划分一次产生的两个地块满足要求就会继续递归下去。分割线的起点是设置地块中最长边长的中点，方向是沿着最短边长的方向，这两个要素可以根据两个条件进行修改：如果划分后没有下一个访问则使用与初始方向矢量的正交向量；如果分割线与原始地块的轮廓定点过于接近则将起点直接设定在该定点上。

内退型的特征是内部有一块中心地块，其计算的方式是计算地块内的内偏移量，并将轮廓与偏移之间的区域划分成小地块，连续点的分隔距离由用户指定。

骨架型的道路成带形分布，给定一组骨架，将与街道边缘曲率相似的地块组合在一起，每个地块被切割成垂直于街道边缘的方向，过于小的地块两两组合在一起以满足最小地块面积的要求，被骨架细分的Quarter内的每一处Block都能与外部的主要街道相联系（图2-13）。

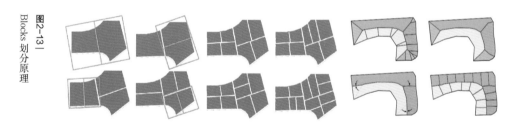

后两种的模式经分析后不适合传统建筑聚落的生长规律，因此选择网格型的划分模式。

但是原始自然村落内街巷在有序的生长后随着时间的变迁会渐渐失去原有的秩序性，在道路形态结构方面表现出包含3种模式混合的状态，因此CE平台中内置地块划分的方法就过于单一。本文参考童磊在其博士论文《村落空间肌理的参数化解析与重构及其规划应用研究》中采用的"嵌套函数""筛选函数"和"占比函数"，将3种划分模式进行组合来对村落内的街巷道路进行重构。

"嵌套函数"可以实现在一个地块内引入2种细分方式，例如对地块1进行递归一次划分

Λ解码│历史地段保护与更新中的数字技术│

后生成的两个新地块2、3再采用偏移或者骨架的划分方式。"占比函数"可以控制对某一细分模式进行划分的比例，"筛选函数"是为了对多地块、多种类模式细分的控制而引入的概念，需要自行编写CGA规则文件来实现。

3.地块重构

针对三座村落内每一座样本村落进行分割，导致的结果是每一座村落都不单单使用一种细分方式对其进行地块的分割，村落会被分成几个部分。这部分研究将分析每一部分适用的模式对村落进行地块部分的重构（表2-3、图2-14、图2-15）。

参数	数值
最小地块面积 / hm^2	1.3
最大地块面积 / hm^2	1.67
地段最小长度 / m	8
地段与街道相连比率 / %	0.45
中分线比率 / %	0.02
地块个数 / 个	96
相连个数 / 个	44

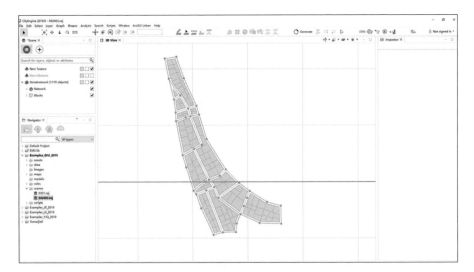

图2-14|古南街实验

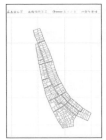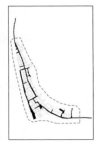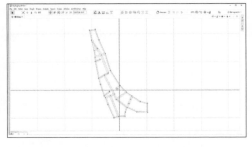

图2-15|古南街实验结果（左）与原有街道形态（右）对比

2.4 古南街西街街区结构重构

2.4.1 古南街发展趋势预判

　　古南街依附蜀山，原有的生长主轴以蠡河为起始线，从中心地段分别向北和南两端线性发展。总体上说来，街区的基本形态是整个生长轴基本围绕着蜀山山脚向北和东南方向延伸（图2-16）。古南街现在的生长受蜀山和南北方向上的限制，一则可以向东坡路东南侧的居民主要居住地段继续发展，另一则可以以蠡河上的丁蜀大桥为新的起始点向西街地区发展，而原有南街已经没有继续扩张的可能，西街的现状正面临着北、西、东三个方向无边界约束的困扰[20]。

　　西街的发展代表着古南街在时代发展下居民对生活区和生产区面积增加的需求，目前街区内部存在着许多居民违章搭建的平房、厕所、厨房和外用仓储房等，居民自发的无指导、无规划的需求使其现状道路形态混乱且无序，也给原有的传统性街区结构造成了损伤，对西街进行街区的数字重构是保护其传统街区风貌的一种尝试。

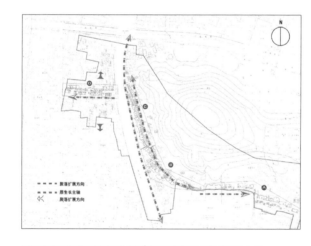

图2-16｜古南街街区结构演化示意

图2-17｜古南街保存良好的南街（右侧）与重构西街区域（左侧）

2.4.2 街区重构

　　1. 西街实验范围确定

　　对古南街西街街区需要重构的边界范围进行确定，其依据主要参考居民对生活边界区域的限定，选择通蜀路与东坡东路为南北界线，选择常安村、里油车村、宜兴紫砂四厂一线为西侧边界线（图2-17）。

　　2. 街道重构

　　通过对南街街道与

地块的数据处理与参数提取得到指导西街街区生成的数据，重构地块与外部道路的交会点（图2-18）。街道重构实验结果如图2-19所示。

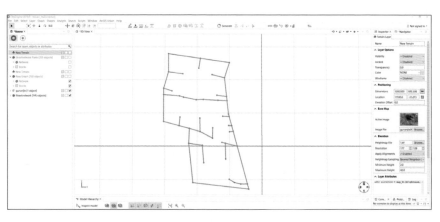

图2-18|西街部分入口点设定

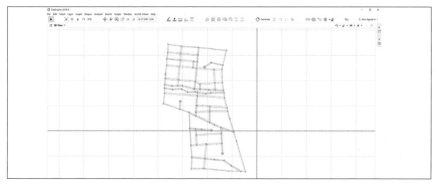

图2-19|西街道路重构实验结果

3.地块重构

地块重构实验结果如图2-20所示。

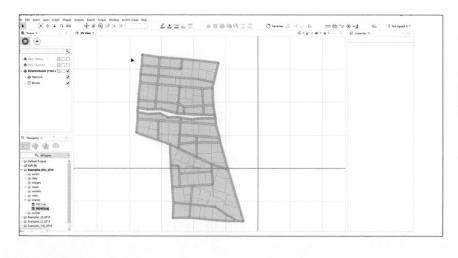

图2-20|西街地块重构实验结果

4. 街区形态

街道确定几何关系形态之后可以利用CGA对其进行样式的优化，CE中对街道的形态定义了不同名称的变量：主干道street、步行道sidewalk、一条道路拐弯交接处joint、三条道路或者四条道路交叉口处（丁字路口和十字路口）crossing、两条道路相连接处junction、两条道路相切和相交区域、环形路和节点（后两者不会出现在传统建筑聚落中）。在自然村落中，研究可以将freeway、freewayentry、joint、roundabout、roundisland等复杂的定义简化成street和sidewalk两类，也就是在实际的聚落中道路只有street一种模式。

将所有的street都转成walkway，最终对walkway进行拉伸，实现了将所有道路的类型最终都转化成单线道路（图2-21）。

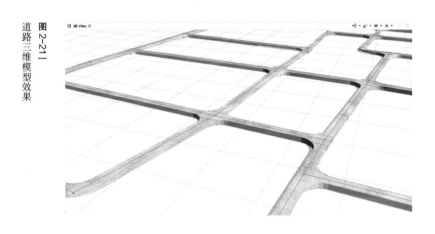

图 2-21｜道路三维模型效果

2.5 本章小结

传统建筑聚落街道网络生长原理十分复杂，不仅受到环境因素的制约，还与人类活动等社会因素有着密切联系。本研究试图将街道的形态与社会因素剥离出来，把目光集中在单纯的环境因素与自身的拓扑几何关系的影响上，探寻出以古南街为实验对象的街区结构生长规则，为西街的街区肌理织补提供理论和技术支持。

研究借助CE平台，使用对道路网络进行参数提取的方法，对样本传统村落街道网络进行再模拟，实验结果达到一定相似度后验证所分析、阐述方法的可行性。经过实验得到初步的结论如下：

1）传统建筑聚落的街区结构可以通过数字技术的方法来对其进行修缮与保护，借助于道路形态信息的探索与传递，间接地实现传递其所蕴含的历史文化传统信息的目的。

2）CE平台内置的规则编写端口为研究者提供了良好的实验环境，研究者通过对规则的开发提取出与古南街西街街区相似的规则，并顺利对西街进行街区的织补。

研究的不足归纳如下：目前国内外普及的各类算法与数字技术平台多种多样，每种方法都有其擅长的专项和不足的地方。同样，CE平台作为一款城市建模软件，其研发的对象主要面向于大型场景的复原，并不具备对历史村落样本的学习能力与模仿能力，在本研究中许多样本信息的提取和模拟实验需要借助于研究者自行、主观的判断。

利用数字技术进行传统建筑聚落的街道网络模拟是一种初步的尝试，对于重构规则的建立很多的准备工作依赖人力与建筑学的设计思路，并没有完全建立在数字技术之上。本研究方法与其他计算机算法生成的道路网络在客观性上不具备可比拟性，目前取得的实验成果属于一种街道网络模拟的方法探索，今后不管是在城市的道路网络规划上，还是在传统性建筑聚落的街区模拟上，这种研究方法和技术都将更加完善与科学。

注释、参考文献和图表来源

注释

1　PARISH Y I H, MULLER P. Procedural modeling of cities[C]// SIGGRAPH '01: Proceedings of the 28th Annual Conference on Computer Graphics and Interactive Techniques. New York: Association for Computing Machinery, 2001.

2　百度百科. Esri CityEngine[EB/OL]. (2012-02-20). [2021-12-01]. https://baike.baidu.com/item/Esri%20CityEngine.

3　王珏, 苗夺谦, 周育健. 关于Rough Set理论与应用的综述[J]. 模式识别与人工智能, 1996, 9(4): 337-344.

4　段进, 希列尔. 空间句法在中国[M]. 南京: 东南大学出版社, 2015.

5　陈紫兰. 传统聚落形态研究[J]. 规划师, 1997, 13(4): 37-41.

6　王澍. 皖南村镇巷道的内结构解析[J]. 建筑师, 1989(28): 21.

7　业祖润. 传统聚落环境空间结构探析[J]. 建筑学报, 2001(12): 21-24.

8　浦欣成. 传统乡村聚落平面形态的量化方法研究[M]. 南京: 东南大学出版社, 2013.

9　童磊. 村落空间肌理的参数化解析与重构及其规划应用研究[D]. 杭州: 浙江大学, 2016.

10　李欣, 程世丹, 李昆澄, 等. 城市肌理的数据解析: 以汉口沿江片区为例[J]. 建筑学报, 2017(S1): 7-13.

11　MURTON B. Introduction to rural settlements[J]. New Zealand Geographer, 1981, 37(2): 88.

12　PENG C H, YANG Y L, WONKA P. Computing layouts with deformable templates[J]. ACM Transactions on Graphics, 2014, 33(4): 1-11.

13　李飚, 韩冬青. 建筑生成设计的技术理解及其前景[J]. 建筑学报, 2011(6): 96-100.

14　HOVESTADT L. 超越网格: 建筑和信息技术、建筑学数字化应用[M]. 李飚, 华好, 乔传斌, 译. 南京: 东南大学出版社, 2015.

15　李飚, 郭梓峰, 季云竹. 生成设计思维模型与实现: 以 "赋值际村" 为例[J]. 建筑学报, 2015(5): 94-98.

16　王振飞, 王鹿鸣. 关联设计[J]. 城市环境设计, 2011(4): 234-237.

17　HUA H. A Bi-directional procedural model for architectural design[J]. Computer Graphics Forum, 2017, 36(8): 219-231.

18　GERO J S. Design computing and cognition '06[M]. Dordrecht: Springer Netherlands, 2006.

19　季云竹. 基于模式语言的建筑空间生成算法探索: 以徽州民居为例[D]. 南京: 东南大学, 2017.

20　祁峥. 宜兴蜀山古南街外部空间研究[D]. 无锡: 江南大学, 2009.

参考文献

1　江川. 江南传统街巷空间构成及现代启示: 以宜兴古南街为例[D]. 合肥: 合肥工业大学, 2013.

2　江苏省宜兴市丁蜀镇志编纂委员会. 丁蜀镇志[M]. 北京: 中国书籍出版社, 1992.

3　江苏省住房和城乡建设厅. 城镇溯源 乡愁记忆: 江苏历史文化名城名镇名村保护图集[M]. 北京: 中国建筑工业出版社, 2015.

4　《〈历史文化名城名镇名村保护条例〉释义》, 2008 年, 中华人民共和国国务院.

5　中华人民共和国国务院. 历史文化名城名镇名村保护条例[J]. 中华人民共和国国务院公报, 2008(15): 27-33.

6　祁峥. 对比研究太湖流域特殊历史地段之外部空间形态: 以宜兴蜀山古南街和西塘古镇为例[J]. 美术教育研究, 2010(5): 122-123.

7　施鹏骅. 苏锡常地区农村居住空间形态组构分析[D]. 南京: 东南大学, 2017.

8　唐芃, 王笑, 石邢. 基于知识发现和数字生成的传统街区建筑立面表述体系与风貌分析方法: 以宜兴市丁蜀镇古南街历史文化街区为例[C]// 全国高校建筑学学科专业指导委员会, 全国高校建筑数字技术教学工作委员会. 信息·模型·创作: 2016年全国建筑院系建筑数字技术教学研讨会论文集. 沈阳, 2016: 8.

9　王鑫鑫, 朱蓉. 触媒理论引导下的古村落保护开发研究: 以无锡严家桥为例[J]. 西部人居环境学刊, 2018, 33(6): 111-115.

10　王昀. 传统聚落结构中的空间概念[M]. 北京: 中国建筑工业出版社, 2009.

11 《宜兴市蜀山古南街历史文化街区民居修缮实施意见》，2015年，宜兴市人民政府

12 东南大学城市规划设计研究院. 宜兴蜀山古南街历史文化街区保护规划[Z]. 南京: 东南大学, 2012.

13 宜兴市史志办公室. 宜兴旧志整理丛书（套装共3册）[M]. 北京: 方志出版社, 2017.

14 周岚, 朱光亚, 张鑑. 江苏省历史文化村落特色与价值研究[J]. 中国名城, 2018(2): 42-51.

15 Esri R & D Center Zurich.

16 https://cehelp.esri.com/help/index.jsp?topic=/com.procedural.cityengine.help/ html/toc.html.

17 PARISH Y I H, MULLER P. Procedural modeling of cities[C]// SIGGRAPH '01: Proceedings of the 28th Annual Conference on Computer Graphics and Interactive Techniques. New York: Association for Computing Machinery, 2001.

图表来源

图2-1   图片来源：http://www1.biologie.uni-hamburg.de/b-online/e28_3/lsys.html.

图2-2   图片来源：PARISH Y I H, MULLER P. Procedural modeling of cities[C]// SIGGRAPH '01: Proceedings of the 28th Annual Conference on Computer Graphics and Interactive Techniques. New York: Association for Computing Machinery, 2001.

图2-3   图片来源：作者自绘

图2-4   图片来源：作者自绘

图2-5   图片来源：作者自绘

图2-6   图片来源：作者自绘

图2-7   图片来源：作者自绘

图2-8   图片来源：作者自绘

图2-9   图片来源：作者自绘

图2-10 图片来源：作者自绘

图2-11 图片来源：作者自绘

图2-12 图片来源：作者自绘

图2-13 图片来源：CityEngine平台

图2-14 图片来源：作者自绘

图2-15 图片来源：作者自绘

图2-16 图片来源：作者自绘

图2-17 图片来源：作者自绘

图2-18 图片来源：作者自绘

图2-19 图片来源：作者自绘

图2-20 图片来源：作者自绘

图2-21 图片来源：作者自绘

表2-1   图片来源：作者自绘

表2-2   表格来源：作者自绘

表2-3   表格来源：作者自绘

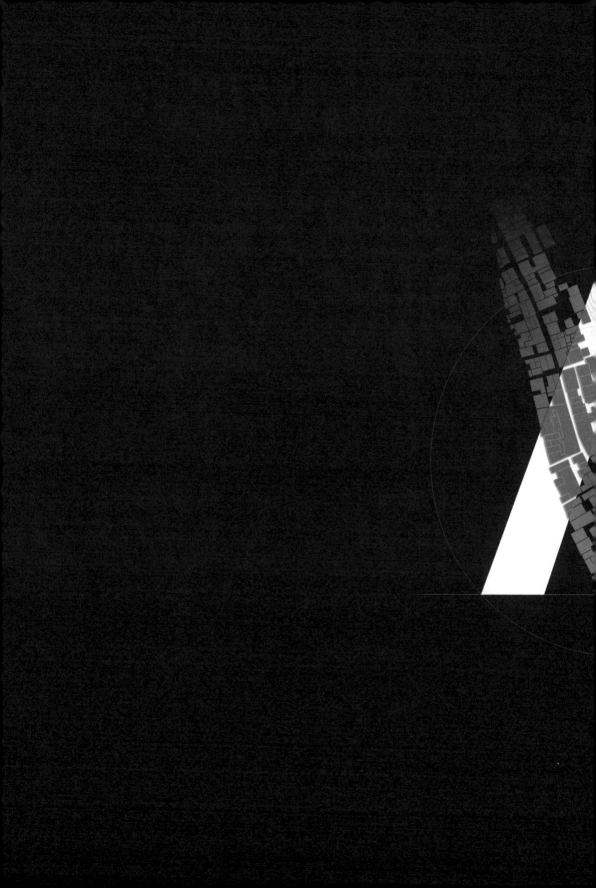

第三章　基于形式语法的建筑群体生成

BUILDING GROUP GENERATION BASED ON FORMAL GRAMMAR

CHAPTER 3

3.1 概念简述

3.1.1 形式语法——CGA语言

本章使用基于形式语法（Shape Grammar）的规则驱动方法来进行形态的生成和控制。在探索的过程中，先对古南街建筑的二维界面（即建筑正立面）进行了研究尝试，进而对建筑的三维体块及组成的聚落即整个空间形态的处理进行了探索。

1.形式语法——CGA语言（CityEngine建筑生长原理）

形式语法最早由乔治·史汀尼（George Stiny）于1970年代提出，这是一个形态在一系列的规则的操作下得到预想的形式或模块的设计概念。根据规则设定的不同，形式语法发展出不同的形式与分支。而作为形式语法的一种，CGA（Computer Generated Architecture）Shape Grammar定义了包括重复切分和规则的缩放等操作，此外还引入组件分割作为一维、二维和三维形状建模的基础，语法的符号和添加、缩放、平移、旋转形状的一般规则则由L-system提供。但规则的顺序应用允许对结构进行描述，比如特征和成分的空间分布（图3-1）。相比于L-system，CGA Shape Grammar强调形状的概念以及用形状替换形状等规则，是一种顺序语法[1]。

图3-1 基于CGA语言由初始形状到建筑模型的生成

CityEngine采用CGA语言完成建筑的程序化建模，三维模型的生成逻辑都基于这种形状继承转化的规则语言来描述。其内置的图形操作模块可以导入、创建和编辑图形，而CGA语言则可以进一步操作shape的形状变化和生长，通过创建越来越多的细节来反复完善设计。CityEngine提供了包括几何变换、数值计算、布尔运算等大量的内置函数方便规则的编写，并

图 3-2|

CityEngine 中的过程化建模流程

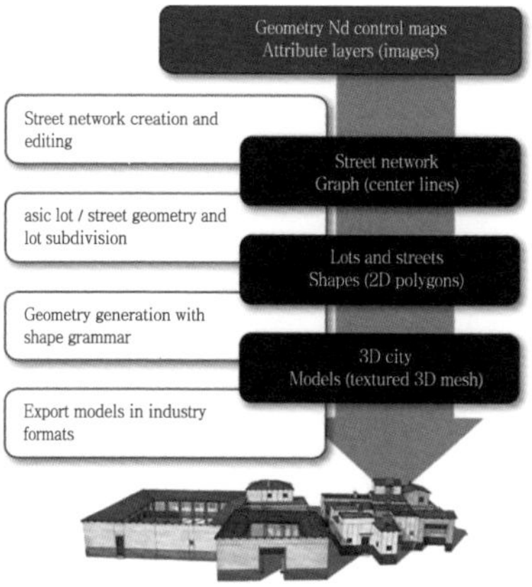

提供交互接口以方便调整参数（图3-2）。

　　CGA语言通过基于形状继承转化的树状关系，描述了建筑、道路等三维模型的生成逻辑。最终形状的树形关系由根形状和转化后获得的叶形状组成，如果前步叶形状继续转化则自动成为下步的根形状，最终不再继续转化的所有叶形状呈现了模型的最后形态。

3.1.2 基于规则的生成设计

　　基于规则的生成设计的部分研究集中于形式语法的探讨，比如路易斯·阿莫林（Luiz Amorim）等人从产生公寓房间的邻接模式角度出发，考虑开口和建筑元素的插入，从两个阶段探索了一种用于建筑单体及内部关系的语法[2]，瓦西姆·贾比乌（Wassim Jabiu）团队针对庭院的syntactic-discursive编码模型，探讨了中东和非洲的庭院风格[3]。更大尺度的研究如著名的何塞·贝劳（Jose Beirão）等人关于城市形态的研究与实践成果，他们开发了基于GIS平台的城市生成设计工具原型，用于制订、产生和评估城市模型[4]以及针对城市普拉亚（Praia）进行具体探索[5]。相近的还有爱德华多·C.E.卡斯特罗（Eduardo C.E.Castro）开发的基于Grasshopper的对于非专业用户的支持系统和对SMUG（Santa Marta Urban Grammar）的具体应用[6]，此外还有对城市道路[7]、土地划分[8]等形式语法的研究。针对建筑师、规划师和从事城市设计研究的相关人员，基于形式语法的模型生成工具CityEngine越来越被广泛地使用，它因其可编程的特性，为设计者提供了数字生成和针对设计问题模拟仿真的平台。根据平台自带的基于参数控制的生成模块和基于Shape Grammar的CGA规则语言，CityEngine可以实现不同尺度空间（如城市、区域、街区）和各个要素（如道路、地块、建筑）的自动生成和优化，也可以将ArcGIS中二维密度图的估计结果等进行可视化[9]，还可以用来模拟如加拿大萨里市在2011年至2040年期间可能的垂直发展场景[10]。来自马克·A.施纳贝尔（Marc A. Schnabel）团队的关于高密度城市的研究，则利用CityEngine探索了形式驱动下的参数编码和模型生成[11]。

3.1.3 研究的目标

　　本章研究的目标包括：1）通过实地测绘和文献调研，实现对传统聚落历史风貌三维层面特征的数字化描述；2）获得传统聚落历史风貌的建筑立面、建筑单体、群体布局及沿街整体立面、街道空间形态等的控制规则；3）通过编程，实现针对实际问题的生成设计功能，得到可指导实践的参考导则图则和工具。

3.2 古南街建筑群体的特征

3.2.1 建筑体量

1. 建筑开间与进深

古南街建筑的开间数以单开间和双开间为主，少量为三开间，也存在单层连续几户连接在一起的单层民居。明朝初期规定庶民住宅不得超过三间五架，到了明正统十二年（1447年）民居住宅进深架数已不再受限制。南街民居建筑建于明末清初，受当时政策和等级观念影响，开间数不超过三开间，而进深架数从四架至八架皆有，其中以六架建筑为最多，七架次之。

2. 建筑层数与层高

古南街民居的建筑层数基本上是一或两层，少有三层或三层以上的。两层的建筑分为两种情况。一种是有两层使用空间，且立面可以反映出两层的形态。另一种高度较低的建筑也有两层，但是每层的层高比较低，尤其是二层的层高，其大多用做储物空间，也有用做卧室的情况。后一种建筑与前一种建筑相比，在形制上要小很多，其立面只显现为一层的特征。

3. 屋顶高度

古南街民居建筑采用的是硬山顶，其造型特征是前后两面坡，左右屋檐与两端的山墙墙头齐平。另外屋脊脊线的位置并非全部位于屋顶的中央，一般七架建筑屋脊脊线的分界点在三架与四架之间，存在着"前三后四"的规律（图3-3）。高度则由其构架形制的差异导致举架有所不同[12]。

图3-3 古南街屋顶形制

3.2.2 院落组合

古南街除了单幢成户的民居以外，相当一部分民居以院落的形式存在。古南街的院落属于厅井式，其形制特征是组成方形院落的各幢住屋相互连接，屋面搭接，紧紧包围着中间的小院落。与房屋檐高相对比，院落小而类似井口，所以又被称为天井，它满足了通风采光的需求，其形状基本呈现横长形（图3-4）。

图 3-4｜
古南街院落组合形态

古南街的建筑组合布局主要有4种基本类型：

1）两进的建筑屋面直接搭接相连，无天井。在丁蜀镇古南街，这种形制的建筑组合比较少，主要出现在宅基地面积较狭小的地方。其纵向建筑进数不多，临街、靠山或靠水，两侧采光、通风。为了更好地获得采光和通风，建筑整体前后完全相通。2）天井位于两进的建筑之间。两进建筑之间隔着天井纵向相对而立，仅天井前后位有建筑，天井两侧由侧墙围合。在丁蜀镇古南街，这种形制的建筑组合约占一半。3）天井位于两进的建筑之间，天井一侧有厢房或穿堂。天井三面有建筑，只有前后位有主体建筑，其左侧或右侧立有厢房或穿堂，另一侧由侧墙围合，呈三面围合的厅井式布局。在丁蜀镇古南街，这种形制的建筑组合在约占三成。4）天井位于两进的建筑及左右两厢或两穿堂或一厢一穿堂中间。虽然前后位是主体建筑，两侧仅仅是小型建筑的厢房或形态更小的穿堂，但仍由建筑围合，中间天井与现代建筑的中庭类似。由于左右两侧均有小型建筑，整体建筑所需面阔较大。种形制的建筑组合在宅基地面积紧张的古南街来说为数不多。

纵向扩展多进建筑的布局类型就是两进建筑布局方式的各类型根据特定排列组合方式进行纵向扩展。其纵向扩展的建筑形制体量及数量受到每组建筑所处位置的地基状况的限制。一般的民居有两进，最多时可以有四进、五进[12]。

3.2.3 建筑与道路地块关系

古南街核心地带以蠡河为生长主轴，先在河道两侧生长出平行于河道的线性交通空间，连接各水埠头节点的沿河交通空间并呈带状延伸的趋势；其后街巷空间随河道带状延伸速度减缓，开始呈现向内陆块面状发展扩充的趋势，局部形成了垂直于河道的道路，或一直延伸到蜀山脚下，或向边缘地带扩展（图3-5）。依据所处位置和层级关系，古南街的街道可分为以下几种类型。

1）滨水空间沿蠡河而呈带状线性生长，依附河的走势和形态，形成较为平缓的曲线。
2）南街街道为一条线性空间，从入口界碑开始一直向西通向蜀山桥，依地形呈现蜿蜒曲折的走势，与沿河道路在蜀山桥处形成交会。3）次级街巷以主街为主脊，向滨水和蜀山方向

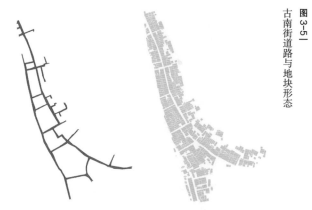

图3-5 | 古南街道路与地块形态

衍生，其功能以生活功能为主，以交通功能为辅，主要表现形式为陪弄和穿堂弄。

南街的聚落形态以单体或单体围合平面有规律地重复，单个民居通过街巷空间与周围民居紧密联系，或集聚形成紧凑的组团。居民以家庭使用空间范围大小作为宅基地的选取标准，各家各户对有限的人居空间进行利用，独门独院的建筑很少存在，紧凑狭小的共用空间比较多见。建筑地块方正，密度较高，蜀山和蠡河对地块的方向产生较大的影响[13]。

3.3 形式语法与控制约束

3.3.1 建筑单体的形式关系

1. 关系模型

关系模型是表征CityEngine平台CGA语言形式语法的基本模型。这种关系模型描述了基于规则建模的建筑、道路等三维模型的生成逻辑。如前文所述，在CityEngine中形状的转化与最终形态基于一种形式语法，而关系模型可以理解为描述这种形式语法变化过程和所需约束及取值的图示（图3-6）。关系模型主要包括相应的形态要素和属性约束，几何形态本

身作为属性节点，存在的关联关系以相连的直线表示，属性节点的属性值由一系列属性约束控制。属性约束可以是几何形态本身的实际尺度范围，也可以是描述某些占比、出现概率、变异程度等的百分数[14]。其一般关系模型如图3-7所示[15]。

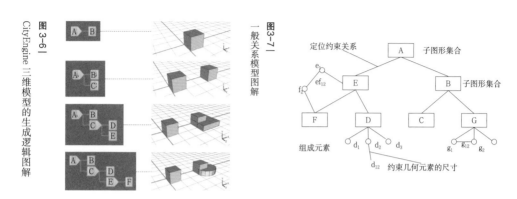

图3-6｜CityEngine 三维模型的生成逻辑图解

图3-7｜一般关系模型图解

为将建筑问题能够与之后的建模逻辑相适应，须通过变量、常数、坐标系等将建筑相关的各个图形转译成可以被计算机识别的参数和规则，并用函数、方程式等将这些碎片化的图形和相关参数、变量关联在一起，使得这些参数与变量之间具有一定的约束关系。

2.建筑单体的形态要素划分

建筑单体的描述属性，从建筑的体量出发可划分为建筑立面和屋顶两大要素。建筑立面又可划分为正立面、侧立面、背立面等要素，各侧立面再次划分为一层立面、二层立面等，各层立面与前述立面要素关联。屋顶可划分为屋顶坡面、侧面和屋脊等要素。

3.建筑单体的属性约束关系

建筑的总体量一方面受建筑的总开间、总进深控制，与上一层级的建筑基底参数相关联，另一方面受建筑的总高度控制，与下一级的层数、层高参数相关联。其余属性的属性约束即为自身实际尺度范围。

依照上述分析，可建立建筑单体形态要素的生长结构和相应属性约束的数据结构，从而建立相应的形态属性关系模型（图3-8）。

3.3.2 院落组合的形式关系

1.院落组合的形态要素划分

院落组合的描述属性，从地块出发可划分为建筑空间即建筑基底、天井空间即天井投影范围和可能存在的退让空间等形态要素。

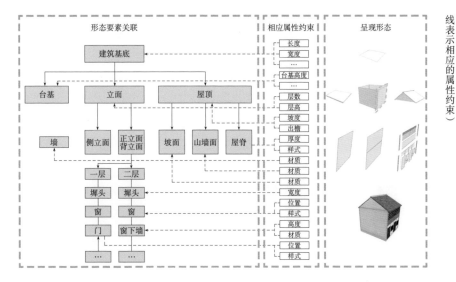

图 3-8 | 建筑单体关系模型（虚线表示形态要素及划分关系，实线表示相应的属性约束）

2. 院落组合的属性约束关系

院落的大小受到地块总长、总宽、总面积等控制，且组团形式与上一级的道路网格参数相关。院落的划分形式影响下一级的各类空间的尺寸，各类空间的数量和大小除受院落地块总大小制约外，还受实际尺度范围控制。院落组合相应的属性关系模型如图3-9所示。

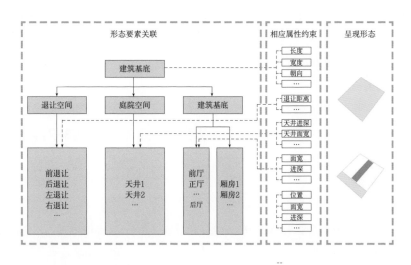

图 3-9 | 院落组合关系模型（虚线表示形态要素及划分关系，实线表示相应的属性约束）

3.3.3 规则形式与提取原理

1. 规则内容及形式

几何特征控制规则的内容主要包括：1）描述建筑、地块、道路所包含的不同尺度下所有几何实体的尺寸及波动区间。2）描述建筑相关的不同尺度下所有几何实体的材料样式。3）控制同一种类不同呈现状态的风貌特征的分布比例。

这样的规则最终以不同的参数集合和相应的取值出现。在Processing和CityEngine平台中，这些参数和取值会作为规则中的变量和变量取值，从而控制相应形态的生成。需要注意的是，这里的几何特征不仅包括尺寸的大小，还包括几何的形态即实际意义上的材料和样式，也包括不同样式的分布比例。因此在变量的取值的处理上，有的变量应是连续的变量，其取值是确定的数值或连续的数值区间中的某一值；有的变量是离散的变量，其取值是特定值集合中的某一个，可能是数字也可能是对应的某种形态；有的变量则取不同的百分数。

2. 提取原理

对相应的调研测绘数据进行统计分析，可获得聚落空间结构的量化信息。通过界定参数的取值范围，说明聚落空间肌理的特征。

取值范围的确定，一方面考虑了传统建筑自身存在的模数，另一方面也考虑到多种因素导致的普遍差异性。从统计学的角度来看，包括长度、角度等与建筑相关的几何尺寸在不同案例符合模数的范围内具有不同的取值，且取值互相独立，因此其本身是连续的随机变量。在实际问题中，这样的数量指标受到场地、资金、材料、施工等较多相互独立的随机因素影响，并且各个因素共同作用，一般情况下没有哪一个因素起到突出的作用。因此判断几何尺寸的取值在一定范围内近似地服从正态分布。取其置信度95%的置信区间对应的变量值作为该参数的取值范围，取其期望值作为该参数的参考值。

然而，从古南街的实际情况来看，由于工作量限制，无法对具有传统性的案例逐一进行详细测绘，故使用了既有的测绘资料和研究成果作为参考，其数据量有限。经过初步统计只有少量参数呈现明显的正态分布，对于其他的参数则综合了平均值、经验值等进行取值。部分既有测绘结果的统计如图3-10所示。

3. 几何参数及其规则

（1）建筑立面

建筑立面在Processing中以二维线框图的形式绘制和呈现，在CityEngine中则以三维的立体模型呈现。要得到绘图和建模所需的参数，须结合实际测绘数据确定单体建筑立面要素的几何尺寸，并将建筑立面置于二维坐标系中，通过几何计算将各要素的绝对位置以及要素之间的相对位置用坐标值及其大小关系表示，从而使计算机程序依此在屏幕绘制相应的点、线、面等几何元素，构建立面的几何图像或模型。

与建筑立面相关联的参数包括以下4类：

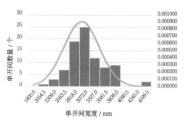
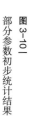

图 3-10 | 部分参数初步统计结果

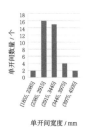

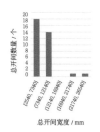

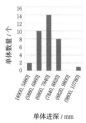

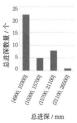

1）建筑立面和立面要素的绝对几何尺寸。确定立面轮廓横向维度的参数包括开间数和每间的面宽，确定竖向维度的参数包括层数和每层层高、台阶的高度、屋顶的高度。按照对立面划分的不同微观尺度，具体的立面要素可分为墀头的宽度和长度、二层窗下墙的高度、屋脊的高度、门的宽度和高度、各层窗的宽度和高度等参数。另外在三维建模时还须用到墀头、门窗、窗下墙、屋脊等的厚度，其中可将墀头宽度、墙厚等参数认定为常量，确定其固定取值。

2）建筑立面要素在建筑立面中的相对位置。对于位置相对固定的立面要素，其位置由自身尺寸和立面轮廓经计算自然得出。而对于门、一层窗的位置确定，需要通过参考的尺寸数值确定，这里取窗台下缘距地面的高度和门或窗的左边缘距立面左边线的距离来确定，即在以立面左下角角点为原点 O、以底边为 X 轴、以左侧边线为 Y 轴建立的坐标系中，计算门窗图块左下角角点的坐标值。

3）建筑立面要素之间的相对位置。对于位置相对固定的立面要素，与其他要素的相对位置可不予考虑。而门、一层窗之间的相对位置是影响立面合理与否的重要判据，因此可在上述坐标体系中，通过门窗图块坐标值的差值运算得到彼此的相对位置关系，差值的大小代表距离的远近，差值的正负代表位置的左右关系。

4）建筑各要素的材料样式。对于材料样式等微观尺度的参数设置，采取了不同的应对策略。一部分要素如屋顶、墙面等从各单体的差异性和建模的精细程度考虑，其材料的表达采用纹理贴图的方式予以呈现。另一部分如门窗，则通过预先绘制图块或者建立模型部件，在生成时导入引用，来体现不同的材料样式。

（2）建筑体量

建筑的体量是一个三维的概念，建筑体量的确定不仅与自身的尺寸有关，还与其所在的宅地的位置关系有关。与建筑的体量相关联的参数包括以下3类：1）建筑与地块的位置关系。本研究关注两种建筑与地块之间的关系。一种是建筑与地块边线的退让关系，这种关系使得不同地块的建筑之间形成街巷空间，描述这一关系的参数包括建筑四边与对应的地块各边缘的距离。另一种是建筑的朝向与地块的关系，主要表现为定义的建筑法线方向和地块法线方向的夹角。在建筑单体方向的考量中常以建筑正立面所面对的方向为建筑的朝向，因而定义建筑的法线方向为该建筑近似矩形的面宽方向，以正南北向为参考，与屋脊走向垂直。沿河、沿山区域的建筑在朝向上有一定的指向性。2）建筑单体的体量尺寸。对于院落中的每进建筑以及以单体存在的建筑，其体量的确定一部分与建筑立面的几何参数相关，另一部分则与除横向、竖向以外的纵向维度的参数相关，包括单体的进深、屋顶的坡度、出檐的深度等。具体参数如表3-1、表3-2所示。3）院落组合即组成院落各单体之间的位置关系。由前文的形态分析可知，古南街所存在的院落主要以厅井式为主，外形轮廓多为矩形，因而院落的组合主要是指各进建筑与天井之间的相互关系。须确定院落的总开间、总进深以及各进建筑的进深和天井进深。对于三合院和四合院，还须确定一侧或两侧厢房的宽度。同时依据统计调研情况，设置不同组合院落的数量比例。具体参数集如表3-3所示。

表3-1 部分立面核心参数及相关规则

参数	值	参数	值
墙面材质 wallStyle	—	二层窗下墙高度 upperWallHeight	0.9~1.2 m
堰头宽度 chitouWidth	0.12 m	二层窗长度 upperWinDis	—
一层窗台高度 groundWinHeight	0.9~1.2 m	二层窗样式 upperWinStyle	—
一层窗样式 groundWinStyle	—	屋脊高度 ridgeHeight	0.1 m
一层门样式 doorStyle	—	屋脊厚度 ridgeDepth	0.1 m

表3-2 部分体量核心参数及相关规则

参数	值	参数	值
单开间宽度 singleWidth	2.4~4.0 m	屋顶角度 roofAngle	—
单体进深 singleDepth	5.8~8.8 m	屋顶高度 roofHeight	1.4~2.3 m
层数 floorNumber	1~2	屋顶出檐 roofEave	0.2~0.3 m
层高 floorHeight	2.7~3.4 m		

表3-3 部分院落核心参数及相关规则

参数	值	参数	值
总开间宽度 Width	2.5~12 m	天井深度 courtyardDepth	—
总进深 Depth	5.8~21 m	厢房进深 sideDepth	2.7~3.6 m
院落进数 courtyardNumber	1~3		

3.3.4 建筑群体的三维模型生成

1.问题发现与转化

（1）单体

建筑单体问题同建筑立面的问题类似，也依不同程度区分。一是建筑单体可能损毁但依然存在部分屋架，由此可以获得该建筑的三维尺寸，如开间、进深、层数和层高等，从而建立建筑体块，再依据立面规则生成立面，同时涉及纹理的贴图操作。二是在一块空地上新建一栋房屋，此时需要考虑地块面积和长宽比的限制因素、是否靠近主要街道（退让）以及周边房屋的体量和形式等。这种整体新建对于通常的街区保护来说是基础性的工作。在古南街的区域范围中，只有西街中心组团部分存在这样的问题（图3-11）。

图3-11 单体处理功能示意：基于三维模型生成

转化成CityEngine建模的问题，即主要通过既有的或条件约束下的尺寸进行体块生成。后者须划分宅地留出退让距离，从形态连续性的角度依照周边建筑生成相似的建筑体块。

（2）组团

当数栋建筑损毁遗失、空间肌理破坏较大、需要填补数栋甚至整片连续的建筑时，在立面、单体生成思路解决的情况下，还须思考数栋建筑的组合关系。在古南街案例中，西街作为空间肌理破坏较为严重的部分，存在道路围合下的空地以及打算未来拆除变为空地的范围。在新建建筑对肌理的顺应表现为在CityEngine中需要通过地块的面积大小、规模分布概率和不同院落形式、不同单体类型的比例来控制组团的生成。这些参数提取自需要保护聚落的实际情况，对于不同的聚落需要进行不同的分析。

2.模型生成

CityEngine中的三维场景模型的建立须包括3个部分：自然环境的建立、道路及地块的导入生成、基于CGA规则的建筑生成。其中自然环境的建立可通过GIS数据导入生成，依靠CityEngine自身对GIS数据兼容性良好的导入接口，利用带有高程和位置信息的GeoTIFF格式遥感影像，即可快速生成真实场景的地形图层（图3-12）。

图3-12| 由 GIS 高程信息创建的古南街及周边地形

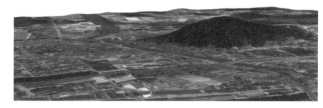

（1）道路地块生成

在以古南街为例的聚落形态重建过程中，以西街为代表的肌理织补仍然保留了主要的路网，因此在实际生成中采用既有的路网。由于西街规模较小、道路较少，在此使用了polygon shape creation命令绘制。对于规模较大的路网可以选择导入DWG格式的图纸文件。

绘制完成的路网，对于每一条道路和每一个交叉口都可以进行单独的改动调整。根据两条道路的角度和位置关系，其相交的形式有"一"字形、"L"形和"T"形。交点可设置类型type（smart/crossing/junction/freeway/roundabout）、精度precision、转弯半径minArcRadius等参数。道路可设置道路宽度streetWidth、道路偏移streetOffset、步行道宽度sidewalkWidthLeft & sidewalkWidthRight、精度precision、小巷宽度laneWidth等。参数的取值改动主要在参数面板中完成，可参考视图窗口实时结果进行调整。

CityEngine也提供了道路生长的参数设定，依据内部自带的生长模式算法生成新道路网格。如前文所述，这对于聚落的扩大、边界的延伸具有一定的意义。在实际的传统聚落保护工作中，整片区域新建的情况较少出现，即使存在聚落规模的扩张也是在既有肌理的基础上进行外延，本文在这里不做深入的探讨。

而对于地块的生成，在道路围合形成block时就可自动生成地块lot的形状shape。对于组团中地块的划分，在前述规则提取中已经明确了西街各部分的划分类型为递归类型（recursive），通过调整地块的最大面积lotAreaMax、最小面积lotAreaMin、地块最小宽度lotWidthMin、面积分布不匀度irregularity等参数来调整。最终可以较好地呈现顺应道路、河岸的地块组团划分状态（图3-13）。

（2）院落及建筑单体生成

CityEngine对于建筑生成的处理主要依靠CGA语言规则，由用户自主控制，平台本身不提供自带的参数设定，而不同的建筑类型生成实际上是对几何体的不同几何操作之后得到的结果。如前文所述，CGA控制的建筑生成遵循了树形的关系模型，即每一步操作都由父类生成一个子类，而得到的子类又作为下一步操作的父类。

1）院落基底。建筑的开间数以单开间和双开间为主，存在部分连续的单层民居。进深

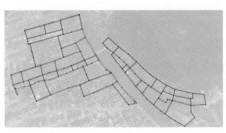
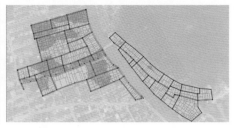

图 3-13|
道路及地块模型

方向上，少部分为无院落的单栋民居，相当一部分以院落的形式存在，一般为前后进围合院落，最大的院落可以有四至五进。对于随机生成的特定地块，作为建筑生长的基础，首先应判断该地块适宜生长的建筑类型。通过scope.sx、scope.sz和geometry.area命令获得地块的长宽和面积数值，进而与规则提取步骤中得到的不同标准类型的单体或院落的长度、宽度、面积及长宽比参数信息进行比较，判断适宜生长的院落或单体类型，从而进一步对宅地进行处理。

组团中心由建筑间空隙形成的小巷可通过建筑基底的退让得到。对于左右彼此相连的建筑群组，可只退让前后距离，也可设定一定比例的建筑四周均退让。对于一边或两边退让的情况可以使用setback命令完成，对于四周退让不同距离的情况可通过split命令对地块进行多次划分，划出退让空间，得到建筑基底。对于不规则的地块，可通过innerRectangle命令找到内接矩形获得适宜的基底（图3-14）。

2）院落组合的划分。对于判定生成院落的空间，根据院落的进数、合院种类进一步通过split命令划分建筑基底，划分出天井和每进房屋的基底以及围墙的基底和可能存在的厢房基底。具体的划分数据依照规则提取中对开间、进深的取值规定（图3-15）。

3）建筑体量的生成。生成地块内每栋建筑的层数则根据统计数据中一层、二层所占百分比及单层层高所在区间来随机确定。对于独栋的建筑单体或院落的每进房屋，在基底

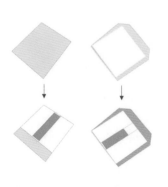
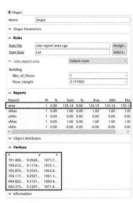
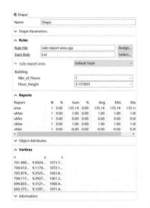

图 3-14|
CityEngine 中地块的处理（退让、规整化并划分建筑基底，右侧报告面积位置等参数）

基于形式语法的建筑群体生成

图 3-15|
不同长度、宽度、面积及长宽比的地块对应的划分方式

已经确定情况下，只需根据建筑的层高和层数得到的檐高即可竖向拉伸出长方体的建筑体量。具体通过extrude命令获得建筑体量之后，再通过comp命令对体量进行分解，得到立面和屋顶对象。

4）建筑屋顶的生成。建筑屋顶包括形状生成和纹理贴图。对于形状的生成可使用roofGable命令直接生成双坡屋顶，也可将屋顶分解成前后坡两部分分别处理，本研究出于简化考虑采用自带命令直接生成。

5）建筑立面的生成。建筑立面的生成可借鉴Processing中立面框架的绘制，通过split对正立面进行划分，依次划分出墀头、一层、二层、二层窗下墙等面域。对墀头、台阶等有厚度的部分拉伸处理，对门、窗则通过i命令将划分的面域替换成相应的建筑构件模型文件，对于墙面则进行材料贴图（图3-16）。

生成的单体和院落模型如图3-17所示。

最后可以生成需要修复的所有建筑单体、组团（图3-18）。本研究除了生成西街部分，也生成了南街，并与实际情况进行了比对。另外，每个单体都可独立进行重新生成、迭代优化，以做出调整。最后再对道路等进行细化、赋予材质，可得到整体的场景（图3-19）。

图 3-16|
建筑模型生成步骤

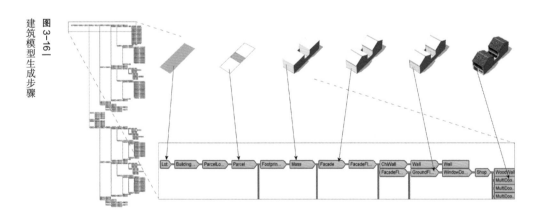

图 3-17 |

不同体量的单体与院落模型

图 3-18 |

需要修复的单体与院落模型

图 3-19 |

生成建筑组团模型

3.4 本章小结

如前文所述，作为组成聚落风貌的道路、地块等对象还需要进一步的量化分析，建筑与地块的关系、建筑与道路的关系、建筑与建筑之间的关系也可以作为关注点做进一步的考量，从而获得较为细致、全面的传统聚落风貌描述"图谱"或"基因"，发挥数字技术在处理多变量、多目标设计的优势。

随着更先进、高效的技术手段的出现，本研究提出的数字化方法体系能够获得更普适的应用。现阶段，考虑到不同案例之间具有很大的差异性，对于每一案例都需要单独地进行测绘、调研和分析，获得的参数集、数据库也不尽相同。如果具有更自动化的信息获取、处理的方法，再结合数字化设计方法，则能大大地提高本研究方法体系的普适性。例如，通过高精度的三维扫描技术，建立可以编辑对象的三维模型；通过遥感图像自动识别道路、绿地、建筑等信息，构建带有类型、尺寸、高程属性信息的数据库；依靠深度学习，自动统计和提取相应规律等等。

在后续研究中可以通过引入有效算法、拓展程序，使得程序能应对更多的实际问题。如通过样本学习和模式识别匹配等，确定待重建街区片段的建筑轮廓组合，并基于现有成果自动生成每一个单体立面，从而实现对街区缺失立面的修补重建，对连续建筑的轮廓、组团建筑的形体进行合理性方面的推敲和优化等等。

由于立面和建筑生成过程中各要素呈现模块化特征，而每个要素明确对应了相应的若干做法，且可计算材料用量和费用，故可通过调研和计算获得各项数据存档建库，在生成过程中相应计算出其指导做法和参考价格，更加凸显出数据链系统对设计到实施的控制优势。且验收标准明确，利于建立相应的改造补偿机制，从而完善历史街区传统建筑保护和修缮的相关政策系统，保证导则的实施（图3-20）。

图3-20 | 生成的场景模型与实景比较

A解码 | 历史地段保护与更新中的数字技术

注释和图表来源

注释

1   MULLER P, WONKA P, HAEGLER S, et al. Procedural modeling of buildings[J]. ACM Transactions on Graphics, 2006, 25(3): 614–623.

2   AMORIM L, GRIZ C. Amorim's law: a modern grammar[C]// Blucher Design Proceedings, September 11–13, 2019, Porto, Portugal. São Paulo: Editora Blucher, 2019.

3   AL-JOKHADAR A, JABI W. Humanising the computational design process: integrating parametric models with qualitative dimensions[M]// Parametricism vs. Materialism: Evolution of Digital Technologies for Development. London: [s.n.], 2016.

4   BEIRÃO J, MENDES G, DUARTE J, et al. Implementing a generative urban design model[C]// Future Cities: ECAADE 2010: Proceedings of the 28th Conference on Education in Computer Aided Architectural Design in Europe, September 15–18, 2010, Zurich, Switzerland, ETH Zurich. Zurich: eCAADe, 2010.

5   BEIRÃO J N, DUARTE J P, MONTENEGRO N, et al. Monitoring urban design through generative design support tools: a generative grammar for Praia[C]// Proceedings of Congresso Da Apdr Cidade Da Praia, 2009.

6   CASTRO E C E, VERNIZ D, VARASTEH S, et al. Implementing the Santa Marta Urban Grammar: a pedagogical tool for design computing in architecture[C]// Blucher Design Proceedings, September 11–13, 2019, Porto, Portugal. São Paulo: Editora Blucher, 2019.

7   DE KLERK R, BEIRÃO J N. CIM–st[M]//Communications in computer and information science. Singapore: Springer Singapore, 2017.

8   CASSIANO M, FELIX L L, GRIZ C. Shape Grammar applied to urban morphology studies: land subdivision in urbanized areas[C]// Blucher Design Proceedings, September 26–28, 2018, São Carlos, BR. São Paulo: Editora Blucher, 2018.

9   XU Z, COORS V. Combining system dynamics model, GIS and 3D visualization in sustainability assessment of urban residential development[J]. Building and Environment, 2012, 47: 272–287.

10 KOZIATEK O, DRAGIĆEVIĆ S. iCity 3D: a geosimualtion method and tool for three–dimensional modeling of vertical urban development[J]. Landscape and Urban Planning, 2017, 167: 356–367.

11 SCHNABEL M A, ZHANG Y Y, AYDIN S. Using parametric modelling in form–based code design for high–dense cities[J]. Procedia Engineering, 2017, 180: 1379–1387.

12 张苗苗. 基于类型学的宜兴丁蜀古南街民居建筑造型研究[D]. 无锡: 江南大学, 2009.

13 江川. 江南传统街巷空间构成及现代启思: 以宜兴古南街为例[D]. 合肥: 合肥工业大学, 2013.

14 PARISH Y I H, MULLER P. Procedural modeling of cities[C]// SIGGRAPH '01: Proceedings of the 28th Annual Conference on Computer Graphics and Interactive Techniques. New York: Association for Computing Machinery, 2001.

15 童磊. 村落空间肌理的参数化解析与重构及其规划应用研究[D]. 杭州: 浙江大学, 2016.

图表来源

图3-1   图片来源：CityEngine帮助文件
图3-2   图片来源：童磊. 村落空间肌理的参数化解析与重构及其规划应用研究[D]. 杭州: 浙江大学, 2016.
图3-3   图片来源：作者自绘
图3-4   图片来源：作者自绘
图3-5   图片来源：作者自绘
图3-6   图片来源：CityEngine帮助文件
图3-7   图片来源：童磊. 村落空间肌理的参数化解析与重构及其规划应用研究[D]. 杭州: 浙江大学, 2016.

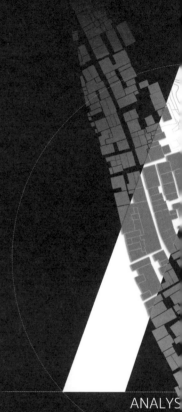

第四章　基于数据统计分析的街道空间连续性
解析与生成

GENERATION OF STREET SPACE CONTINUITY BASED ON DATA STATISTICAL ANALYSIS

CHAPTER 4

4.1 概述

4.1.1 街道空间的"连续性"

对于空间连续性的表述可以追溯到德国雕塑家阿道夫·希尔德布兰德（Adolf Hildebrand），他在《造型艺术中的形式问题》一书中提到，"……空间具有连续性，其内部是动态的"，这暗示了人在这类空间中活动时，会产生一种被持续不断导向与驱使的心理感受。凯文·林奇（Kevin Lynch）也强调"可识别的街道，应该具有连续性"[1]，这表明包括道路、街巷在内的强调线性状态的街道空间，其连续性需要在视觉上被感知到，这也是街道空间构成的基本属性之一。

因此，本研究尝试对街道空间的"连续性"做如下定义："连续性"是指个体对街道空间的连续完整的体验。带有这种特质的空间通常表现为一种可识别的形体，这种可识别性体现为由街道本身及两侧密集的实体边缘限定产生的连续街道界面所构成的完整、连贯、统一的街道空间形态特征。

4.1.2 传统街道空间及其更新改造的手段

1. 传统街道空间

传统街道是国内学术界的研究热点之一。部分现有文献注重从传统街道的历史演变、人文要素、地域性特征、美学价值或人的主观感受等方面展开讨论；另一部分文献在此基础上利用定性分析的研究方式，关注受这些因素影响的街道空间形态特征，并对特征做出评价、归纳与总结。如陈亮等在《对中国传统街道空间的解读》一文中，对传统街道的空间属性特征、发展演变历史等方面进行了研究，进而总结出传统街道空间的一般性特征[2]。童乔慧在《澳门传统街道空间特色》中则从街道空间演化、序列、布局等角度，对具有地域性的传统街道空间特征做出总结[3]。肇新宇等在《传统街区街道空间解析》中从类型学角度对街巷的比例尺度、平面形态、节点及其形态进行了研究，并做出分类[4]。

西方学术界对传统街道的研究内容与国内有相似之处。早期的研究集中于对美学中的几何形态的探索。如罗伯特·克里尔（Robert Krier）在《城市空间》一书中从类型学的角度总结了街道的特殊节点空间——广场的三种原型，并阐释了这三种原型与街道的关系[5]；卡米洛·西特（Camillo Sitte）在《城市建设艺术——遵循艺术原则进行城市建设》一书中对街道与城市建筑、广场等的尺度、相互关系和建设的艺术原则等进行了总结，用于构建宜人的城市空间环境[6]。随着相关研究的逐步深入，有学者尝试摆脱早期的描述性研究方式，提出了针对空间形态的量化手段。芦原义信（Yoshinobu Ashihara）在《街道的美学》中应用格式塔心理学中的图底关系，对日本传统街道空间进行研究，提出传统街道空间街道界面的宽高比和面宽比指标，并认为人对街道空间的感受受到这些指标的影响[7]。

针对本研究关注的街道空间"连续性"特征，目前国内外已展开相关研究。如陈亮等在《对中国传统街道空间的解读》中对"连续性"进行了定义和特征分析[2]。凯文·林奇在《城市意象》中对"连续性"做出解读，指出其在构成"边界"要素上起到的作用[1]。方智果等在《基于近人空间视角的街道界面功能连续性指标研究》中提出将建筑密度和沿街建筑贴线率结合，并利用包括街道相对尺度、街道绝对尺度、街道贴线率、沿街建筑高度、建筑形式等，对街道空间界面连续性做出量化，形成现代城市设计控制指标体系[8]。

目前，对传统街道空间的研究存在定性分析和定量研究两类。进行定性分析的文献多为对空间特征的描述和对空间形态特征的分类总结；论述定量研究的文献以国外研究成果为主，国内论述定量研究的文献大多为对国外研究成果的二次利用和验证。部分文章量化指标较多，且对于指标之间的相互关系研究较少，难以形成一个适合实践的空间特征量化体系。这其中，对于"连续性"街道空间特征的研究不多，且以定性的分析论述为主，少量文献涉及数据化特征描述，但其研究对象多集中在现代性街道，在传统街道中尚未展开"连续性"量化研究。

2.传统街道更新

1980年代起，对传统街道更新的研究伴随着地方旧城改造运动的兴起开始大量出现。这类研究多从实际案例入手，集中于对项目本身的更新改造理念、改造手法等的探讨，在实际操作层面提出见解。如朱自煊在《屯溪老街历史地段的保护与更新规划》一文中，即涉及利用划分保护层级的方式，对旧城改造背景下的屯溪当地传统街道更新方式做出梳理，使其同时满足保护与发展的要求[9]。经过40多年的持续研究，国内在传统街道的更新保护上积累了广泛的经验，相关的研究亦层出不穷。阮仪三等在《对于我国历史街区保护实践模式的剖析》一文中就总结出苏州"桐芳巷"模式等五种不同的历史街道空间改造模式[10]。

此外，有的研究不局限于具体的空间操作方式，而选择对传统街道改造中的上位政策、规范层面做出思考。林林等在《苏州古城平江历史街区保护规划与实践》一文中以平江路为例，详细地论述了新时代特征下政策、规范层面历史街区保护的办法和思考[11]。

当前相关研究的基本模式可以总结为博物馆式保护和动态调整式保护两类，并在此基础上得到具体的保护手段。但相关街道的更新改造研究一方面缺少普遍适用的街道空间操作思路和方法，造成部分街道空间在更新后出现问题，另一方面多偏重于对当时的实体空间的传统性进行重塑，而缺少对功能置入及更迭后产生的空间变化特点等的关注。

3. 街道空间量化

对街道空间的量化尝试起步颇早，其脱胎于城市设计领域相关的量化分析手段，并在此基础上进一步发展。近年来，计算机技术的不断进步和社会学、地理学等相关学科理论之间的交叉发展，使得空间量化方式逐渐增多，并已成为研究热点之一。目前的研究方法可以概括为3类：

（1）利用数值统计的方式进行研究

早期的研究如芦原义信提出的街道界面的宽高比和面宽比指标[7]。其后，数值统计的方式经历了从单一指标到多指标综合分析的过程，如切斯特·W.哈维（Chester W. Harvey）利用GIS分析提出了街道景观9项指标[12]，扬·盖尔（Jan Gehl）在《人性化的城市》一书中，从人对街道底层立面的视觉感知的角度提出了街道评价指标体系，涉及100 m街段上的建筑形式、开窗率以及小品形式等[13]。此外，除了实体空间本身外，还利用空间句法、GIS等理论技术，将对街道空间的量化研究扩展到街道空间结构上的可达性等相关领域。

（2）利用图像处理的方式进行研究

里德·尤因（Reid Ewing）等人在《测量不可测的：与可步行性相关的城市设计品质》中，采用摄影记录结合专家评分的方法对美国多个城市中的街道场景进行了分析，并提供了五个城市设计品质的可操作性定义[14]；韩然屹在《基于知觉体验的城市街道空间演变研究——以大连城市街道的建设发展为例》中以图片为媒介，从二维图底、平面、立面、剖面及三维空间图片等角度对街道空间形态进行量化分析[15]。

（3）利用使用者的主观感受和行为方式进行评价研究

这种方法基于人的视角，研究吸引人的街道空间特征。例如，通过引入心理学中的SD法，将人对空间的心理感受做出分级、量化。张军等就利用SD法定量分析了人们对横道河子镇历史街区改造的前后评价差异，并对产生使用评价差异的SD曲线做出对比与分析，得出在历史街区的改造和评价中值得考虑的因素[16]。也有文献采用GPS、手机信令大数据等技术手段，从人在街道空间中的行为方式方面进行研究。叶宇等在荷兰代尔夫特和丹麦奥尔堡两地利用GPS记录居民活动强度，并以此作为街区活力表征，认为街道空间必须有合适的建设形态与强度、充分的功能混合以及良好的可达性才能具有活力[17]。上文中的方式有效地深化了街道空间设计中关于环境认知的研究，使设计能够更加准确地把握使用者对空间环境的认知效果和心理感受。

无论利用何种研究方式，目前的文献大多以一般性城市街道作为研究对象，而依然缺乏对影响城市设计地域性特征的经济、社会、文化背景方面的量化分析。这导致了在研究对象上较少涉及传统历史街道的相关内容，在研究内容上则侧重讨论街道实体空间的构成要素，而缺少对要素的分类和相互关系的分析。同时，现有的量化结论缺乏灵活性和长期适用性，难以用于传统街道更新中的动态调整模式中。

保持传统街道的空间"连续性"特征是传统聚落空间更新改造中被广泛关注的课题。本章对此展开研究，探索运用数理统计的方法，验证街道空间特征在街道尺度的城市设计空间特征与规则提取中的可行性，以发展出一种以既有街道空间特征数据规律为支撑的评判和改造模式，为街道空间的改造更新提供一定的理论支撑。

一方面，通过本研究能使传统街道空间的更新改造做到有理可依、有规可循，摆脱对传统街道空间研究的感性描述，更好地实现传统街道历史风貌的完整性和连续性，并形成传统街道有序、自我更新。另一方面，在计算机技术迅猛发展、数据浪潮的推动及多学科融合的背景下，通过应用数据应用方式对传统空间问题的可行性与规律性进行探索，可以帮助我们更好地理解传统精髓，促使我们更好地传承历史、面向未来。

4.1.3 研究的内容及数据分析工具

为了研究街道空间"连续性"特征，本章选择江南地区传统街道作为研究和数据提取的对象。在确立研究对象之后，将构成传统街道空间"连续性"要素进行分解，运用数据统计分析的方式对要素进行转化处理，研究变量自身及相互间的控制方式和影响规律，最终建构传统街道"连续性"空间特征的一般性模型。研究将"连续性"特征控制要素分为两类：一类为实体空间要素，包括空间尺度（街道宽度、建筑高度、建筑面宽）、空间可达性（整合度、相对深度）；一类为界面要素，包括界面尺度（店面面宽）、界面开敞度（店面透明度、沿河开敞度）、界面功能（店面功能）。综合已有文献成果，将这两类空间要素中的各项变量进行定义、归纳并明确量化方式（图4-1、表4-1）。

本章采用的主要研究方法包括文献阅读、模型建立、实地调研、数据处理分析等。在具体研究过程中，首先通过文献阅读了解类似的研究模式并选择合适的方法，确定利用相关

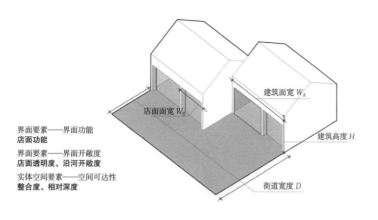

界面要素——界面功能
店面功能

界面要素——界面开敞度
店面透明度、沿河开敞度

实体空间要素——空间可达性
整合度、相对深度

店面面宽 W_S

建筑面宽 W_A

建筑高度 H

街道宽度 D

控制要素	评价变量	变量定义	数据获得方式	数据类型	单位
实体空间要素	街道宽度 D	建筑外边界到街道另侧边缘的水平距离	实地测量	数值型	米
	建筑高度 H	室外地坪至建筑屋脊的垂直距离	实地测量	数值型	米
	建筑面宽 W_A	建筑两端边界线的水平距离	实地测量	数值型	米
	整合度 RA	空间系统某一节点与其他节点联系的紧密程度	$RA = \dfrac{2 \times (MD-1)}{k-2}$	数值型	无量纲
	相对深度 MD	节点在空间系统中的便捷程度	$MD = \dfrac{\sum d}{k-1}$	数值型	无量纲
界面要素	店面面宽 W_S	店铺两端边界线的水平距离	实地测量	定类型	米
	店面透明度 V_T	店铺立面材料形成的内部透视效果	开敞型、透明型、传统型、封闭型	定类型	无量纲
	沿河开敞度 V_O	街道与河道之间的开敞程度	封闭、开敞、半开敞	定类型	无量纲
	店面功能 V_F	店铺主要经营业态分类	食品、餐饮、服饰、工艺品、文化休闲、服务研究	定类型	无量纲

注释：k 为连接所有节点的个数，d 为某一节点到其他所有节点的最短步长。

数据统计分析原理及SPSS软件作为研究工具。其次，使用建立模型和空间句法软件预先获得部分数据。通过已有资料建立研究对象的三维模型，对空间尺度、界面尺度在内的数值型变量进行先期的数据获取、整理和预判；使用空间句法软件Depthmap获得空间可达性中的整合度、相对深度数据；在此基础上进行现场实地调研，对前期获得的数据进行校核并完成其余变量的数据获取。最后，以SPSS软件为主要数据处理工具对数据进行加工整理，并进行变量的数据分析和规律探索，研究变化规律及相互间的影响规则，以此为基础构建空间"连续性"特征一般性数学模型，并对其实际运用进行探讨和验证，总结出合适的使用方式和使用范围。

本章的数据分析使用SPSS软件完成。SPSS是美国IBM公司推出的进行统计学数据挖掘、分析运算、预测分析和决策支持的软件及相关服务的总称，在本文中指SPSS for Windows（下文简称SPSS）。它具有数据录入、整理、分析等功能，能够进行数据管理、统计分析、图表分析等方面的操作，统计分析过程包括描述性统计、回归分析、相关分析、数据简化等方面，已经应用于经济学、统计学、物流管理、生物学、医疗卫生等各个领域。本研究基于SPSS使用的数据统计分析方法包括基本描述统计、频数分析、相关分析、回归分析、因子分析等，对各分析方法的基本原理及在本文中的用途解释如下。

1. 基本描述统计

常见的计算基本描述统计量的方式可以分为：用于描述数据分布形态的统计量，包括峰度系数等；用于描述数据集中趋势的统计量，如中位数、均值等；用于描述数据离散程度的统计量，如方差等。本文利用基本描述统计可以对数据的分布特征有更为精确的认识，主要应用于对所获得基础数据的预处理阶段。

2. 频数分析

利用频数分析结果可以掌握变量的取值状况，帮助理解数据的分布规律。一方面，将数值型数据转化为频数的方式，参与空间"连续性"特征变量间的相关性检验，并建构一般性数学模型；另一方面，利用频数分布规律探讨变量间的取值变化情况，对变化规律进行分析总结。

3. 相关分析

相关分析是测度变量间统计关系的有效工具，适用于难以用确定数学函数式描述的统计关系，分析方式主要为散点图和相关系数相结合。其中，计算相关系数的方式包括Pearson简单相关、Spearman等级相关以及卡方检验等。本文利用相关分析中的卡方检验研究构成街道空间"连续性"特征的变量间的相互影响关系强弱，并对具有相关性的变量间的影响规则进行分析。

4. 回归分析

回归分析是一种数量分析方法，用于进行事物统计关系的分析，重点研究变量在数量上的变化情况，并使用回归方程反映变量间的结构和密切程度，为使用者预测变量提供依据。本文针对空间"连续性"特征要素中的变量（因变量）同时受到多个其他变量（自变量）影响的情况，采用强制进入的回归分析方法，构造能够反映因变量变化规律的数学模型。

5. 因子分析

因子分析能够以最少的信息丢失将众多原有变量浓缩成少数几个因子，有效地减少变量数量，并得到多元的统计分析结果，是一种被广泛应用的分析方法。本文为了能够对空间

"连续性"特征有全面、完整的认识,减少收集的相关变量之间由于信息的高度相关和高度重叠而对最终数学模型建构造成的障碍,使用因子分析参与分析建模,从而大幅度地减少了参与数据建模的变量个数,最终构建了平江路街道空间"连续性"特征的一般性数学模型。

4.2 传统街道空间连续性分析

4.2.1 研究对象

本章首先以苏州平江路为研究和数据获取对象。平江路位于苏州古城东北角,是平江历史文化街区内的主要街道,其南侧始于干将路,北侧与东北街相邻,全长1606 m。平江路所处的平江历史文化街区是苏州目前规模最大、保存最好的历史街区,至今仍保持着"粉墙黛瓦、小桥流水"的苏州传统空间风貌和"水陆并行、河街相邻"的双棋盘格局,堪称苏州古城的缩影(图4-2)。

图 4-2
苏州市平江路所处区位

然而，随着社会的发展和生产、生活的需要，在平江路中与历史风貌冲突的建筑不断出现，从而对街巷结构造成破坏，致使传统街道空间特征逐渐模糊，原有的河街一体关系被打破，街道内历史保护建筑缺乏必要的修缮和维护、传统建筑可识别性丧失、商业功能凋敝、基础设施落后等问题进一步使街道空间丧失生机活力。针对这些问题，当地政府从2002年开始实施平江路风貌保护与环境整治工程作为平江历史街区保护整治工程的先导性试验工程。该工程以平江路作为主要对象，按照"保持古城格局、展现传统风貌、美化环境景观、传承历史文化"[18]的基本要求，完成了空间格局、历史环境、建筑风貌等多方面的传统性修缮工作，基本恢复了平江路的传统街道空间特征。同时，平江路借助自身的文化底蕴，着力开发街区内文化旅游资源。平江路风貌保护与环境整治工程通过合理引入苏州特色的文化和商业功能，给平江路带来活力的同时也较好地协调了传统空间中的商业性元素，产生了积极的社会效果。2005年，平江路风貌保护与环境整治工程被评联合国教科文组织亚太地区文化遗产保护奖荣誉奖，2009年平江路被评为首批中国历史文化名街（图4-3）。

　　作为江南地区传统街道，平江路通过合理的设计更新手段逐步恢复了原有历史环境与建筑风貌，并利用合理地引入文化和商业功能让街道重新焕发生机，这与前文古南街项目中的目标相契合，其改造前所面临的传统风貌模糊、空间活力丧失等问题与古南街也颇为相似。因此，尽管平江路的改造方法仍较为传统，但其改造后的街道空间尺度适宜、业态丰富、界面形态多样，包括"连续性"在内的传统街道空间特征得到很好的体现，可以作为本文学习研究与空间特征数据获取的理想对象。

图 4-3 |
平江路改造前后对比

4.2.2 数据收集

本研究划定的调研范围为平江路主街，南北长1606 m。以店面为单位采集数据，需要收集街道实体空间本身和建筑界面两部分。数据收集采用三维建模与实地调研相结合的方式，根据不同变量特征确定数据获得方式。同时，依据节点的出现频率将所调研的平江路划分为10个街段，方便实地测量与后续分析。

在实地调研前，利用已有测绘图纸采集测算需要精确测量的数值型数据，包括街道宽度、建筑高度、建筑面宽等变量，对店面功能、店面透明度、沿河开敞度等定类型、定序型数据指标提前进行分类。结合已有文献，本研究将店面功能分为6类：餐饮（餐厅、茶馆等）、食品（小吃等）、服饰、工艺品、文化休闲（书店、曲艺、民宿等）、服务研究（游客服务机构、学术研究机构等），并分别赋值1~6，注明其数值大小无意义（图4-4a）。根据店面的立面形式不同，可以将店面透明度分为4类：开敞型——立面无遮挡，人可以自由进入；透明型——立面为玻璃，视线可以进入室内，人不能自由进入；传统型——立面为传统木格栅门窗，视线难以进入室内；封闭型——立面为实墙，仅开有门洞，视线不能进入室内。4类店面透明度分别取值1~4，其数值越大，透明度越低（图4-4b）。根据实际调研，平江路上的街道剖面结构有3种情况，由此带来3种沿河开敞度的分类，分别为沿河开敞、沿河部分开敞和沿河封闭，并分别取值1~3，其数值越大，开敞度越高（图4-4c）。

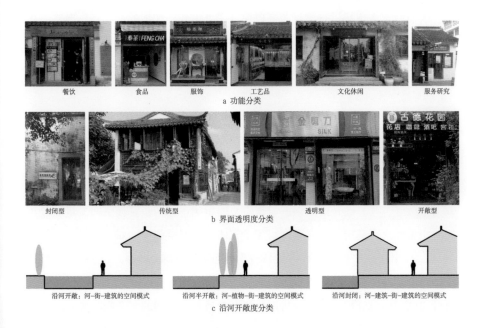

餐饮　食品　服饰　工艺品　文化休闲　服务研究
a 功能分类

封闭型　传统型　透明型　开敞型
b 界面透明度分类

沿河开敞：河-街-建筑的空间模式　沿河半开敞：河-植物-街-建筑的空间模式　沿河封闭：河-建筑-街-建筑的空间模式
c 沿河开敞度分类

图 4-4|
平江路街道剖面结构分类

同时，利用空间句法软件Depthmap，通过轴线模型对可达性指标中的整合度与相对深度进行计算分析，得到结果如图4-5所示。图4-5左图为整合度指标，图4-5左图中颜色越深表示数值越大，整合度值越高，可达性越好；图4-5右图为相对深度指标，同样的，图4-5右图中颜色越深表示数值越大，相对深度值越高，可达性越差。两者所得的数据值均以表格的形式直接导出。

图4-5｜空间可达性的整合度（左）、相对深度（右）

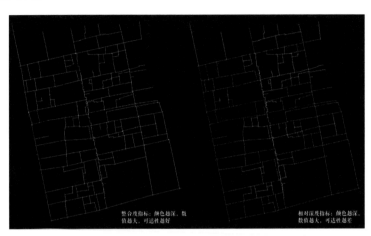

整合度指标：颜色越深，数值越大，可达性越好

相对深度指标：颜色越深，数值越大，可达性越差

实地调研于2017年3月26日至27日进行，这两天分别为周五、周六，天气晴朗。除极少数店铺整修外，其他各类店铺均正常营业。在实地调研阶段，首先对店面透明度、沿河开敞度、店面功能等参照拟定的标准进行现场判断并拍照汇总，其次对街道宽度、建筑高度、建筑面宽、店面面宽在现场进行测量验证以保证图纸中获得数据的准确性。最终，获取平江路空间"连续性"特征控制要素变量的相关数据共189组，以此建立平江路空间"连续性"特征控制要素数据库，为下一步的研究奠定基础（图4-6）。

4.2.3 数据处理与分析

本节的数据处理与分析借助数据处理软件SPSS进行，相关处理与分析内容可以分为3步。首先，对上文获得的基础数据进行必要的预加工处理，预处理内容包括异常值提取、分类汇总、数据分组等，其目的是消除误差数据带来的影响，并初步掌握空间变量的分布特征，为下文的相关性研究奠定基础。其次，探求实体空间要素和界面要素变量间的相互影响关系和规则，利用相关分析对构成"连续性"空间特征的变量间相关性程度进行计算，并对有高度相关性的变量进一步进行数据描述，研究其相互间的具体作用规律在数值上的反映。最后，利用回归分析和因子分析简化现有变量相互之间的复杂影响关系。运用回归分析，将同时作用在一个变量中的多个影响变量间的综合关系进行提取、合并，建立构成空间特征的单一变量数学模型；而运用因子分析，可以在构成传统街道空间"连续性"特征的诸多变量中提取出共同因子，建构平江路"连续性"空间特征规律的一般性数学模型。

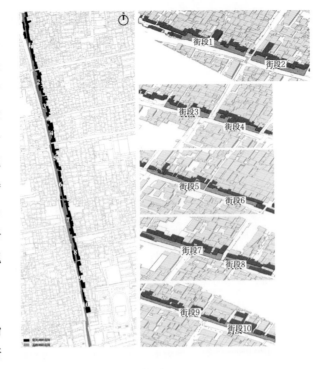

图 4-6｜平江路空间「连续性」特征控制要素获得数据

1. 数据的预处理

对调研获得的原始数据进行预处理与分析的内容包括异常值处理、数据分组、分类汇总3个部分。

由于原始数据中存在的部分特殊值，需要利用异常值处理对数据做分析，进行异常数据提取和处理的过程。异常值产生的原因有多种，如主观上的调研测量误差、统计录入错误以及客观存在的街道空间演变和改造后尺度上的不合理变化等。本研究中需要进行异常值处理的变量为街道宽度、建筑高度、店面面宽、建筑面宽等，利用SPSS分别做4组数据变量的直方图和正态曲线以进行正态分布检验，并计算4组数据的偏度系数和峰度系数，从而决定箱线图法的异常值处理方法（图4-7）。

在4组数据中有2组的偏度系数或峰度系数值大于1，这表明其数据不符合正态分布特

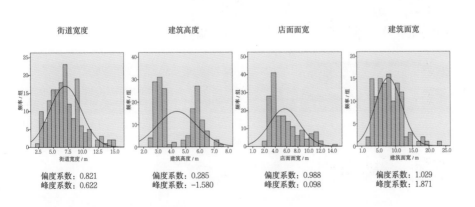

图 4-7｜4 组数据的正态检验结果

街道宽度　偏度系数：0.821　峰度系数：0.622

建筑高度　偏度系数：0.285　峰度系数：−1.580

店面面宽　偏度系数：0.988　峰度系数：0.098

建筑面宽　偏度系数：1.029　峰度系数：1.871

图 4-8
箱型图提取异常值结果

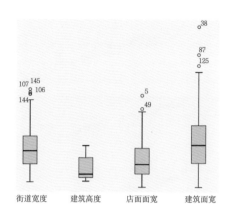

征。在这种情况下须采用箱线图法，利用四分位数和四分位距提取判断异常值。应用SPSS做箱线图，其结果如图4-8所示，街道宽度中的106、107、144、145组，建筑面宽中的38、87、125组，店面面宽中的5、49组均被认为是异常值。对这些异常值的产生原因须结合实际情况加以分析，并判断在下文的分析中是否需要对其加以注意和剔除。

实地调研显示，街道宽度的4组异常值数据分别是15.14 m、14.48 m、14.48 m、14.70 m，均远大于平江路街道宽度的一般数值范围。这4组数据均位于街段的中间位置，宽度值不应出现过大的变化，如106、107组，其宽度值可以认为是由后期街道空间改造引起的尺度问题，故应在后续的研究中舍弃这4组数据（图4-9a）。建筑面宽中的3组异常值数据分别是23.70 m、19.89 m、18.40 m，其同样均大于一般数值。实地调研发现，这3个建筑的面宽均进行了二次分割。以125组为例，其被重新划分为5个一开间的同质空间，由于人的连续性感受主要基于店铺面宽获得，而从每个单开间来看符合面宽的一般数值要求，因此这3组建筑面宽数据的异常值可以根据情况予以保留（图4-9b）。类似的情况如店面面宽的5、49组数据值分别是14.30 m、12.49 m，均为店面面宽的极大值。结合实地调研情况，经分析认为这2组数值的出现与功能、位置关系密切：2组面宽的功能分别对应服饰和餐饮，其位置则均处于节点，而在这类功能和位置下出现较大的面宽有其合理性，因此可以根据实际情况予以保留（图4-9c）。

图 4-9
异常值实地数据示例

a 街道宽度异常值实地照片

b 建筑面宽异常值实地照片

c 店面面宽异常值实地照片

分类汇总针对定序型、定量型变量展开，本研究中包括的变量为店面功能、店面透明度、沿河开敞度等，通过SPSS计算的结果如表4-2所示。店面功能中食品占比最高，占有效数据的30.20%，服饰与工艺品大致相当，文化休闲占比较少，仅为4.70%。整体来看，传统商业街道上的功能以衣、食为主，类型较为集中，有利于形成商业气氛，但也容易导致功能同质化程度较高。店面透明度以透明型为最多，占47.90%，开敞型、传统型次之，分别为25.75%、19.16%，这表明传统商业性街道多选择透明度较高的界面，但依然倾向于在物理上对室内外空间做分割。沿河开敞度以"开敞"为主，其代表着"河–街–建筑"的空间模式，占比62.96%；少部分街段为"半开敞"和"封闭"2种类型，形成"河–植物–街–建筑""河–建筑–街–建筑"的空间模式（图4-4c）。

店面功能	数量（个）	店面透明度	数量（个）	沿河开敞度	数量（个）
食品	45	传统型	32	开敞	119
餐饮	16	封闭型	12	半开敞	24
服饰	38	开敞型	43	封闭	46
工艺品	40	透明型	80		
文化休闲	7				
服务研究	3				

表 4-2｜定序型、定量型变量分组结果

为了更好地把握数据分布特征，同时利于下文变量间的相关性计算，需要对前文相关变量及整合度值、相对深度值进行数据分组。其中，组数K利用斯透奇斯规则（Sturges' Rule）确定，其经验公式为：

$$K = 1 + \frac{\ln n}{\ln 2}$$

式中：n为数据个数。

由上述公式得到各组数据的分组情况。街道宽度的理论组数$K_1 = 8.4$，本研究中取8组，组距为2；建筑高度的理论组数$K_2 = 4.5$，本研究中取6组，组距为1，并在分组时将一层与二层高度各分为3组。店面面宽、建筑面宽均以开间数作为分类标准，其中店面面宽取$K_3 = 3$组，建筑面宽取$K_4 = 5$组，组距均为1；整合度的理论组数$K_5 = 8.3$，研究取9组，组距为0.05；相对深度的理论组数$K_6 = 8.3$，研究取9组，组距为2。最终的分组结果如表4-3所示。

利用数据分组的结果，可以对相关变量的数值分布和部分概念做出分析定义。整合度和相对深度均可以反映可达性的情况，利用数据分组对平江路各段的整合度和相对深度数值进行区分，能够用来更为精确地划分传统意义上常用的"位于节点""远离节点"等概念，便于下文的研究。将整合度值和相对深度值分为3个层级，分别对应传统意义上的"位

表 4-3 数值型变量分组结果

分组	街道宽度 平均值（m）	数量（个）	开间	建筑面宽 平均值（m）	数量（个）	店面面宽 平均值（m）	数量（个）	分组	整合度 平均值（m）	数量（个）	相对深度 平均值（m）	数量（个）
1	2.50	1	1	4.20	38	4.07	107	1	0.24	4	11.03	21
2	3.68	25	2	7.98	36	7.42	31	2	0.29	8	12.87	40
3	5.46	49	3	10.15	34	9.64	27	3	0.33	26	14.92	35
4	7.28	48	4	16.27	1			4	0.38	25	17.09	20
5	9.22	28	5	16.90	7			5	0.43	26	18.82	24
6	11.17	8						6	0.48	26	21.04	17
7	13.47	7						7	0.53	31	22.46	3
8	14.93	2						8	0.58	5	24.42	2
								9	0.63	15	27.06	4

于节点"（即整合度值大于0.50或相对深度小于13.57）、"靠近节点"（即整合度值在0.38~0.50或相对深度值13.57~17.33）、"远离节点"（即整合度值小于0.38或相对深度大于17.33）。此外，由表4-3中的数据可以对空间尺度上的数值规律进行初步研究。例如，店面面宽与建筑面宽匹配度不高，匹配度一致的情况仅占49.70%，这表明平江路在功能更替中倾向于对原有建筑面宽的二次分割。单开间面宽在4 m左右，与《营造法原》一书中规定的江南地区传统建筑一开间定为一丈二尺（约4 m）[19]相互印证。街道宽度变化集中在4~8 m，约占所有调查数据的57.74%，这一宽度的集中范围大于一般传统街道；一层建筑高度的均值为3.18 m，二层建筑高度的均值为5.89 m，均比其他传统街道建筑略高，推测可能与平江路一侧临河的空间模式有关。这些问题需要在下文中进一步研究。

2.实体空间要素变量间影响及规律

上文将代表实体空间要素的变量分解为空间尺度上的街道宽度、建筑高度、建筑面宽，空间可达性上的整合度、相对深度，其均为数值型变量。分别对各变量间做散点图和线性拟合，分析研究变量间是否存在关联，其结果如图4-10所示。

从上图来看，实体要素变量间的散点图可以分为两类，一类反映空间尺度内部变量间的相互作用，另一类则反映空间可达性对尺度的影响。现有的散点图中每组数据分布较为无序，尝试对各组数据进行拟合分析得到的拟合结果也不理想，其中拟合度最高的是街道宽度与建筑高度，其R_2为0.048，也小于0.030，这表明两个变量间的一般线性相关关系较弱，利用这种方式难以找到变量是否存在相互间明确的关系。分析原因，一方面可能存在变量数据间的关系并非简单的一元线性关系的情况，导致其函数表达式不易被发现；另一方面也可能是变量间存在的并非一一对应的函数关系，而是一种非一一对应的相关关系，因此不能用确定的函数式加以描述。

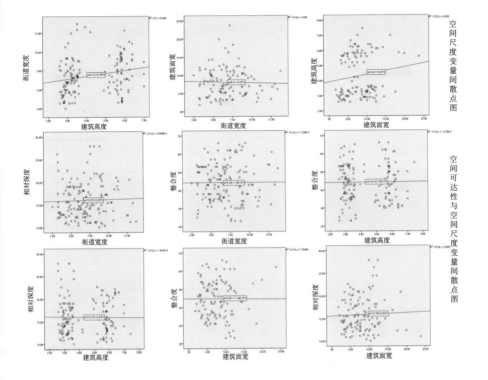

图 4-10 | 实体空间要素变量间散点图

利用上文的数据分组和分类汇总结果，通过SPSS软件得到变量之间的交叉列联表，并以此使用相关分析获得实体空间要素变量的相关系数概率P-值，判断变量是否具有相关性。以街道宽度与整合度为例，由SPSS获得两个变量间的交叉列联表和卡方分析的概率P-值为0.026。表4-4的表注中说明，该分析中期望频数小于5的单元格数为84.7%，最小的期望频数仅为0.020。根据规定，此时不宜参考卡方检验，而应采用费舍尔精确检验的方式，得到的概率P-值结果为0.026。本检验的原假设为街道宽度和整合度之间并无相关关系，并将显著性水平α设为0.050，即当概率P-值结果大于0.050时，该假设成立。由于计算所得到的概率P-值小于0.050，因此拒绝原假设，认为在此情况下街道宽度和整合度之间有相关关系。类似地，可以得到各组变量间的概率P-值，其结果如表4-5所示。

可以看到，街道宽度与整合度、相对深度之间，街道宽度与建筑面宽、建筑高度之间的概率P-值均小于0.050，这表明其相互之间存在相关关系，对其具体的作用方式进行研究。

有学者曾针对空间尺度间的关系提出这样的观点：街道宽度与建筑高度的比值在1~2之间时，单纯的街道空间具有封闭感和连续性，使人感到匀称而亲切……当面宽与街道宽度的比值小于1时，街道会显得有生气[3]。这种观点提出利用确定数据比值区间的方式寻找空间尺度变量上的相互关系。

表 4-4 | 街道宽度与整合度相关检验结果

		整合度分组									总计
		1	2	3	4	5	6	7	8	9	
街道宽度分组 1	计数	0.000	0.000	0.000	0.000	1.000	0.000	0.000	0.000	0.000	1.000
	预期计数	0.024	0.048	0.157	0.151	0.157	0.157	0.187	0.030	0.090	1.000
	街道宽度分组内百分比	0.00%	0.00%	0.00%	0.00%	100.00%	0.00%	0.00%	0.00%	0.00%	100.00%
	整合度分组内百分比	0.00%	0.00%	0.00%	0.00%	3.85%	0.00%	0.00%	0.00%	0.00%	0.60%
	总数的百分比	0.00%	0.00%	0.00%	0.00%	0.60%	0.00%	0.00%	0.00%	0.00%	0.60%
	残差	-0.024	-0.048	-0.157	-0.151	0.843	-0.157	-0.187	-0.030	-0.090	
2	计数	1.000	2.000	1.000	3.000	4.000	4.000	9.000	0.000	1.000	25.000
	预期计数	0.602	1.205	3.916	3.765	3.916	3.916	4.669	0.753	2.259	25.000
	街道宽度分组内百分比	4.00%	8.00%	4.00%	12.00%	16.00%	16.00%	36.00%	0.00%	4.00%	100.00%
	整合度分组内百分比	25.00%	25.00%	3.85%	12.00%	15.38%	15.38%	29.03%	0.00%	6.67%	15.06%
	总数的百分比	0.60%	1.20%	0.60%	1.81%	2.41%	2.41%	5.42%	0.00%	0.60%	15.06%
	残差	0.398	0.795	-2.916	-0.765	0.084	0.084	4.331	-0.753	-1.259	
3	计数	0.000	0.000	13.000	7.000	8.000	11.000	5.000	2.000	3.000	49.000
	预期计数	1.181	2.361	7.675	7.380	7.675	7.675	9.151	1.476	4.428	49.000
	街道宽度分组内百分比	0.00%	0.00%	26.53%	14.29%	16.33%	22.45%	10.20%	4.08%	6.12%	100.00%
	整合度分组内百分比	0.00%	0.00%	50.00%	28.00%	30.77%	42.31%	16.13%	40.00%	20.00%	29.52%
	总数的百分比	0.00%	0.00%	7.83%	4.22%	4.82%	6.63%	3.01%	1.20%	1.81%	29.52%
	残差	-1.181	-2.361	5.325	-0.380	0.325	3.325	-4.151	0.524	-1.428	
4	计数	3.000	4.000	2.000	8.000	6.000	6.000	10.000	2.000	6.000	47.000
	预期计数	1.133	2.265	7.361	7.078	7.361	7.361	8.777	1.416	4.247	47.000
	街道宽度分组内百分比	6.38%	8.51%	4.26%	17.02%	12.77%	12.77%	21.28%	4.26%	12.77%	100.00%
	整合度分组内百分比	75.00%	50.00%	7.69%	32.00%	23.08%	23.08%	32.26%	40.00%	40.00%	28.31%
	总数的百分比	1.81%	2.41%	1.20%	4.82%	3.61%	3.61%	6.02%	1.20%	3.61%	28.31%
	残差	1.867	1.735	-5.361	0.922	-1.361	-1.361	1.223	0.584	1.753	
5	计数	0.000	2.000	5.000	4.000	6.000	4.000	2.000	0.000	4.000	27.000
	预期计数	0.651	1.301	4.229	4.066	4.229	4.229	5.042	0.813	2.440	27.000
	街道宽度分组内百分比	0.00%	7.41%	18.52%	14.81%	22.22%	14.81%	7.41%	0.00%	14.81%	100.00%
	整合度分组内百分比	0.00%	25.00%	19.23%	16.00%	23.08%	15.38%	6.45%	0.00%	26.67%	16.27%
	总数的百分比	0.00%	1.20%	3.01%	2.41%	3.61%	2.41%	1.20%	0.00%	2.41%	16.27%
	残差	-0.651	0.699	0.771	-0.066	1.771	-0.229	-3.042	-0.813	1.560	
6	计数	0.000	0.000	2.000	3.000	0.000	1.000	1.000	1.000	0.000	8.000
	预期计数	0.193	0.386	1.253	1.205	1.253	1.253	1.494	0.241	0.723	8.000
	街道宽度分组内百分比	0.00%	0.00%	25.00%	37.50%	0.00%	12.50%	12.50%	12.50%	0.00%	100.00%
	整合度分组内百分比	0.00%	0.00%	7.69%	12.00%	0.00%	3.85%	3.23%	20.00%	0.00%	4.82%
	总数的百分比	0.00%	0.00%	1.20%	1.81%	0.00%	0.60%	0.60%	0.60%	0.00%	4.82%
	残差	-0.193	-0.386	0.747	1.795	-1.253	-0.253	-0.494	0.759	-0.723	
7	计数	0.000	0.000	2.000	0.000	1.000	0.000	3.000	0.000	1.000	7.000
	预期计数	0.169	0.337	1.096	1.054	1.096	1.096	1.307	0.211	0.633	7.000
	街道宽度分组内百分比	0.00%	0.00%	28.57%	0.00%	14.29%	0.00%	42.86%	0.00%	14.29%	100.00%
	整合度分组内百分比	0.00%	0.00%	7.69%	0.00%	3.85%	0.00%	9.68%	0.00%	6.67%	4.22%
	总数的百分比	0.00%	0.00%	1.20%	0.00%	0.60%	0.00%	1.81%	0.00%	0.60%	4.22%
	残差	-0.169	-0.337	0.904	-1.054	-0.096	-1.096	1.693	-0.211	0.367	
8	计数	0.000	0.000	1.000	0.000	0.000	0.000	1.000	0.000	0.000	2.000
	预期计数	0.048	0.096	0.313	0.301	0.313	0.313	0.373	0.060	0.181	2.000
	街道宽度分组内百分比	0.00%	0.00%	50.00%	0.00%	0.00%	0.00%	50.00%	0.00%	0.00%	100.00%
	整合度分组内百分比	0.00%	0.00%	3.85%	0.00%	0.00%	0.00%	3.23%	0.00%	0.00%	1.20%
	总数的百分比	0.00%	0.00%	0.60%	0.00%	0.00%	0.00%	0.60%	0.00%	0.00%	1.20%
	残差	-0.048	-0.096	0.687	-0.301	-0.313	-0.313	0.627	-0.060	-0.181	
总计	计数	4.000	8.000	26.000	25.000	26.000	26.000	31.000	5.000	15.000	166.000
	预期计数	4.000	8.000	26.000	25.000	26.000	26.000	31.000	5.000	15.000	166.000
	街道宽度分组内百分比	2.41%	4.82%	15.66%	15.06%	15.66%	15.66%	18.67%	3.01%	9.04%	100.00%
	整合度分组内百分比	100.00%	100.00%	100.00%	100.00%	100.00%	100.00%	100.00%	100.00%	100.00%	100.00%
	占总数的百分比	2.41%	4.82%	15.66%	15.06%	15.66%	15.66%	18.67%	3.01%	9.04%	100.00%

a 街道宽度与整合度列联表

卡方检验			
	值	自由度	渐进显著性（双向）
皮尔逊卡方	59.031	56	0.026
似然比（L）	66.554	56	0.158
线性关联	0.000	1	0.993
有效个案数 / 个	166		

注：61个单元格（84.7%）具有的期望频数少于5，最小的期望频数为0.020。

b 街道宽度与整合度的一致性检验结果

表 4-5 | 实体空间要素变量间概率 P 值

实体空间要素变量间概率P-值					
	街道宽度	建筑高度	建筑面宽	整合度	相对深度
街道宽度	1.000	0.651	0.462	0.026	0.024
建筑高度	0.651	1.000	0.021	0.037	0.047
建筑面宽	0.462	0.021	1.000	0.621	0.752
整合度	0.026	0.037	0.621	1.000	0.000
相对深度	0.024	0.047	0.752	0.000	1.000

据此，可以利用类似方式研究平江路的空间尺度变量是否有一定关联。尝试将已有的理论成果在平江路中加以验证，在街道宽度与建筑高度、建筑面宽与街道宽度的散点图中分别确定斜率为1/2、2和1的直线（图4-11）。由图4-11可知，街道宽度与建筑高度的比值集中在1~2之间，占比为68.71%；建筑面宽与街道宽度比值大部分小于1，占比62.16%。结果显示，尽管平江路街道空间形态多元，但在多数情况时依然保持了合适的空间尺度比例。分析认为，针对平江路主要为单侧沿河的街道空间特征，街道在演化中利用增大建筑体量等方式使其空间绝对尺度上大于一般传统街道，其相对尺度依然符合传统街道特征的空间变量关系和规律，并减小了河面带来的街道空间疏离感。

利用对街道空间的实体要素空间尺度变量间比例关系的研究，可以建立数值上的相互关系范围，这也是表现数据间相关关系的一种方式。然而，这种研究方式存在着不足之处，其"比值"的表述方式带有局限性，难以反映变量间在具体数值上的相互影响规律，给相关关系的应用造成了困难。例如，一般认为空间尺度基于可达性（或称位置）的变化而改变，利用现有比值的分析方式就难以找到两者间的影响规律，从散点图中也难以找到直观的反映。为此，参考已有文献和现有统计学的研究方法，将空间要素的变量数据分组后进行相关性检验，用以研究其关联程度及在不同数据区间内对应的数值变化规律。运用这种方式可以先对整体数据上的相关程度和变化规律进行研究，再进一步对可能存在的相关关系函数进行拟合。

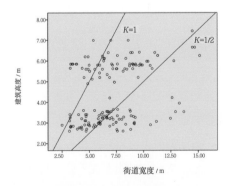

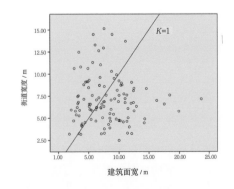

图 4-11 | 实体空间要素变量间比例的研究

对有相关关系的变量间的频数分布做进一步分析。在街道宽度与整合度的关系中，随着整合度区间值的增大，街道宽度区间值随之增多，可以认为2个变量在数值上存在一定的正比关系，具体表现为可达性越高，街道越宽。若对2组变量各个区间的平均值进行拟合，可以得到拟合公式：$y = 6.19 + 0.15x$，其R_2值为0.830，拟合程度较高。公式表明，平江路中的整合度值每增减一个层级，街道宽度有平均约0.15 m的变化（图4-12a）。街道宽度与相对深度间所得关系的结论与之类似。

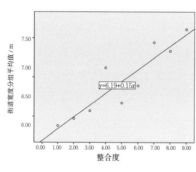

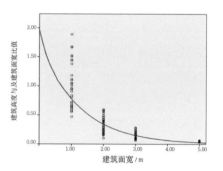

a 整合度与街道宽度的拟合　　　　　　　b 建筑高度与建筑面宽的拟合

江南地区传统建筑做法规定"（明间）面宽一丈，柱高八尺"，即建筑面宽依据开间数的差异应与建筑高度间存在不同的比例关系。据此分析，当建筑面宽在第一组时，其组内数据与对应建筑高度的比值集中在0.6~0.8之间；当建筑面宽在第二组时，其比值集中在0.3~0.4之间……即建筑面宽每增加一级，建筑高度与建筑面宽的比值减少约1/2，可以假设其函数形式应为指数函数，做散点图（图4-12b）并进行指数函数的拟合，得到拟合公式：

$$y = 1.767 \times 2.7^{-0.823x}$$

式种：x为建筑面宽分组值，y为建筑高度与建筑面宽的比值。

其中R_2值为0.810，这表明拟合度较高，可以认为原有假设成立，即建筑面宽和建筑高度间存在指数函数关系。

3. 界面要素变量间影响及规律

平江路空间"连续性"界面要素构成变量由3个方面组成，分别是界面尺度中的店面面宽，界面开敞度中的店面透明度、沿河开敞度以及界面功能中的店面功能。一方面，这些变量的数据类型各不相同，其中的定序型、定量型变量数据在数值上的增减并不产生实际影响，对其函数关系的研究缺乏实际意义；另一方面，前期调研中可以形成初步判断，认为部分构成界面要素的变量在数值上可能有着一定的关系。据此，沿用上文卡方分析计算相关系数的方式，首先研究界面要素变量间是否存在相关关系，计算获得的界面要素变量间概率P-值结果如表4-6所示。

由表4-6中的概率P-值可知，店面面宽与店面功能、店面透明度与店面功能、店面面宽与店面透明度的值分别为0.012、0.000、0.000。显著性水平α设为0.050，上述概率P-值结果均小于0.050，因此可以拒绝变量之间并无相关关系的原假设，认为上述变量之间有相关关系。其余各组之间的概率P-值均大于0.050，这表明其相关性关系较差。下文进一步利用频数分布散点图的方式研究相关性变量间的具体影响规律。

界面要素变量间概率P-值				
	店面面宽	店面透明度	沿河开敞度	店面功能
店面面宽	1.000	0.000	0.636	0.012
店面透明度	0.000	1.000	0.134	0.000
沿河开敞度	0.636	0.134	1.000	0.139
店面功能	0.012	0.000	0.139	1.000

表4-6｜界面要素变量间概率P-值

在SPSS中做店面面宽与建筑功能的散点图（图4-13a），分析研究其频数分布规律，结果表明两者间的对应关系非常明确。建筑功能的转变带来店面面宽值的明显差异，食品功能对应面宽多分布在"1个开间"（约4 m）的区间内，占77.27%；服饰、工艺品为代表的零售功能对应面宽有65.38%，集中在"2个开间"（4~8 m）的区间，文化休闲和食品出现的概率也较大；餐饮、文化休闲等功能对应面宽则集中在"3个开间"（8~12 m）区间。可以认为这一分布上的差异是由于不同功能对面宽的需求各不相同造成的。从实地调研中也能看出，食品等功能以单层建筑为主，且常会将单一建筑的多个开间分割为单个开间后使用；而餐饮、文化休闲等则多选择独占大体量、多开间的建筑；工艺品、服饰等对上述两种方式都有选择。分析认为，出现这样的对应关系可能与不同功能的消费场景、经营模式、利润等有较大关联。因此，在传统街道的功能置换中应充分考虑既有建筑的面宽与选择功能之间的匹配程度，参考前文得到的数值范围对应合适的功能。

同样地，做店面透明度和店面功能的分布散点图（图4-13b）。由图可知，服饰功能对应的透明度中80%为透明型，这一比例在工艺品中的比例也有57%；食品对应的透明度中59%为开敞型，另有31%为透明型；餐饮功能中则以透明型和传统型为主，分别占比33%和44%；文化休闲功能样本数较少，大致可分析出是以传统型为主。两个变量间同样存在着明显的相关关系，其产生原因是多方面的。首先，平江路改造导则中没有强制使用单一的传统建筑立面式样，而是允许在保证整体传统风貌的基础上因地制宜，从而形成了现在多样统一的立面做法。其次，不同功能对应的使用需求不尽相同，文化休闲和餐饮两

图 4-13 |
频数分布散点图

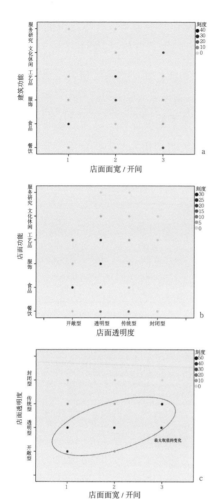

类需要保证适当的隐蔽性和较为安静古朴的环境，其透明度多为传统型；而工艺品和食品等则需要尽可能以开敞的面貌展示内部环境，吸引游人，以透明型和开敞型的透明度居多。所以，传统街道中因地制宜地进行空间更新十分重要，根据不同功能对应合适的典型立面，为改造提供一定的参考。

由店面面宽和店面透明度间的散点图频数分布（图4-13c）可以看到："1个开间"（约4 m）区间内37.14%为开敞型，另有43.81%为透明型；"2个开间"（4~8 m）区间中透明型所占比例最高，为53.84%；"3个开间"（8~12 m）中除了透明型外，传统型店面的数量占比较大，分别为51.85%、44.44%；散点图中也同时标示出了分布最多的透明度的变化情况。结果表明，平江路在较小的面宽时常表现出开敞的界面特征，随着面宽增大逐渐表现出封闭的界面特征，这对既有面宽下的界面透明度重新生成有指导意义。

4. 实体空间要素变量与界面要素变量间的影响及规律

上文分别对构成传统街道空间"连续性"特征的实体空间要素与界面要素内部各变量间的相互影响关系进行了研究，对相互影响下的数值分布规律进行了总结。同时，本研究认为实体空间与界面要素变量之间也存在着不容忽视的联系，尤其是对界面要素来说，其持续的动态变化必然受相对稳定的实体空间要素影响很大。因此，对两者之间规律关系的探究就显得非常必要。

首先，利用SPSS进行变量间相关性计算（表4-7）。概率P-值小于0.050的相互影响变量为全部实体空间与沿河开敞度、街道宽度与店面透明度、整合度与店面透明度，这一结果表明这几组变量间存在较为明显的相关关系。而其他变量间概率P-值大于0.050，其表明其相关性较弱。由于变量的数据类型复杂，对其具体的数据分布规律和前文一样使用频数分

表 4-7 | 实体空间与界面要素变量间概率 P-值

实体空间与界面要素变量间概率 P-值				
	街道宽度	建筑高度	建筑面宽	整合度	相对深度
店面面宽	0.276	0.272	—	0.045	0.342
店面透明度	0.046	0.692	0.632	0.060	0.093
沿河开敞度	0.000	0.002	0.031	0.010	0.001
店面功能	0.539	0.658	0.639	0.058	0.095

布散点图进行研究。

利用散点图对具有相关性的变量的具体数值分布规律进行研究。从街道宽度与店面透明度的散点图中可以看到（图4-14a），不同街道宽度区间范围内分布的店面透明度存在很大差异，并在总体上呈负相关关系，即街道越宽店面透明度越低。具体来看，当街道宽度在6.5~8.5 m时，34.39%的店面立面为传统型立面；当街道宽度在4.5~6.5 m时，店面以透明型立面为主，占这一区间内店面总数的69.14%；而开敞型立面集中在2.5~4.5 m的街道宽度区间内，占比61.67%；封闭型立面则由于总数较少，其分布呈现随机性。街道宽度与店面透明度之间较为明确的对应关系同样能够为设计提供指导。

街道宽度与沿河开敞度之间也有着一定的对应关系。平江路的沿河开敞情况分为开敞、由树木造成的半开敞和由建筑造成的全部遮挡三类。由图4-14b可以看到，"半遮挡"情况下的街道宽度分布区间最为集中，53.91%集中在4.5~8.5 m间，其随着街道宽度的变大在每个区间内所占的比重逐步变大，在最大的三个区间内占比分别为37.51%、42.90%、100.00%，这表明街道越宽沿河一侧出现植物的可能性越大。可以认为，一方面，利用景观布置可以解决街道尺度过大的问题，由此给人适宜的空间感受；另一方面，由树木景观构建的丰富界面和较高的空间围合感有助于形成节点处的人流聚集。

图 4-14 | 频数分布散点图

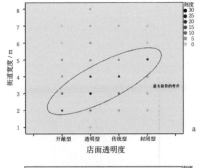

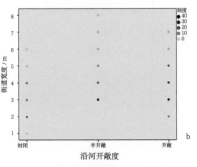

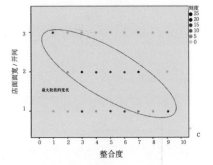

店面面宽与整合度间的频数分布散点图表明（图4-14c），平江路的商铺面宽集中在4~8 m之间，即1~2个开间；随着整合度变大，不大于1个开间的店铺数量占比逐步下降，而2个及以上开间的店铺数量逐渐增多，形成店面面宽远离节点而逐渐变小的规律。这一特征在实地表现为节点处通常出现多开间店铺，街道节点处店铺面宽较大，多为6~10 m（2~3个开间），且通常与建筑面宽一致；街段中间位置多为单开间店铺，由于其单个建筑面宽较大，而店面面宽多为被分割后的单个开间。因此，在传统街道空间涉及店面的更新和选择中，也需要遵从现有街道的尺度变化规律。出现需要重建的建筑时，节点处以6~10 m面宽的大体量店面为宜，而远离节点时则以4 m左右面宽的小体量店面为主。

5. 要素变量间的综合分析

上文对构成街道空间"连续性"特征的两类要素间各变量相关程度进行探究，使用相关分析的方式得到了相应的数值影响方式和变化特征规律。然而，从结果来看这种方式也存在着一定的弊端，一个变量通常会与多个变量产生联系，这些变量的共同影响才能完整构成连续性特征中一个变量的变化规律，而目前使用的分析方式集中于单个变量的作用，对这种多变量形成的综合影响难以做出评价。这一不足在界面要素中变量数据规律的分析获取中尤为明显，影响界面要素变量的因子种类繁多，仅依靠两两之间的关系难以进行综合的判断。为此，下文拟采用回归分析的方式，对一个变量所受的各影响变量的具体作用关系做出综合评价。

以店面透明度为例，根据前文的相关分析可见，店面面宽、店面功能、相对深度、整合度等变量均会对其造成影响。前文还对变量与店面透明度间的数值变化规律进行了研究，为了进一步分析变量的综合影响，在SPSS中使用强制进入的回归分析方式，使各个变量均进入方程。回归分析所得的拟合方程拟合度$R_2 = 0.498$，概率P-值为0.000，由于显著性水平α为0.050，可以认为解释变量与被解释变量间存在明显的线性关系。得到的方程为：

$$dV_T = 1.016 + 0.112 \times W - 0.008 \times D + 0.116 \times V_F$$

式中：V_T为店面透明度，W为店面面宽，D为街道宽度，V_F为店面功能。

利用上式计算理论透明度与真实透明度间的差值，其结果如图4-15所示。图中理论透明度与真实透明度的差值为0时，这表明其与真实情况相同，这种情况占比为65.29%。此外，理论透明度值以数值2（透明型）、3（传统型）为主，与现实情况的透明度占比相一致。综合看来，所得店面透明度回归方程的结果具有一定的合理性，可以作为界面设计更新的辅助参考。

使用相同的方法分别将其他变量与影响变量间的相互关系进行研究，可达性方面统一只

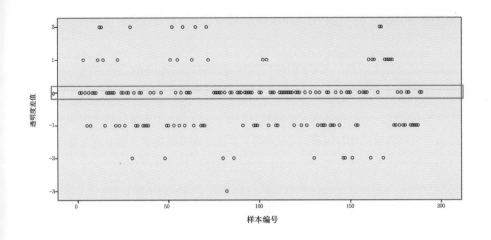

图 4-15|
理论透明度与真实透明度差值结果

取整合度进入回归方程计算，所得结果分别为：

$$dVo = 0.692 + 0.027 \times D - 0.439 \times RA$$

$$dV_{sw} = 2.026 + 1.469 \times V_T - 0.120 \times V_F + 2.660 \times RA$$

$$dV_F = 2.429 + 0.316 \times V_T - 0.027 \times V_{sw}$$

式中：Vo为沿河开敞度，D街道宽度，RA为整合度，V_{SW}为店面面宽，V_T为店面透明度，V_F为店面功能。

利用回归分析在构成街道空间"连续性"特征的变量与其多个影响变量之间建立了较为全面、综合的理想化数学关系。当一个或多个影响变量值产生变化时，利用回归公式可以快速计算得到变化后的被影响变量数值，并根据预先设定的空间特征数值对应关系做出转译，确定变化后的具体界面形式，其结果对具体实践有着很好的参考意义。

通过对构成传统街道空间"连续性"特征要素相关性变量的分析，研究其相互影响规则和变量在数值上的变化规律，并利用回归分析工具进一步构建变量的数学模型，使相互间的关系得到直观显现。然而，目前的研究只是变量之间的分析，尚未对各变量与总体街道空间"连续性"特征间的贡献关系进行描述。而且，目前分解出的空间"连续性"构成变量数量多，相互之间又带有一定的重叠和相关性，使用常规方式进行分析存在计算量大等诸多问题。为此，下文采用降维的思路，使用因子分析法提取出变量间的共有信息，这一方法能够在削减变量个数的同时避免信息的大量丢失，降低计算维度和计算量，最终构建出平江路街道空间"连续性"特征的一般性数学模型。

使用因子分析前首先需要判断其是否适用，可以借助变量的KMO值和巴特利特球度检验值进行判断。结果显示，巴特利特球度检验的统计量概率P-值为0.000，显著性水平α为

0.050，同时KMO值为0.650，大于0.600，根据KMO的度量标准可以认为原有变量适合进行因子分析。

由表4-8a的解释总方差可得，用4个因子可以较好地解释68.48%的"连续性"特征，可以认为现有变量能够合并简化为4个综合因子。由系数矩阵可知（表4-8b），第1主因子主要反映整合度与相对深度，可以命名为"可达性"因子；第2主因子主要反映建筑面宽与店面面宽，可以命名为"界面尺度"因子；第3主因子主要反映店面功能、店面透明度与沿河开敞度，可以命名为"界面表征"因子；第4主因子主要反映街道宽度与建筑高度，可以命名为"空间尺度"因子。利用因子得分系数矩阵得到各因子得分的函数：$F_1 = -0.500 \times$ 整合度 $+ 0.500 \times$ 相对深度，$F_2 = 0.540 \times$ 店面面宽 $+ 0.570 \times$ 建筑面宽，$F_3 = 0.440 \times$ 功能值 $+ 0.450 \times$ 透明度值 $+ 0.510 \times$ 开敞度值，$F_4 = 0.600 \times$ 街道宽度 $+ 0.610 \times$ 建筑高度。

以各因子在解释总方差中的方差贡献率占4个因子总方差贡献率的比重作为权重进行加权汇总，得出街道空间"连续度"特征的综合得分F：

$$F = (0.220 \times F_1 + 0.170 \times F_2 + 0.150 \times F_3 + 0.150 \times F_4) / 0.680$$

表4-8
因子提取结果

解释总方差									
成分	初始特征值			提取载荷平方和			旋转载荷平方和		
	总计	方差(%)	累计(%)	总计	方差(%)	累计(%)	总计	方差(%)	累计(%)
1	1.987	22.047	22.074	1.987	22.047	22.074	1.966	21.845	21.845
2	1.540	17.111	39.185	1.540	17.111	39.185	1.517	16.860	38.705
3	1.352	15.017	54.202	1.352	15.017	54.202	1.354	15.042	53.747
4	1.285	14.282	68.484	1.285	14.282	68.484	1.326	14.738	68.485
5	0.934	10.376	78.860						
6	0.845	9.391	88.251						
7	0.600	6.667	94.918						
8	0.411	4.562	99.480						
9	0.047	0.520	100.000						

a 因子解释原有变量总方差的情况

成分得分系数矩阵				
	成分			
	1	2	3	4
街道宽度	−0.015	0.057	0.101	0.599
建筑高度	−0.004	0.072	−0.110	0.609
整合度	−0.501	−0.004	−0.017	0.019
相对深度	0.502	0.035	−0.014	−0.005
店面面宽	−0.026	0.539	0.154	−0.041
建筑面宽	0.062	0.567	0.183	0.066
店面功能值	−0.003	−0.034	0.443	−0.029
店面透明度值	0.038	0.162	0.449	0.088
沿河开敞度值	0.030	0.119	0.514	0.107

b 因子得分系数矩阵

由此得到的平江路街道空间"连续性"特征表达式表明，F_1"可达性"因子对空间"连续性"的贡献最大，对构成"连续性"特征起到最为重要的作用，其余因子的贡献大致相当。对于街道更新而言，需要在考虑"可达性"因子的基础上再考虑空间尺度和界面等因素的影响。

公式的计算结果反映平江路街道空间"连续性"特征的情况，其数值可以作为评判现有总体"连续性"空间特征和每个因子特征的依据。为此，在利用公式获得每个取样点上的"连续性"得分后，按照前文所分10个街段分别计算各街段的"连续度"特征综合得分F和各个因子得分F_1、F_2、F_3、F_4，用以研究各街段的空间"连续性"情况，并对得分异常的街段进行分析（表4-9）。

街段	F	F_1	F_2	F_3	F_4
1	7.22	10.07	7.80	2.26	6.86
2	7.18	8.63	7.86	2.54	8.45
3	6.63	6.46	8.42	2.52	8.51
4	6.72	8.67	6.46	2.64	7.82
5	5.76	7.01	5.73	2.83	6.50
6	6.77	8.13	9.04	2.56	5.97
7	6.92	7.34	9.51	2.46	7.38
8	6.39	6.96	10.33	1.90	6.62
9	6.28	8.21	8.20	2.63	4.51
10	7.20	8.01	9.79	3.45	6.34

以街段7、街段8为例对其综合得分与各个因子得分进行分析。从综合得分看，街段7得分高于街段8，但两个街段的得分与多数其他街段值相接近，因子得分的差异主要体现在F_2、F_3、F_4上。F_2主要表征界面尺度，结合2个街段的立面能够发现，街段7的店面面宽变化较多，且与建筑面宽本身的一致性为92.86%，这一方面造成了店面面宽与街道宽度比值大于1的情况出现情况变多，从而使一种富有生气的连续的街道体验受到影响；另一方面为了使店面面宽与街道宽度比值适宜，街段7的街道宽度变大，其平均值为8.60，远大于街段8的5.51，分析认为这也是造成F_4"空间尺度"的得分偏大的主要原因。而街段8则明显以单个面宽的店面为主，店面面宽与街道宽度比值小于1的比例反复出现，给人带来良好的商业氛围（图4-16）。因此，可以考虑在街段7未来的界面更新中对街段中间位置的建筑面宽做出一定的二次分割，或在街道宽度较大处利用景观等做出空间上的二次划分，以形成合适的面宽和街道的尺度。

F_3主要表现界面特征，由店面

功能、店面透明度与沿河开敞度构成。通过分析，2个街段在店面功能与店面透明度上相差较小，而在沿河开敞度中差异明显。由立面图4-17可以看到，街段8中在50%的长度中出现建筑-街道-建筑的空间结构，其沿河开敞度受到建筑的阻挡，也就造成了数值上的差异。然而这种差异并不应该被认为是不合适的，尽管从数值上看空间的"连续性"受到了影响，但正是由于差异的产生，打破了平江路的既有空间特征，给人以不同的空间感受和空间趣味性。

图 4-17｜街段 7 和 8 立面展开图

4.2.4 结论与讨论

本节通过实地调研和数据分析，揭示出实体空间要素和界面要素在构成传统街道空间"连续性"特征中均发挥了重要作用，且构成2个要素的变量间也有着相互联系。下文通过对这些要素间联系结果和所得公式的进一步归纳、分析与综合，有助于更好地理解其中变量间的影响作用，并思考其在指导实践中的具体作用。

从街道空间的层面看，实体空间要素构成了街道的基本形态特征，其变量指标确定了基本的街道形态数值范围，对"连续性"起到控制作用。平江路中传统建筑高度为1~2层，1层建筑的平均高度为3.18 m，2层建筑的平均高度为5.89 m；街道宽度的变化较大，其平均值为7.04 m，这一宽、高尺度均大于一般的传统街道。影响街道实体空间绝对尺度的主要要素是以可达性为主的相对位置，可达性值的改变引起街道宽度数值变化。平江路上可达性每增减一级，街道宽度有约0.15 m的变化。这一变化进一步反映到建筑尺度上，保证了空间尺度的适宜。分析认为，平江路单侧临河的空间结构是导致空间绝对尺度大于一般传统街道的主要原因。另外，平江路中单个开间值在4 m左右，与《营造法原》中的记载接近。在相互影响关系上，建筑高度与建筑面宽的比例关系符合"面宽一丈，柱高八尺"的传统建筑做法，街道宽度与建筑高度的比值根据可达性的不同介于1~2之间。可以看到，街道空间尺度在绝对值上较大，但在相对尺度上仍遵循现有规律，并可以根据实际调研数据得到进一步的细化。相对尺度的稳定是保留传统街道的空间特征原因之一。从实践上看，实体空间层面的传统街道更新以建筑修补为主，主要涉及建筑高度、建筑宽度等指标，虽然不同街道在绝对尺度中各不相同，可以以相对尺度规律作为参考，依据比例关系较好地完成街道空间的更新修补。

相关分析的结果表明，界面要素单个变量受到其他变量的影响较多，且往往会与多个变量有着紧密的联系，给其规律的获得造成了难度。上文在对每对变量间的数值影响规律做出研究的基础上，利用回归分析的方式建构了界面要素变量和其影响变量间的综合的数学关系，使其对相互间影响有更直观的认识。

店面面宽、店面透明度和店面功能3个变量之间互相作用。以店面透明度作为因变量，上文中得到其与自变量间构成的回归公式为：

$$dV_T = 1.016 + 0.112 \times W - 0.008 \times D + 0.116 \times V_F$$

式中：V_T为店面透明度，W为店面面宽，D为街道宽度，V_F为店面功能。

当店面面宽、店面功能与街道宽度确定时，公式对店面透明度的计算结果可以作为实际更新的参考依据。同时，公式中店面面宽与店面功能的贡献程度相当，街道宽度的贡献相对较弱。可以认为，店面透明度受到店面面宽与店面功能的影响最为明显，而考虑到其贡献度相当，难以进行舍弃或优先考虑，在这种情况下利用公式得到的结果就会显得较为方便和直接。

店面面宽与相关影响因子的回归方程为：

$$dV_{sw} = 2.026 + 1.469 \times V_T - 0.120 \times V_F + 2.660 \times RA$$

式中：V_{SW}为店面面宽，V_T为店面透明度，V_F为店面功能，RA为整合度。

利用这一公式可以直观地确定一定位置和功能下合适的面宽尺度。由公式也可以看到，店面面宽与整合度间的联系最为紧密，其次为店面透明度与建筑功能，各因子均为正相关，这表明街道结构对于尺度方面的"连续性"影响依然最为直接和显著。

沿河开敞度和实体空间要素中的整合度、街道宽度之间存在着联系，可以认为是一个较少产生变化的界面变量，得到的回归方程为：

$$dVo = 0.692 + 0.027 \times D - 0.439 \times RA$$

式中：Vo为沿河开敞度，D为街道宽度，RA为整合度。

公式中整合度的贡献程度最大且与街道宽度的贡献程度相差很大，这表明沿河开敞度受"可达性"影响最为明显，开敞度的差异更加受到位置而非街道绝对宽度的影响。在一般情况下，可以简化为仅从整合度的角度分析沿河开敞情况的变化规律。从上文的分析中得出，在街道节点等空间较为开敞、整合度较高的位置，沿河一侧出现来自树木遮挡的情况更多。分析其原因在于传统街道在空间演进过程中利用景观在尺度较大的位置上形成较好的围合感和合适的空间尺度感受，利用这一方式有助于人的停留和聚集。这为传统街道更新中的景观设置提供了有意义的参考，同时也在景观与街道空间的塑造上建立起了联系。

进一步地分析由因子分析建立的关于街道空间"连续性"特征的数学模型，这一模型是对各个变量与"连续性"特征关系的全面表达。对平江路来说，各个因子的系数表明"可达性"对空间"连续性"特征的作用最强。而"可达性"是对街区系统中便捷程度与公共性的反映，其在数值上反映为一种连续的波动，显然这种波动是由街道结构引起的。传统街道每间隔20~30 m出现的节点带来了这种"连续性"特征的变化。这一因子贡献率的不同指出了在恢复整体街道空间"连续性"特征时的关注重点，即对于空间结构的修补应该是第一位的，因其对"连续性"认知有着首要作用；其次是在街道尺度、界面尺度和表征等方面的恢复，这对"连续性"认知有着重要作用。也可以认为，街道空间中最先形成的因素在空间认知中扮演最关键的角色，而经常改变的变量则相对影响较小。在此基础上，如上一节所述利用得到的具体数值进行空间特征的评判和修复。

4.3 在蜀山古南街的设计应用

上文的调研与分析结果表明，运用数据的方式研究街道空间特征规律可以更为直观地反映出空间特征的变化和影响规律，具有可行性。而从平江路上获得的"连续性"空间特征数据化规律，也可以直接地或在转化后运用到古南街街道空间更新上。

对古南街的更新可以从对传统空间感知影响最大的空间结构入手，实现传统街道空间特征的恢复，再寻求空间尺度与界面层面的"连续性"修复，确立从"空间结构"到"空间尺度与界面"的操作逻辑。首先对原有传统街道空间结构进行恢复，通过疏通和恢复其鱼骨状的道路结构，实现"可达性"层面的规律变化，形成这一层面上的空间"连续"。其次，在此基础上对"街道空间尺度与界面"进行恢复，可以使用目前研究成果中构建出的构成要素变量间的相互关系，将平江路上所获得的相对尺度数据和实体空间的尺度关系及变化规律作为参考，结合古南街本身的空间尺度，对实体空间层面进行整治与提升。而在界面要素方面，重点考虑实体空间要素对界面相关变量的影响。例如，在确定古南街所需要的店面功能和店面透明度范围后，可以参照上文中对这两个变量产生影响的变量，以及得到的回归公式计算获得参考的店面功能或店面透明度取值，结合实地情况和具体要求加以取舍。对于由因子分析建构的平江路空间"连续性"特征一般性数学模型，可以运用到古南街类似的空间关系街段中，例如在蠡河两岸的空间更新设计中，其尺度和结构均与平江路有相似之处，一般性数学模型运用的计算结果能够直接起到一定的指导作用。

利用上文中的结论对街区内的对象进行实验性的街道更新设计，并对上文获得的结论进一步地在实地应用中加以验证。考虑到不同的街道结构和尺度特点在运用现有结论中的差异性，找到与平江路类似的街道进行参照研究最为合适，本节选取古南街历史文化街区内蠡河西岸的蜀山街作为设计对象。古南街南侧与东坡东路相接，交通较为便捷，现为单侧临河的人车混行街道，街道平均宽度为7.26 m，以1~2层的民居建筑为主，从街道剖面结构和尺度来看和平江路具有相似性，相关结论可以较好地得到利用。目前街道内多为近年来改造后的民居建筑，部分为保留下来的传统建筑，整体上与传统风貌差距较大；功能上以普通居住为主，另有部分零售和工艺品售卖，整体功能较为单一，也缺乏街道活力。根据导则的整体要求，蜀山街被确定为步行商业街道，其整体面貌要求在符合传统性的同时能够在功能性上满足街区未来的发展（图4-18）。

涉及的街道更新可以分为2个部分。首先是可能存在的街道"可达性"更新，这是因为上文的结论表明"可达性"所代表的传统街道结构对传统街道的"连续性"认知最为重要；其次，利用现有结论和数学模型，选择一个街段对界面和实体空间尺度两方面进行重点的更新设计，在设计之初需要确定建筑功能和立面材质范围。

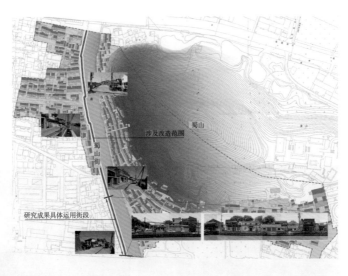

图4-18│古南街现状及研究对象位置

由现有的调研数据可得，蜀山街每16 m左右有一处支路并随之形成节点，与一般的间隔范围相似，其可达性指标值整合度和相对深度呈现周期性变化的规律，表明蜀山街的街道"可达性"良好（图4-19）。进一步地，选取街段进行界面和实体空间尺度两方面的更新设计。

在界面部分的更新上，首先确定蜀山街需要的功能和界面材质类型。蜀山街未来功能分为餐饮（餐厅、茶馆等）、食品（小吃等）、工艺品、文化休闲（书店、曲艺等）4类，界面材质分为传统型、透明型、开敞型3类，其赋值均按照前文进行。对界面的更新须围绕功能展开。可以看到，现有街道中的沿街建筑一部分已经存在工艺品等相关功能，对其界面更新可以由已有结论获得，其公式为：

$$dV_T = 1.016 + 0.112 \times W - 0.008 \times D + 0.116 \times V_F$$

式中：V_T为店面透明度，W为店面面宽，D为街道宽度，V_F为店面功能。

以图4-20a的建筑为例，其计算结果$dV_T = 2.39$，所得到的立面类型结果可以认为是2，即透明型立面，故其设计参考立面如图4-20a下图所示。而对于尚无功能的建筑来说（图4-20b），首先需要确定其功能。上文的分析认为，功能受到建筑面宽的直接影响，而所举例的建筑面宽为2个开间，故其可能的功能分别为工艺品或文化休闲两类，根据公式计算得到结果分别可以对应立面类型为透明型或传统型，由此获得的参考立面如图4-20b下图所示。用以上的方式可以确定街段内的其余建筑，由此获得可能形成的立面更新方式（图4-21）。

此外，运用沿河开敞度公式

$$dVo = 0.692 + 0.027 \times D - 0.439 \times RA$$

式中：Vo为沿河开敞度，D为街道宽度，RA为整合度。

可以计算蜀山街沿河界面的开敞变化规律，并在必要的位置做出设计，改变沿河开敞度。在这一街段内的计算结果显示，北侧靠近节点处的值dVo接近2，这表明这些位置需要

图 4-19 | 古南街空间可达性的整合度（左）和相对深度（右）

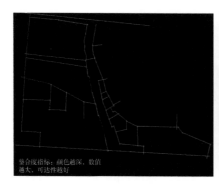

整合度指标：颜色越深、数值越大，可达性越好

相对深度指标：颜色越深、数值越大，可达性越差

A解码 | 历史地段保护与更新中的数字技术

现状立面——保持现有功能

现状立面——植入新功能

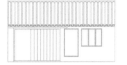

图 4-20｜古南街界面更新单体建筑方案

改造后立面——透明型，开店　改造后立面——透明型，闭店

改造后立面——工艺品功能，透明型　改造后立面——文化休闲功能，透明型

a　　　　　　　　　　　　　　　　　　b

图 4-21｜古南街界面更新街段方案

对沿河开敞度进行改变。具体来看，这些位置的空间尺度相对较大，因此，可以如平江路一样利用植物形成半开敞空间，设计效果如图4-22所示。

　　利用蜀山街的一个街段进行的更新设计，验证了上文所获得相关分析结论在实际应用上的可行性，并可以以此进一步对蜀山街整体的空间尺度和界面做出更新。需要指出的是，在完成整体的蜀山街甚至古南街历史街区的传统街道空间"连续性"更新后，需要利用数据分析的方式把握其空间构成特征规律，建立起符合自身空间特征的一般性数学模型，才能实现有序指导未来街道空间尺度与界面更新的目标，达到可持续性地自主更新。

　　结合前文对因子分析的实地运用，可以认为相关分析和因子分析计算公式的结果可作为评判传统街道空间"连续性"特征的重要依据，其优势在于将对于街道空间"连续性"的抽象描述转化为具体的数字，将复杂的特征和繁多变量进行简化，直观地分析构成空间特征因子的优劣，更为方便地明确设计方向，为街道更新提供具体的参考设计手法，完善街道空间"连续性"特征。

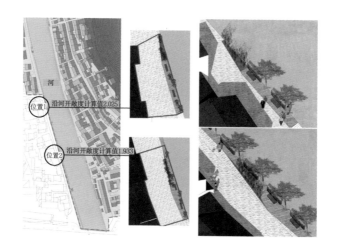

图 4-22 | 箱型图提取异常值结果

位置1

沿河开敞度计算值2.025

河

位置2

沿河开敞度计算值1.933

而对其他类似街道而言，由于空间本身的尺度结构迥异，直接的数值运用必然难以实施，但上文结论总结得到的一般规律性内容仍然可以成为构建街道空间"连续性"特征的重要参考，例如对于街道更新而言，首先需要考虑"可达性"方面的影响，在此基础上再考虑空间尺度和界面等因素对"连续性"特征的影响等等。

需要指出的是，从上文的分析也可以看到，单纯通过客观的得分判断街道空间"连续性"特征良好有着其局限性，在未来的研究中可以将其与人工打分相结合，以获得最合适的得分取值范围。

4.4 本章小结

传统街道是我国建筑和城市发展中的瑰宝，对历史文化资源的逐步重视促使近年来相关研究和保护工作持续展开，其研究范围涉及从政策、法规到设计手段的各个层面。本文的研究即起始于传统街道的实际工程项目，项目所涉及的宜兴市丁蜀镇古南街是一条典型的江南地区传统街道，同样面临着保护与开发的双重压力。研究对项目的设计思路、方法和实施情况进行了阐述与总结，并对现有设计方式的不足之处做出了反思。项目提出以相关保护更新导则作为基础，选择典型对象实施和引导的设计思路，尽管其有效性可以得到保证，但在恢复一种完整、统一、连贯的街道空间"连续性"形态特征过程中，其缺陷也非常明显：空间保护更新手段和思路的取舍依赖设计师的主观经验判断；项目设计的效率不高，且缺乏通用性、可持续性的空间问题解决手段；不同人群对传统空间的认知存在差异，导致项目落地实施中的完成度出现问题等等。

面对这些问题，本研究希望提出一种理性的、通用的传统街道空间特征评判和设计方法。为此，首先对传统街道更新中的诸多问题和需求进行综合归纳，找到其最常涉及的空间特征，明确从传统街道空间"连续性"特征入手，将传统街道空间"连续性"特征分解为"实体空间要素"和"界面要素"2部分，并进一步分解为构成2个要素的9个变量。其次选择优秀街道更新案例——平江路作为研究和数据提取对象，提取其相关变量数据，并结合数据统计理论和SPSS软件对空间特征变量进行数据化的提取和分类，利用相关分析、回归分析等方法研究其变化规律和相互影响规则，并以此提取共同因子，形成基于空间构成变量数据的平江路街道空间"连续性"特征一般性数学模型。最后，对一般性数学模型在实际的街道空间上进行了尝试，分析和总结了实际的运用可能性和场景。

本研究的创新点主要有两点。其一，在既有文献的基础上，进一步将传统街道空间特征分解为2大要素和若干变量，提出了解决街道空间特征庞杂、难以描述的问题的一种方式，使空间特征能够更为直观、有效地得到分析探讨；其二，将统计学的有关分析原理运用到对空间特征规律的研究中，发现了变量间在数学上的相互影响规则和影响方式，并以此构建了空间特征"连续性"规律的一般数学模型，将对空间的评判和更新演化为数学问题，利用数学模型的结果选取合适的空间更新方式，探索了一种建构空间特征和进行空间更新的方式。

不可否认，目前的研究中还存在着一些不足。第一，街道空间相关特征变量选取的全面性有待研究，如何更全面地衡量空间特征需要进行进一步的思考。第二，在相关街道特征数据的获得方式上仍然依靠人工获取的方式，费时费力。未来的研究中可以尝试加入三维扫描和无人机测绘等相关技术，并结合已有的地理信息技术，以期更为高效、精确地获取数据。第三，尽管选择了优秀的传统街道案例，但样本量仍不够丰富，对江南地区不同街道形态和空间特征下的空间特征数据分析也显得不足，在未来的研究中可以选取更多不同类型的传统街道进行研究，进而总结出各因子的加权数据，建立更具一般性的、多场景的街道空间特征数学模型。第四，目前建立的数学模型依然比较复杂，对非专业人士在理解和运用上有着困难。希望在未来的研究中能将现有的数据结论与相关软件相结合，做到选择相应的变量即生成合适的、具有可操作性的更新方案，直接面对现实的设计场景，以实现对于现有街区中部分建筑、空间的可视化、互动式重建，达到街道空间更新的目的。

本研究利用数据分析的方式，对传统街道空间规律探索中运用的可行性做了研究，对街道空间特征关系做了初步探索，初步建立了针对特定街道空间"连续性"特征的一般性数学模型，对江南地区传统街道的更新保护和设计模式选取有着一定的借鉴意义。希望在未来的研究中能对目前存在的问题与不足做出更为全面、系统的探索，以期为传统街道空间的保护和更新提供借鉴与参考。

注释、参考文献和图表来源

注释

1 林奇. 城市意象[M]. 2版, 方益萍，何晓军, 译. 北京: 华夏出版社, 2011.
2 陈亮, 黄宇频. 对中国传统街道空间的解读[J]. 建筑与环境, 2007, 1(2): 4-6.
3 童乔慧. 澳门传统街道空间特色[J]. 华中建筑, 2005, 23(S1): 103-105.
4 肇新宇, 孔令龙. 传统街区街道空间解析[J]. 山西建筑, 2008, 34(6): 31-32.
5 克里尔. 城市空间[M]. 上海: 同济大学出版社, 1991.
6 西特. 城市建设艺术: 遵循艺术原则进行城市建设[M]. 仲德崑, 译. 南京: 东南大学出版社, 1990.
7 芦原义信. 街道的美学[M]. 尹培桐, 译. 天津: 百花文艺出版社, 2006.
8 方智果, 章丹音, 熊承霞. 基于近人空间视角的街道界面功能连续性指标研究[J]. 新建筑, 2017(5): 116-121.
9 朱自煊. 屯溪老街历史地段的保护与更新规划[J]. 城市规划, 1987, 11(1): 21-25.
10 阮仪三, 顾晓伟. 对于我国历史街区保护实践模式的剖析[J]. 同济大学学报(社会科学版), 2004, 15(5): 1-6.
11 林林, 阮仪三. 苏州古城平江历史街区保护规划与实践[J]. 城市规划学刊, 2006(3): 45-51.
12 HARVEY C W. Measuring streetscape design for livability using spatial data and methods[D]. Burlington: University of Vermont, 2014.
13 盖尔. 人性化的城市[M]. 欧阳文, 徐哲文, 译. 北京: 中国建筑工业出版社, 2010.
14 尤因, 汉迪, 江雯婧. 测量不可测的: 与可步行性相关的城市设计品质[J]. 国际城市规划, 2012, 27(5): 43-53.
15 韩然屹. 基于知觉体验的城市街道空间演变研究: 以大连城市街道的建设发展为例[D]. 大连: 大连理工大学, 2012.
16 张军, 刘大平, 张雨婷. 基于需求差异的历史街区改造评价方法研究: 以横道河子镇历史街区为例[J]. 建筑学报, 2016(2): 66-69.
17 YE Y, VAN NES A Quantitative tools in urban morphology: combining space syntax, spacematrix and mixed-use index in a GIS framework[J]. Urban Morphology, 2014, 18(2): 97-118.
18 江苏省苏州平江历史街区保护整治有限责任公司. 苏州平江路: 水陆并行, 河街相邻[N]. 中国文化报, 2009-04-21(5).
19 东南大学城市规划设计研究院. 宜兴蜀山古南街历史文化街区保护规划[Z]. 南京: 东南大学, 2011.

参考文献

1 闻人军. 考工记译注[M]. 上海: 上海古籍出版社, 2008.
2 王建国. 中国城市设计发展和建筑师的专业地位[J]. 建筑学报, 2016(7): 1-6.
3 袁海琴. 西湖东岸城市景观规划: 西湖申遗之城市景观提升工程[J]. 城市规划通讯, 2010(15): 14-16.
4 徐磊青, 康琦. 商业街的空间与界面特征对步行者停留活动的影响: 以上海市南京西路为例[J]. 城市规划学刊, 2014(3): 104-111.
5 雅各布斯. 伟大的街道[M]. 王又佳, 金秋野, 译. 北京: 中国建筑工业出版社, 2009.
6 胡一可, 丁梦月. 解读《街道的美学》[M]. 南京: 江苏凤凰科学技术出版社, 2016.
7 方智果, 宋昆, 叶青. 芦原义信街道宽高比理论之再思考: 基于"近人尺度"视角的街道空间研究[J]. 新建筑, 2014(5): 136-140.
8 阮仪三, 刘浩. 苏州平江历史街区保护规划的战略思想及理论探索[J]. 规划师, 1999, 15(1): 47-53.
9 牛强, 鄢金明, 夏源. 城市设计定量分析方法研究概述[J]. 国际城市规划, 2017, 32(6): 61-68.
10 孙杰. 浅谈空间连续性[J]. 山西建筑, 2007, 33(28): 76-77.
11 薛薇. 统计分析与SPSS的应用[M]. 4版. 北京: 中国人民大学出版社, 2014.
12 NASAR J L, STAMPS A E III, HANYU K. Form and function in public buildings[J]. Journal of Environmental Psychology, 2005, 25(2): 159-165.

Λ解码┊历史地段保护与更新中的数字技术┊

13 张愚, 王建国. 再论"空间句法"[J]. 建筑师, 2004(3): 33-44.

14 段进, 希列尔. 空间句法在中国[M]. 南京: 东南大学出版社, 2015.

15 段进, 希列尔, 瑞德, 等. 空间句法与城市规划[M]. 南京: 东南大学出版社, 2007.

16 谭佳音. 我国历史文化街区动态保护模式的比较研究[J]. 安徽建筑工业学院学报(自然科学版), 2007, 15(5): 69-73.

17 同济大学国家历史文化名城中心. 苏州古城平江历史文化街区保护与整治规划[Z]. 上海: 同济大学, 2004.

18 姚承祖, 张至刚. 营造法原[M]. 2版. 北京: 中国建筑工业出版社, 1986.

19 徐磊青, 徐梦阳. 地块开敞空间的布局效率与优化: 以上海八个轨交商业地块为例[J]. 时代建筑, 2017(5): 74-79.

20 李欣, 程世丹, 李昆澄, 等. 城市肌理的数据解析: 以汉口沿江片区为例[J]. 建筑学报, 2017(S1): 7-13.

21 梁思成. 清工部《工程做法则例》图解[M]. 北京: 清华大学出版社, 2006.

22 沈添, 唐芃. 传统街道功能空间"水平维度"一般性模型建构方法: 以苏州平江路为例[C]. 全国高等学校建筑学专业指导委员会建筑数字技术教学工作委员会, 中国建筑学会建筑师分会数字建筑设计专业委员会. 数字·文化: 2017全国建筑院系建筑数字技术教学研讨会暨DADA2017数字建筑国际学术研讨会论文集. 南京, 2017: 7.

图表来源

图4-1　图片来源: 作者自绘

图4-2　图片来源: 苏州古城平江历史文化街区保护与整治规划

图4-3　图片来源: 网络

图4-4　图片来源: 作者自摄及自绘

图4-5　图片来源: 作者自绘

图4-6　图片来源: 作者自绘

图4-7　图片来源: 作者自绘

图4-8　图片来源: 作者自绘

图4-9　图片来源: 作者自绘

图4-10　图片来源: 作者自绘

图4-11　图片来源: 作者自绘

图4-12　图片来源: 作者自绘

图4-13　图片来源: 作者自绘

图4-14　图片来源: 作者自绘

图4-15　图片来源: 作者自绘

图4-16　图片来源: 作者自绘

图4-17　图片来源: 作者自绘

图4-18　图片来源: 作者自摄

图4-19　图片来源: 作者自绘

图4-20　图片来源: 作者自绘

图4-21　图片来源: 作者自绘

图4-22　图片来源: 作者自绘

表4-1　表格来源: 作者自绘

表4-2　表格来源: 作者自绘

表4-3　表格来源: 作者自绘

表4-4　表格来源: 作者自绘

表4-5　表格来源: 作者自绘

表4-6　表格来源: 作者自绘

表4-7　表格来源: 作者自绘

表4-8　表格来源: 作者自绘

表4-9　表格来源: 作者自绘

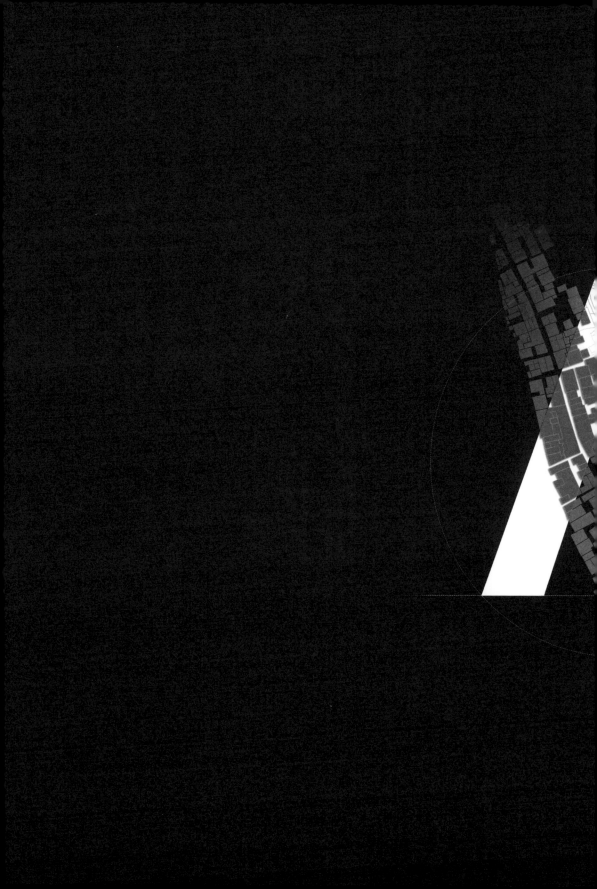

第五章　基于分形理论的公共空间尺度层级量化

IERARCHICAL QUANTIFICATION OF PUBLIC SPACE SCALE BASED ON FRACTAL THEORY

CHAPTER 5

5.1 概述

5.1.1 分形几何与分形维数

1. 分形几何（Fractal Geometry）

分形几何以及分形维数可以用来定量化描述复杂又不规则的形态，像海岸线类似不规则的复杂图形属于分形几何。分形几何就是以自然界这些复杂形态为研究对象的几何学，它在广义上将大自然理解为具有无限迭代层级的复杂结构体。分形具有高度的自相似性，也就是将分形的局部放大后总是呈现出与整体图形相似的形态特征。例如经典的Sierpinski三角形（图5-1）以及科赫曲线（Koch Curve）等放大局部之后总是呈现出与整体相似的形态；又例如完整的海岸线和其中一部分总是具有极大的相似性（图5-2），一条小溪流岸边的侵蚀看上去就像更大规模的海洋岸边侵蚀的曲线按比例缩小的形态，这就是分形所具有的自相似性。具有自相似性的分形不断迭代下去，因此无法在整数维度范围内度量出精确的长度[1]。但其前提是，在具体的理性研究过程中，通常对所研究的形态做了必要的理想化假设，即假定海岸线是百分百符合分形规律的，假定其在各个层级上满足自相似性。

分形维数（Fractal Dimension，即分维值）用来衡量分形的复杂程度。对于分形来说，分形维数的意义并不在于测量出一个精确的长度，如上文所述，在二维的范畴内精确的长度是无法被测量出来的。分形维数的意义在于反映出分形的形态特征，描述其对空间的填充程度。王辰晨在《基于分形理论的徽州传统民居空间形态研究》中提到，分维值是用来描述分形在空间中变化所需的不同独立方向上的变量个数[2]。这与前文提到的整数维的数学定义相同（图5-3）。

图 5-1
Sierpinski 三角形

图 5-2
海岸线局部

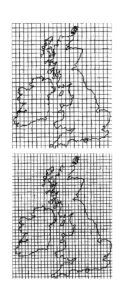

图5-3｜
用几何维数法测量英国海岸线的分形维数

对于规则的分形来说，整数维度的计算公式可以拓展到非整数维。对函数 $N = ld$ 两边取对数，可表达为如下公式：

$$d = \ln N / \ln l$$

d 的取值可以拓展为非拓扑维，即分维。以经典的分形科赫曲线为例，将局部放大三倍后，得到与原来的图形4倍大的新图形，则科赫曲线的分维 $d = \ln 4/\ln 3 = 1.26$（图5-4）[2]。

5.1.2 传统建筑聚落的空间形态

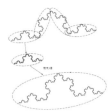

图5-4｜
科赫曲线的分维计算

关于聚落的研究，在中国的现当代时期可追溯到1930年代刘敦桢先生对于传统民居的调查。到了1990年代，东南大学建筑系主持著写徽州古建筑丛书之《棠樾》[3]《瞻淇》[4]《渔梁》[5]等专著，通过田野调查的方式真实地记录了徽州典型民居。国外的相关研究如日本学者藤井明（Akira Fujii）采用文化人类学的方法，通过实地调研记录聚落形态[6]。再如原广司（Hiroshi Hara）在1970年代开始对世界聚落进行调查，形成了《世界聚落的教示100》[7]。以上成果均成为后续研究的宝贵资料。

在实地考察的基础上，学者们结合村落历史、社会因素、生产生活习惯等方面开展关于聚落空间形态和演进机制的研究。在空间形态方面比较有代表性的有：彭松在《从建筑到村落形态——以皖南西递村为例的村落形态研究》中研究了西递聚落单体以及整体聚落形态[8]；王依涵等在《历史文化村落肌理的保护与延续——以浙江丽水为例》中研究了浙江聚落的空间肌理及生长规律[9]；丁沃沃等在《苏南村落形态特征及其要素研究》中总结了聚落的形态规律、空间特征，归纳出村落的形态要素，指出道路的交叉情况直接影响了聚落的空间形态[10]（图5-5）；李斌等在《中原传统村落的院落空间研究——以河南郏县朱洼村和张店村为例》中解读了院落组合方式与街道空间和空间肌理之间的关系[11]；段进等在《世界文化遗产西递古村落空间解析》中对徽州聚落进行了规律性解读[12]；靳亦冰等在其《撒拉族乡村聚落空间形态特征解析》中选取全国唯一的撒拉族自治县青海省循化县境内的撒拉族乡村聚落为主要研究对象，通过对其乡村聚落空间格局成因、构成要素和空间演变规律进行分析，归纳总结其空间形态特征以及与民族文化之间的内在联系[13]（表5-1）。

在演进机制方面比较有代表性的有：傅娟等在《广州地区传统村落历史演变研究》中对广州清朝至民国期间聚落的发展演进进行阐述[14]；卓晓岚在《潮汕地区乡村聚落形态现代演变研究》中从三个历史时段对朝鲜聚落空间演化进行分析[15]；孙晓曦在《基于宗族结构的传统村落肌理演化及整合研究——以宁波市韩岭历史文化名村为例》中结合社会宗教等因素

a 汤墅村　　　　　　　　　　b 金村老村　　　　　　　　　　c 金村苑小区

图 5-5｜聚落道路交叉口情况

表 5-1｜撒拉族乡村聚落空间形态分类

所占调研个数比	棋盘状聚落 5/26	扇形聚落 3/26	网格状聚落 7/26	复合型聚落 11/26
村落建成历史	清代末期到中华民国	清代	清代（100年以上）	明清时期（100年以上）
村落规模及结构	规模较大，以"阿格乃—孔木散"为组织结构，兼有现代规划结构	规模小，以"阿格乃—孔木散"为组织结构，但破坏较大	规模较大，以"阿格乃—孔木散"为组织结构	规模大，以"阿格乃—孔木散"为组织结构，多以"工"形为原形
民族文化传承依存	民族文化再造现象普遍，受现代化影响较深	受现代化影响	民族文化主要以非物质文化遗产形式传承，辅有传统建筑	活态开展，历史建筑、非物质文化遗产丰富
传统风貌状况	"阿格乃—孔木散"结构连接不明显，传统风貌保存较完整	平面形态上以"阿格乃—孔木散"结构连接的形态不明显，传统风貌破坏较大	平面形态上以"阿格乃—孔木散"结构连接的形态较明显，传统风貌保存较完整	平面形态上以"阿格乃—孔木散"结构连接的形态较明显，传统风貌保存完整
民族文化影响的主要空间类型	宗教空间 公共墓地（祭祀空间） 街巷空间（寒都） 院落空间 水渠	宗教空间 公共墓地（祭祀空间） 街巷空间（寒都） 院落空间	宗教空间 公共墓地（祭祀空间） 街巷空间（寒都） 院落空间	宗教空间 公共墓地（祭祀空间） 街巷空间（寒都） 院落空间 水渠
图例	积石镇老城区 棋盘状聚落空间形态结构示意	积石镇草滩坝下村 扇形聚落空间形态结构示意	查汗都斯乡苏只村 网格状聚落空间形态结构示意	街子镇三兰巴海村 复合型聚落空间形态结构示意

对聚落内生性决定因素进行分析[16]；闵婕等在《三峡库区乡村聚落空间演变及驱动机制——以重庆万州区为例》中研究了重庆万州在不同时期推演下的空间形态模式[17]。

以上学者关于聚落形态或演进机制的研究很好地解释了聚落的形成规律，从多个维度理解聚落的形成过程，在聚落定性研究方面有较大的借鉴意义，同时也是本研究在定性讨论中值得借鉴的基础资料。但现有相关研究主要从探讨聚落整体性出发，对公共空间的深入研究有限，而且出自多角度的定性研究虽能让人了解聚落的来龙去脉，但在指导建筑师设计层面表现出很低的实操性，不利于建筑师在设计层面把握公共空间的特征。因此可以考虑在借鉴前述研究的同时，寻找更加理性、客观的方法对聚落公共空间做进一步的研究。

5.1.3 基于数理分析的传统建筑聚落空间研究

近年来，由于计算机的普及以及大数据的运用，建筑学领域逐渐突破自身的界限开始越来越频繁地与其他学科交叉发展。始于其他学科的定量研究方法被逐渐引入建筑学及如计算机图形学、地理信息系统应用、生态学等领域的研究中。

借助GIS强大的空间分析能力，建筑学领域逐渐将GIS运用到规划研究中，如胡明星等在《GIS技术在历史街区保护规划中的应用研究》中借助GIS对历史街区的保护规划进行了探索[18]；于淼等在《基于RS和GIS的桓仁县乡村聚落景观格局分析》中将GIS运用到聚落景观斑块分析中，提出农村居民点规模所呈现出的洛伦兹规律[19]（图5-6）；刘沛林在《中国传统聚落景观基因图谱的构建与应用研究》致力于GIS手段下的中国传统聚落景观群系及其景观基因图谱的研究[20]。

希列尔团队在*The Social Logic of Space*及*Space is the Machine: A Configurational Theory of Architecture*中提出的空间句法理论被广泛地用于从聚落整体到建筑空间与人类活动空间的拓扑关系研究中[21-22]。如王浩锋在《徽州传统村落的空间规划——公共建筑的聚集现象》中应用空间句法分析了徽州传统村落的空间结构形态，并归纳出徽州聚落形态属性表[23]（表5-2）；王静文在《桂北传统聚落肌理及其保护探讨》中尝试从空间句法的角度解读传统聚落环境[24]；陈泳等在《基于空间句法的江南古镇步行空间结构解

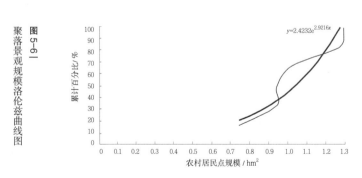

图5-6｜聚落景观规模洛伦兹曲线图

表 5-2| 徽州聚落形态属性表

村落	轴线数	面积（hm²）	轴线密度（hm²）	闭合街区	闭合街区密度	Mean Rn	Mean R3	MeanCn
屏山	234	18.2	12.9	62	0.1339	0.7856	1.8400	3.1795
南屏	152	11.1	13.7	46	0.1538	0.7332	1.8883	3.1842
呈坎	207	20.8	10.0	43	0.1051	0.6709	1.7342	2.9179
宏村	208	20.4	10.2	57	0.1387	0.8199	1.8218	3.1058
唐模	137	14	9.8	30	0.1115	0.7288	1.6857	2.9197
西蓝	194	21.5	9.0	48	6.1253	0.8110	1.8092	3.113
瞻淇	210	13	16.2	60	0.1446	0.8202	1.8636	3.1905
渔梁	88	6.3	14.0	19	0.1111	0.8373	1.6914	2.9318
平均	179	15.7	12.0	45.6	0.128	0.7759	1.7918	3.0678
相关系数					0.3053b	−0.0844a	0.5779a 0.9340c	0.544a

注：a. 村落形态属性和轴线数的相关系数；b. 闭合街区密度和整体结合度的相关系数；c. 闭合街区密度和局部结合度的相关系数。闭合街区密度=$I/(2L-5)$，其中I表示闭合街区数量，L为轴线总数。

析——以同里为例》中从空间角度解释了村落的演化机制，尤其是在公共空间系统演变过程中隐含着的规则[25]。

借助数理方法、分形几何学、计算机辅助编程等方法对聚落进行多维度的量化研究中比较有代表性的是：东京大学的藤木隆明在其博士论文《关于无规则类型的记述和生成的基础研究》中，通过分析由住居重心的分布产生的类型来探讨聚落配置的类似性和差异性问题[26]；王昀在《传统聚落结构中的空间概念》中调查了世界范围内的大量聚落，以其配置图为基础，通过聚落中居住的方向、住居的面积以及住居之间的距离等"量"的指标所构成的数学模型，分析了聚落之间的相互关系和内部秩序[27]；童磊在《村落空间肌理的参数化解析与重构及其规划应用研究》中利用参数化技术数字化、三维可视化和动态性的优点对村落空间肌理的内在规律进行量化解析，并对村落空间肌理的规划进行辅助设计[28]；丁沃沃等在《苏南村落形态特征及其要素研究》中采用量化统计的方法分析了苏南聚落形态的类型、数量、丰富度[10]；浦欣成等在《传统乡村聚落二维平面整体形态的量化方法研究》和《国内传统乡村聚落形态量化研究综述》中借用数学量化方法统计了聚落相关的各项指标，如建筑密度、庭院空间率、分形维数等（图5-7），试图从理性层面

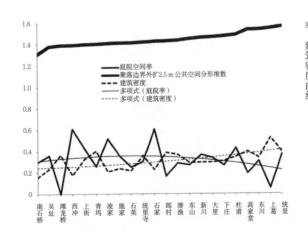

图 5-7|
22个聚落的公共空间的分形维数、庭院空间率、建筑密度曲线

图例：
- 庭院空间率
- 聚落边界外扩2.5 m公共空间分形维数
- 建筑密度
- 多项式（庭院率）
- 多项式（建筑密度）

横轴：南石桥 吴址 滩龙桥 西冲 上街 青坞 凌家 施家 石英 统里寺 石家 郎村 潜渔 东山 新川 大里 下庄 杜甫 高家堂 东川 上葛 统里

揭示聚落背后的数学规律[29-30]；蒋音成在《三洲村传统聚落的空间形态研究——基于分形理论》中从分形理论的角度计算了三洲村的分形维数，探索其在规划方面的启示[31]；王嘉睿在《基于分形理论的川渝山地聚落空间形态解析》中对不同时期的村落进行分形维数计算，推测聚落的连续性演变特点[32]；王辰晨在《基于分形理论的徽州传统民居空间形态研究》中运用了分形理论中的几何维数法，对徽州传统民居空间形态从整体聚落、单体平面和单体立面三个层面的分形维数进行了计算和分析[2]；干晓宇等在《基于分形理论的西藏民居立面的地域性特征分析》中基于分形理论对西藏民居立面进行地域性特征分析[33]；韦松林在《村落景观形态实验性分形研究——以云浮大田头村为例》中以云浮南盛镇大田头村为例，应用几何维数法测出该村落景观中的建筑布局形态的分形维数，并采用逆转盒维数的方法生成新的分形形态，以此模拟村落景观空间布局[34]；刘泽等在《基于分形理论的北京传统村落空间复杂性定量化研究》中根据分形理论量化研究了具体哪个尺寸的空间对北京传统建筑聚落复杂性产生最显著的影响[35]；吕骥超在《传统乡村聚落平面形态量化方法应用及拓展研究——以南京市周边村落为例》中在浦欣成的研究之上，对南京市周边村落进行了应用和拓展研究，将前者的方法进一步推进[36]；沈添在《江南地区传统街道空间连续性研究——以宜兴丁蜀古南街为例》中对聚落传统街道空间的连续性特征进行归纳（见表4-1），再对街道连续性做深入的探讨并进行一般性模型的构建[37]。

在与建筑相关的量化研究中不乏尺度层级方面的研究。相关研究最早在1990年代由数学家和建筑理论家尼克斯·A.萨林加罗斯（Nikos A.Salingaros）在《一个物理学家眼里的建筑法则》中提出，他认为建筑空间本身需要具备足够的尺度层级，并且尺度层级间应该近似地满足一定的规律[38]。其后，建筑领域的学者们对尺度层级的研究多集中在分形理论方面。如卡尔·巴维尔（Carl Bovill）在 *Fractal Geometry in Architecture and Design* 中提出建筑设计可

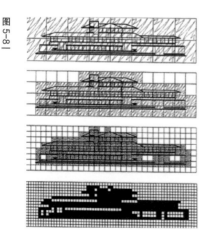

图5-8｜运用几何维数法计算建筑立面的复杂度

以通过分形建立丰富的层级关系，从而形成复杂的韵律[39]。赵远鹏在《分形几何在建筑中的应用》中阐释了利用分形维数研究建筑尺度层级的方法，以及进一步借用生成分形的算法来设计建筑立面[1]（图5-8）。赵倩在《走向可持续的城市空间组织与量化方法研究——从起源到嬗变》中提出了层级间满足逆幂律规律，运用这样的规律可以规划城市空间[40]。

以上研究中，关于GIS和空间句法的研究由于受限于技术及理论多应用在规划层面，对本

研究的可参照性较小，而运用数理分析手段对聚落进行定量研究对笔者的启发较大。但这方面研究的局限在于：其一，要求使用者具备一定的数学基础，其论证过程和研究结果仍然很复杂，往往经过冗长而复杂的计算后并无实质性的有价值的论断；其二，直接指导设计的研究成果很有限，只能用于对既有的方案进行反向验证，与建筑师简单的正向设计诉求之间存在落差；其三，针对公共空间的自组织生长规律的研究寥寥可数，吕骥超对自己的研究做了批判性的总结：研究中对于聚落公共空间的探讨深度有待加强[36]，而笔者的研究从某种意义上来说是一种补充。就他个人观察而言，分形的研究办法并不能对其进行有效的表示。笔者认为，对聚落公共空间量化研究的深度有限的原因是因为大部分学者只运用分形维数作为判断聚落整体性的依据，没有把握聚落自生长结构背后的尺度层级数学规律，也就是没有分层级来研究聚落的尺度数量关系与各层级下的分形维数。因而，本研究将在分析、总结上述研究的基础之上，寻找更加理性、客观的方法进行信息提取、转译与借鉴学习，形成能直接指导设计的技术支撑。笔者希望尽量简化和优化其中复杂的概念表述，力求研究成果能更容易地被接纳和理解。

本章研究在尺度上着眼于传统建筑聚落公共空间，试图以江苏地区聚落为样本，基于分形理论、普适尺度、普适分布等理论，通过Python对图片像素点遍历，实现不同尺度层级下的空间筛选，再利用回归分析等方法挖掘数据规律，形成可用于设计指导的技术支撑，用以在未来回答"不同规模的传统村落下应该对应各层级内多大尺度和数量的空间"以及"哪种空间对于整体活力影响最重要"的问题。本章研究进一步观察样本分层筛选结果，分析不同层级空间的生长规律，用以补充以上结果形成对设计师的辅助设计导则。本章的最后拟通过运用所得到的公共空间设计参考导则，完成对古南街公共空间的更新。

5.1.4 研究内容与方法

1. 研究对象

本章选择传统建筑聚落中保存良好、未经过大面积改造拆迁的聚落作为样本。在我国的传统建筑聚落中，江苏地区传统建筑聚落保存了良好的规模和建筑形制，其规模大，分布密集，空间类型丰富，且聚落中自下而上自组织生长起来的空间结构受外界破坏最小，保留了丰富的内在层级关系，因此具有很好的整体保护价值。江苏地区的18万个自然传统聚落是古代农业文明的产物，它们在长期的历史演变下发展起来，并在改革开放后的城镇化进程中被留存下来[40]。因此，本研究选取江苏地区传统建筑聚落作为聚落样本。这些样本共计36个聚落，来自两个方面：一是朱光亚在《江苏村落建筑遗产的特色和价值》中选取的

18个江苏地区传统建筑聚落，其中有9个聚落被列入中国历史文化名村，有3个聚落被列入省级历史文化名村，其余为典型的江苏地区传统建筑聚落；二是吕骥超在《传统乡村聚落平面形态量化方法应用及拓展研究——以南京市周边村落为例》中罗列的18个南京地区典型聚落[36]。同时本研究将研究成果应用在实际工程项目《蜀山古南街历史文化街区建筑立面整治与风貌提升导则》中，将作为江苏地区典型聚落之一的古南街作为研究结果的验证对象。

2.研究内容

本研究将以36个江苏地区传统建筑聚落为对象，基于分形理论、普适尺度和普适分布规则，借助Python编程语言，使用回归分析方法，深入地量化研究各空间尺度层级的关系，进一步分析各空间生长所具有的特征，形成可以用于设计参考的技术支撑，最后将部分研究结果实验性地落实到古南街更新改造项目中，以期可以为今后的传统建筑聚落公共空间设计导则提供参考。

3.研究方法

1）样本收集：实地调研是获取准确的地理信息的方法之一，但受限于时间和空间因素，对于选取自朱光亚《江苏村落建筑遗产的特色和价值》一书中的18个样本，笔者主要通过卫星地图和Auto CAD进行平面图获取，其余18个样本的平面图则源自吕骥超的论文《传统乡村聚落平面形态量化方法应用及拓展研究——以南京市周边村落为例》。

2）定量分析：本研究采用的定量分析受到计算机图形学中"膨胀与蚕食"方法的启发，分为如下3个步骤：

第一步：计算36个聚落的分维值，从分维值的角度对江苏地区聚落公共空间复杂性做定型化描述以及分析分维值与聚落规模的关系。第二步：从普适尺度的角度对36个聚落公共空间尺度层级进行深入的量化研究。利用Python语言，用一个不断缩小尺寸的遍历核实现对36个聚落平面图的像素遍历，计算出36个聚落公共空间各尺度层级的数量关系、各尺度层级的分维值以及筛选出不同尺度层级下的公共空间分布图，以探究公共空间尺度层级具有哪些多样性，哪种层级空间对复杂性影响最大，江苏地区聚落公共空间具有哪些生长规律。第三步：从普适分布的角度对各个规模区间内的江苏地区聚落公共空间尺度层级进行深入的量化研究。其具体方法是获得Mask掩模图下的聚落各层级尺度与数量的数据并形成量化曲线，以面积为权数进行加权平均得到曲线，再在双对数坐标中进行直线回归拟合。其目的是期望所获得的数据及规律能对江苏地区聚落公共空间复杂性做定量化描述。

3）案例分析与评价：以古南街西街为例，运用前文所述算法对现状进行评价，利用得到的结论进一步对古南街公共空间的现状问题进行更新修复，再对结果进行进一步的分析比较，以此验证方法的有效性。

5.2 尺度层级量化研究方法

5.2.1 聚落分形维数的计算

对于不规则迭代的分形，有3种方法可以计算分形维数，它们是面积—周长法、小盒计数法、面积—半径法。小盒计数法的过程稍微繁杂，但操作简单，是目前学界广泛使用的方法，可以用来衡量分形的各层级间的复杂程度和自相似性。本研究使用小盒计数法进行计算，其计算方法为：采用一系列不同尺度大小的网格与被测图形叠合，网格中最小格子的边长为r，若定义覆盖整个图形的网格的任意边长取值为1，则底部有$1/r$个盒子。记录被图形占据的非空盒子数目$N(r)$，随着网格单位小格子的边长缩小，被记录的非空盒子数字变大。将得到的数据导入SPSS数据分析软件进行回归拟合或者在双对数坐标中标出，最终直线的斜率就是分形维数。通常为了便于研究的开展，只取有限组数进行计算[36]。数学表达式为：

$$[\lg N_{(r2)} - \lg N_{(r1)}] / [\lg (\frac{1}{r2}) - \lg (\frac{1}{r1})]$$

式中：N为被占据的非空盒子数目；$1/rn$为网格底部的盒子数目。

比如，计算前文中英国海岸线的分形维数，用边长为1/24和1/32的小盒子覆盖分别得到194和283个盒子数。代入上式，得到分形维数为：

$$D = (\lg 283 - \lg 194)/(\lg 32 - \lg 24) \approx 1.31$$

因为直线的维度是1，平面的维度是2，因此聚落或城市的分形维数介于1~2之间。分维值越高，表示聚落的形态越紧凑有致，空间感强；分维值越低，则表示聚落的结构越松散，空间感太弱。计算分维值的时候，通常会记录几组不同尺度的网格下对应的分维值。若各层级下的分维值相差不大，则表示该结构密实，各层级联系紧密，富有秩序又稍有变化；若分维值相差较大，或某一层级下分维值差异较大，则表示该空间结构整体性较差，某一层级可能与周围层级联系性较差，从其余层级进入该层级的空间感较弱。

因为本研究涉及的样本太多，每一个样本不同尺度层级下的累计数据庞大，如果按照以上的小盒计数法逐一计算，则其分维值太过繁杂。因此笔者借用Python语言，基于计算机图形学的像素遍历对小盒计数法中"网格覆盖并记录非空盒子数"这一步骤完成程序替代，优化计算过程。笔者将该算法称为"算法一：非全黑区域统计算法"。

输入聚落的黑白平面图，其中黑色代表建筑空间，白色代表建筑以外的公共空间（为了避免道路与河流带来的干扰，白色区域不包括河流和道路），对图片进行二值化处理，保证所有像素都为0或1。用边长固定的遍历核Kernel1对聚落平面进行像素遍历，步长为遍历核边长（与前述网格最小格子边长*r*同理），统计遍历核覆盖下非全黑的情况，只要遍历核覆盖的区域中包含有白色区域，统计数*t*量加1，最终输出总数（与前述传统小盒计数法的非空盒子数目$N(r)$同理）。值得注意的是，在王辰晨的《基于分形理论的徽州传统民居空间形态研究》一文中对"100 m—50 m—25 m—12.5 m" "60 m—30 m—15 m—7.5 m" "50 m—25 m—12.5 m—6.25 m" 3个网格序列进行科学的计算比较，发现当覆盖聚落的网格最小格子边长为"100 m—50 m—25 m—12.5 m"时，其回归相关系数$r = 0.999973$，此时的计算结果更为准确。并且从实际意义上来说，当取最大100 m作为网格的小格子边长尺度时，一个格子相当于1万m^2，相当于一个小型的村落组团；当取最小50 m作为网格的小格子边长尺度时，一个格子相当于一个聚落民居的体块大小。这种计算际上对应地衡量了从聚落组团慢慢缩小到小尺度建筑单体的复杂性，采用这样的尺度研究整体聚落具有实际意义，能较为客观、真实、有效地反映聚落的复杂性特征。因此本研究在涉及计算分维值的地方均采用"100 m—50 m—25 m—12.5 m"的网格最小格子边长序列，其所对应的遍历核边长为"200 pixel—100 pixel—50 pixel—25 pixel"。具体的程序框架如图5-9所示，程序框架分析图如图5-10所示。

随着网格单位小格子的边长的缩小，被记录的非空盒子数字变大，记录下每个网格最小格子边长下对应的非全黑盒子数目与网格底部的栅格划分数（即图片底部被遍历核整除的数目）。将得到的数据导入Excel中，取双对数后进行直线回归拟合，得到的拟

图 5-9|算法一流程图

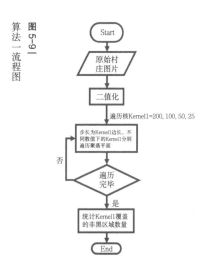

图 5-10|算法一分析图

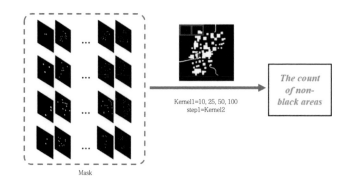

表 5-3 苏州翁巷村的分维值计算表

	Kernel_size（m）	栅格划分数	LOG10（栅格划分数）	LOG10（非全黑盒子）	非全黑盒子（非空）
1苏州翁巷村 (1800 pixel×1400 pixel)	200	9	0.95	1.66	46
	100	18	1.26	2.18	153
	50	36	1.56	2.73	537
	25	72	1.86	3.30	1984

合后的直线斜率就是分形维数。以苏州翁巷为例，计算其分维值的步骤如下：将苏州翁巷的聚落平面图输入代码进行运算，图片为1 200 pixel×1 400 pixel，取遍历核Kernel1 = 200，100，50，25，得到对

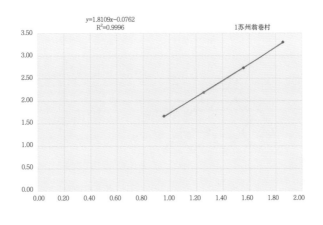

$y=1.8109x-0.0762$
$R^2=0.9996$
1苏州翁巷村

图 5-11 苏州翁巷村分维值计算

应的非全黑盒子数目与网格底部栅格划分数，如表5-3所示，对两组数据取对数后进行直线回归拟合，斜率为1.8109，相关系数R的平方为0.9996，如图5-11所示。因此得到苏州翁巷的分维值为1.8103。

5.2.2 尺度层级及其量化算法

1. 普适尺度与普适分布

按照前文讨论过的分形结构具有自相似性的特征，分形内部任何一个独立的部分都与整体的形态类似（值得注意的是，这里的独立部分是指与完整图形形态和分维值相同的子图形，而不是从完整图形的任意截取一部分），是整体图形在不同程度的缩影。针对分形的自相似性特征引进尺度层级的概念。

尼克斯·A.萨林加罗斯（Nikos A.Salingaros）在《新建筑理论十二讲——算法可持续设计》中提出分形满足两个普遍的规则。一个规则是普适尺度，即尺度层级：在所有的尺寸当中存在一种尺度关系，两个连续尺度之间存在一个大概比率，导致分形能形成丰富的尺度层级[41]。

另一个规则是普适分布。若用s表示尺度层级的概念，当迭代0次时，$s = 0$，迭代第一次时，$s = 1$，迭代第二次时，$s = 2$。r表示结构的尺度因子。若尺度为x的子图形不断迭代下

去，下一层结构的尺度为rx，再下一层尺度为r2x，r3x，…，若r是小于1的分数，则形态在不断迭代中缩小；若r大于1则形态不断增大。那么对于任意层结构s下有对应的不同尺度大小的子图形X和出现的次数P满足反比关系，其函数关系是$PX^m = C$，其中C是常数，若分形不算缩小，则与最大层级的尺度有关，若分形不断扩张则与最小层级的尺度有关。指数m是结构特有的一个常数，即分维值，取值在0到1之间。这是典型的逆幂律函数关系，它解释了分形各个层级间尺度和数量满足逆幂律的数学关系。实际上自然界的所有自组织的复杂结构都符合这一规则。X越大，P越小；X越小，P越大。当P与X满足逆幂率关系时，在双对数坐标中标出一系列的点，可以拟合出一条具有负斜率-m的直线。举例说明，图5-12展示了等边三角形的分形迭代，R = 3。从最小的三角形开始：

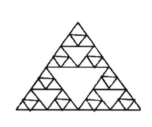

图 5-12｜运用几何维数法计算建筑立面的复杂度

第一次迭代后产生3=31个小三角形，产生1=30中等大的三角形；第二次迭代后，产生9=32个小三角形，产生3=31个中等大的三角形，产生1=30个大三角形；第三次迭代后，产生27=33个小三角形，产生9=32个中等大的三角形，产生3=31个大三角形，产生1=30个超大三角形…

由此可见，在分形迭代后的每一个层级s下，对应的X与P成逆幂律关系，X越大，P越小，反之，X越小，P越大。在本例中等边三角形迭代的每一个层级下，三角形的尺度越大，数量越少；三角形的尺度越小，数量越多[42]。

对于分形的结构，每增加一个层级尺度，原本相对平滑的结构曲线就增加了一层褶皱。在生物结构中，褶皱吸引更多的化学物质；在城市空间中，褶皱就如广场边界排列着的店铺和咖啡桌，能促进人的交流和日常活动的互动，产生活力。勒·柯布西耶对于未来城市的规划过于偏向大尺度，消除边界就是消除人与人之间的接触，破坏了城市的自生长结构和理想的聚落空间结构。图5-13展示出在理想的城市空间中具备丰富的尺度层级，既有大尺度的空间、次一级的空间，也有小尺度空间，图5-14展示了尺度层级也存在于传统建筑的立面设计中。丰富的尺度层级正是分形结构为聚落带来活力的根本原因，也是传统建筑较功能主义下的现代建筑更具有内在活力的原因[40]。

所以按照上述逆幂律的规律，假设聚落满足分形结构，那么就有：聚落拥有丰富的尺度层级，每一个层级之下的尺度与数量满足逆幂律的关系。其具体表现为：大空间少，小空间很多，这也正是本研究的主要依据。

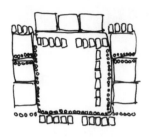

图5-13|在城市空间规划中的尺度层级

图5-14|建筑正立面中的尺度层级

2. 聚落的尺度层级概念

本研究旨在探讨聚落的尺度层级关系,即某个规模下的聚落包含各个尺度的空间和数量有多少个。

对于尺度层级的确定方法,萨林加罗斯等在《城市结构原理》中通过一系列研究得出结论,层级间的比例因子r一般至少在2~5之间,比例因子为2时可以形成基本的层级差异,小于2时则层级繁复,层级间连接紧密,但不容易产生鲜明的视觉层级感;系数若太大,则层级间连续性差[43]。而后萨林加罗斯又在《一个物理学家眼里的建筑法则》中提出,最佳的尺度因子应该近似地满足$e = 2.718$的规律。比如,一个理想的尺度感的卧室,应该具备类似"420,150,50,20,7,3,1 cm"的尺度层级[38]。而对于叶脉等不算缩小尺度的分形来说,r一般在1/2到1/10之间[44]。而后在赵倩的《走向可持续的城市空间组织与量化方法研究——从起源到嬗变》对于唐长安城的逆幂律分析中,将尺度因子r定义在3~4之间[40]。

本研究借用萨林加罗斯对于理想分形的尺度因子r在2~5之间的结论,为了形成基本的尺度层级差异,取极限2来确定聚落的基本尺度层级。观察样本不难发现,江苏地区聚落样本中的最大尺度空间基本在30 m×30 m左右,因此将30 m作为最大尺度层级,计算后大致得到"30 m—15 m—7 m—3 m—1 m"的尺度层级序列。

建立尺度层级量化算法程序框架,在程序运行之前首先需要对输入程序的样本做处理。将所选取的江苏地区36个聚落样本进行图像化处理。

1)聚落样本CAD的异常值处理:首先建立建筑、边界、道路、河流图层,其中出现的小部分建筑内院作为公共空间来计算;其次,为提高准确性和数据分析的有效性,尽量在处理CAD时,酌情地忽略过分零碎而偏远的独立建筑体块。如图5-15所示,大广场的中心的零碎体块会造成较大的实验误差,因此酌情忽略。可以被忽略的前提是该体块的存在并不会影响对空间尺度的判定,我们判定这里有一个大空间,而并非3、4个小空间,程序利用像素遍历的方式判定这里有若干小空间,与事实不符,因此可以被忽略,如图5-16所示。

2)聚落样本CAD的边界确定:聚落的边界确定是一个值得被探讨的问题。浦欣成在

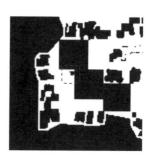

图 5-15｜
苏州陆巷平面图局部

图 5-16｜
苏州陆巷平面图局部代码运算结果

《传统乡村聚落二维平面整体形态的量化方法研究》中参考了爱德华·T.霍尔（Edward T.Hall）在《隐匿的尺度》中的数据以及藤浦哲夫在《人间工学基准数值数式便览》中的日本人交流距离的相关数据之后，使用了7 m—30 m—100 m为建筑转角相连接所能跨越的最大距离尺度[29,45-46]。吕骥超在对南京地区聚落的研究中对这个数据进行了验证，将其修改为12 m—30 m—200 m。笔者借用吕骥超利用Grasshopper对边界数据进行验证的电池图对本研究的样本进行粗糙验证后（图5-17），选择30 m作为建筑转角能跨越的最大距离（图5-18）。其原因有两个，其一，30 m以下的聚落边界能有效地显示出聚落的形态特征，同时将建筑聚落内部的公共空间与聚落外界环境隔离开来，成为很好的研究对象。与之相比，7 m以下的边界太紧缩，基本只分割出建筑体块而没有涵盖公共空间的形态；而100 m以下的边界过于粗糙，形似一个平整的规则图形，聚落空间形态缺失，没有表现出聚落的不规则性。其二，扬·盖尔在《交往空间》中提到30 m是人们可以看清他人面部表情的最远距离，

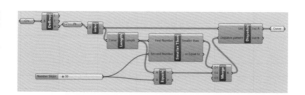

图 5-17｜
基于Grasshopper的边界最大距离验证电池图

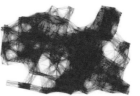

图 5-18｜
基于Grasshopper下分别取7 m,30 m,100 m为连接最大距离下的边界结果

Λ解码｜历史地段保护与更新中的数字技术｜

在30 m的距离内即使是长久不见的朋友也可以互相识别。在以30 m为最远跨度距离而确定了聚落边界之后，再将此边界往外推2.5 m，以此形成一个将外部公共空间连接成一个整体图斑的边界，此边界确定为本研究的聚落样本的边界。这是由于在浦欣成的研究中做过一系列统计数据，得到2.5 m是最佳的扩展距离。由于浦欣成的研究对这部分已经有了详细的介绍，因此笔者不再赘述。值得注意的是，2.5 m也是符合人本尺度的扩张距离。完成之后，按照图上尺寸/实际尺寸 = 1/1000的比例导出平面图，即图上1 mm代表实际距离1m。

3）图像化黑白处理：将上一步完成的图纸导入Photoshop处理成黑白图片，黑色代表建筑空间，白色代表建筑以外的公共空间。值得注意的是，正如前文对公共空间的定义，在笔者的研究中，将之相对狭义地定义为：在传统建筑聚落中，能被人直接进入并满足生活或生产使用的空间，也就是不包括道路、河流在内的公共空间。为了平衡代码运行的速度以及代码运行结果的精确度，将Photoshop中画布像素设置为20 pixel/cm，即实际距离1m对应2 pixel。

4）程序框架：对每一个样本而言，均进行"算法二：聚落公共空间遍历算法"运算：输入原始村庄的黑白平面图，其中黑色代表建筑空间，白色代表建筑以外的公共空间（为了避免道路与河流带来的干扰，白色区域不包括河流和道路），对图片进行二值化处理，保证所有像素都为0或1。以步长为1，用边长固定的遍历核Kernel2对聚落平面进行像素遍历，筛选出与遍历核同样大小的白色区域空间，输出对应的Mask掩膜图与数量，并统计遍历核覆盖的白色区域数量。从30 m开始以1 m为单位逐次递减，分别对应"60 pixel、58 pixel…2 pixel"作为遍历核边长尺寸，遍历核每取一个尺寸，程序运行一次，输出一张Mask掩膜图，最终得到30张Mask掩膜图。为了便于定性地感知空间生长规律，再将所有的Mask掩膜图与聚落道路图叠加（在道路图中，白色为道路区域，其余为黑色），最终输出一系列不同尺度大小的空间对应下的Fusion叠合图。具体的程序框架如图5-19所示，其程序框架分析图如图5-20所示。

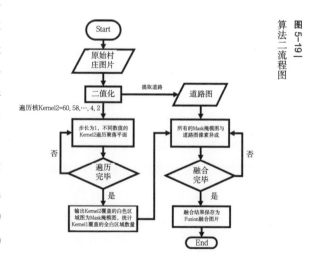

图5-19 算法二流程图

图 5-20 | 算法二分析图

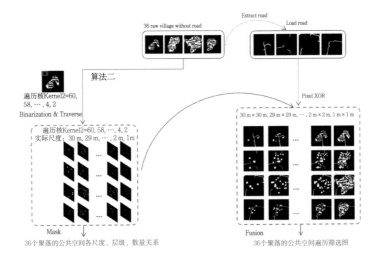

算法二

36 raw village without road

Extract road

Load road

遍历核Kernel2=60, 58, ···, 4, 2
Binarization & Traverse

Pixel XOR

遍历核Kernel2=60, 58, ···, 4, 2
实际尺度：30 m, 29 m, ···, 2 m, 1m

30 m×30 m, 29 m×29 m, ···, 2 m×2 m, 1 m×1 m

Mask

Fusion

36个聚落的公共空间各尺度、层级、数量关系

36个聚落的公共空间遍历筛选图

5.3 江苏地区聚落样本分析

5.3.1 研究对象

本研究的样本为36个江苏地区传统建筑聚落，涉及30万、20万、10万、5万到1万m²的面积规模，基本囊括江苏地区大、中、小多种规模的聚落，且类型丰富，可以较为理性、客观、有效地分析江苏地区尺度层级关系。在36个聚落样本中，18个样本选取自朱光亚在《江苏村落建筑遗产的特色和价值》中的研究对象，它们分别是：9个中国历史文化名村——苏州陆巷村、苏州明月湾村、无锡礼社村、苏州杨湾村、常州焦溪村、苏州三山村、南京漆桥村、南通余西村、南京杨柳村；3个省级历史文化名村——无锡严家桥村、丹阳九里村、镇江华山村；6个典型的江苏地区传统建筑聚落——常州杨桥村、苏州翁巷村、常熟李市村、镇江柳茹村、镇江儒里村、盐城草堰村。被录入历史文化名村名录代表着聚落在一定程度上被保存得较好，较少收到外界的破坏。

其余的样本选取了吕骥超在《传统乡村聚落平面形态量化方法应用及拓展研究——以南京市周边村落为例》中罗列的18个南京地区典型聚落。吕骥超在研究中对这18个聚落样本进行筛选和评定并确定为比较好的研究对象，它们是：南京东杨村、南京金桥村、南京庞家桥村、南京庞家桥东村、南京傅家边村、南京双龙村、南京陶家村、南京陶田峪村、南京西时村、南京西杨村、南京新潭村、南京徐家村、南京杨板村、南京东时村、南京刘组村、南京铜山端村、南京朱塘村、南京余村王家村（表5-4）。

表 5-4 | 36 个江苏地区聚落编号及面积

编号	村名	面积（m²）	编号	村名	面积（m²）
1	苏州翁巷村	291420	19	苏州三山村	62021
2	常州焦溪村	243038	20	南京漆桥村	62021
3	南通余西村	223836	21	南京东时村	56932
4	苏州杨湾村	221059	22	南京铜山端村	50678
5	无锡礼社村	206320	23	南京朱塘村	50559
6	盐城草堰村	191781	24	南京西时村	40237
7	无锡严家桥村	183876	25	南京庞家桥村	34182
8	镇江华山村	179009	26	南京刘组村	29486
9	镇江柳茹村	173249	27	南京双龙村	29228
10	苏州陆巷村	166064	28	南京陶家村	27843
11	南京杨柳村	139110	29	南京西杨村	27602
12	南京余村王家村	126818	30	南京傅家边村	23519
13	常州杨桥村	122120	31	南京金桥村	23358
14	丹阳九里村	121091	32	南京陶田峪村	21243
15	常熟李市村	106196	33	南京新潭村	18960
16	镇江儒里村	105107	34	南京杨板村	15713
17	苏州明月湾村	85726	35	南京庞家桥东村	11617
18	南京东杨村	70399	36	南京徐家村	10599

5.3.2 聚落分维值量化初步分析

1.聚落分维值计算

分维值用来描述平面图形的复杂程度。理论上来说平面图形越复杂、越破碎，其分维值越高。分维值高的图形具有更多的界面围合，就像前文提到的城市中褶皱的概念，表现在公共空间的图斑不断裂变分形，产生出更多层级变化的空间。公共空间受极其曲折的界面挤压变得越破碎，公共空间就越复杂，结构的紧密化程度越高，自然人空间体验也越丰富。

将36个聚落的黑白平面图输入"算法一：非全黑区域统计算法"中进行运算，得到对应的非空盒子数目与网格底部栅格划分数，导入Excel中，取双对数后进行直线回归拟合，直线的斜率即为聚落的分维值。其结果如表5-5所示。

如表5-5对36个江苏地区聚落的分维值统计所示，聚落的总体分维值从1.4583到1.8119，其均值为1.67。这说明江苏地区聚落整体分维值较高，分形特征较为明显，聚落结构紧密，聚落空间具有丰富的层级。对36个聚落进行相互对比后发现，分维值高的聚落空间结构更紧凑密实，聚落分形特征高，分维值低的聚落相对松散，空间结构连续性较低。例如1号苏州翁巷村的整体分维值较高，为1.8103。观察其聚落平面图可发现翁巷村的南部有一个较大的开放性空间，往北连接较小的广场，再生长出渗透到街巷中的如毛细血管般

表 5-5 ｜ 36 个江苏地区聚落的分维值统计

	Kernel_size (m)	栅格划分数	LOG10（栅格划分数）	LOG10（非全黑盒子）	非全黑盒子（非空）	各层级分维值	整体分维D
1苏州翁巷村 (1800 pixel ×1400 pixel)	200	9	0.95	1.66	46	$D(200-100)=1.7338$ $D(100-50)=1.8113$ $D(50-25)=1.8854$	1.8103
	100	18	1.26	2.18	153		
	50	36	1.56	2.73	537		
	25	72	1.86	3.30	1984		
2常州焦溪村 (1800 pixel ×1400 pixel)	200	9	0.95	1.62	42	$D(200-100)=1.6521$ $D(100-50)=1.8136$ $D(50-25)=1.8528$	1.7769
	100	18	1.26	2.12	132		
	50	36	1.56	2.67	464		
	25	72	1.86	3.22	1676		
3南通余西村 (1600 pixel ×1600 pixel)	200	8	0.90	1.67	47	$D(200-100)=1.5850$ $D(100-50)=1.7122$ $D(50-25)=1.8011$	1.7007
	100	16	1.20	2.15	141		
	50	32	1.51	2.66	462		
	25	64	1.81	3.21	1610		
4苏州杨湾村 (2000 pixel ×1400 pixel)	200	10	1.00	1.62	42	$D(200-100)=1.6189$ $D(100-50)=1.7668$ $D(50-25)=1.8458$	1.7462
	100	20	1.30	2.11	129		
	50	40	1.60	2.64	439		
	25	80	1.90	3.20	1578		
5无锡礼社村 (1600 pixel ×1400 pixel)	200	8	0.90	1.57	37	$D(200-100)=1.6360$ $D(100-50)=1.7911$ $D(50-25)=1.8642$	1.7665
	100	16	1.20	2.06	115		
	50	32	1.51	2.60	398		
	25	64	1.81	3.16	1449		
6盐城草堰村 (1400 pixel ×1200 pixel)	200	7	0.85	1.53	34	$D(200-100)=1.6405$ $D(100-50)=1.7799$ $D(50-25)=1.8651$	1.7636
	100	14	1.15	2.03	106		
	50	28	1.15	2.56	36 1		
	25	56	1.75	3.12	1326		
7无锡严家桥村 (1400 pixel ×1000 pixel)	200	7	0.85	1.51	32	$D(200-100)=1.6724$ $D(100-50)=1.7788$ $D(50-25)=1.8469$	1.7673
	100	14	1.15	2.01	102		
	50	28	1.45	2.54	350		
	25	56	1.75	3.10	1259		
8镇江华山村 (1600 pixel ×1200 pixel)	200	8	0.90	1.57	37	$D(200-100)=1.5850$ $D(100-50)=1.6854$ $D(50-25)=1.8229$	1.6965
	100	16	1.20	2.05	111		
	50	32	1.51	2.55	357		
	25	64	1.81	3.10	1263		
9镇江柳茹村 (1400 pixel ×1200 pixel)	200	7	0.85	1.53	34	$D(200-100)=1.5707$ $D(100-50)=1.7469$ $D(50-25)=1.8440$	1.7232
	100	14	1.15	2.00	101		
	50	28	1.45	2.53	339		
	25	56	1.75	3.09	1217		
10苏州陆巷村 (1200 pixel ×1200 pixel)	200	6	0.78	1.16	29	$D(200-100)=1.7567$ $D(100-50)=1.7690$ $D(50-25)=1.8184$	1.7801
	100	12	1.08	1.99	98		
	50	24	1.38	2.52	33 1		
	25	48	1.68	3.07	1178		
11南京杨柳村 (20000 pixel × 800 pixel)	200	10	1.00	1.48	30	$D(200-100)=1.6781$ $D(100-50)=1.6582$ $D(50-25)=1.7639$	1.6959
	100	20	1.30	1.98	96		
	50	40	1.60	2.48	303		
	25	80	1.90	3.01	1029		
12南京余村王家村 (1000 pixel ×1000 pixel)	200	5	0.70	1.34	22	$D(200-100)=1.7500$ $D(100-50)=1.7505$ $D(50-25)=1.8554$	1.7818
	100	10	1.00	1.87	74		
	50	20	1.30	2.40	249		
	25	40	1.60	2.95	901		
13常州杨桥村 (1200 pixel ×1000 pixel)	200	6	0.78	1.38	24	$D(200-100)=1.6630$ $D(100-50)=1.6946$ $D(50-25)=1.8174$	1.7219
	100	12	1.08	1.88	76		
	50	24	1.38	2.39	216		
	25	48	1.68	2.9 1	867		
14丹阳九里村 (1400 pixel ×1200 pixel)	200	7	0.85	1.18	30	$D(200-100)=1.4330$ $D(100-50)=1.6770$ $D(50-25)=1.7760$	1.6335
	100	14	1.15	1.91	81		
	50	28	1.45	2.41	259		
	25	56	1.75	2.95	887		
15常熟李市村 (1200 pixel ×1000 pixel)	200	6	0.78	1.32	21	$D(200-100)=1.6738$ $D(100-50)=1.7153$ $D(50-25)=1.7771$	1.7214
	100	12	1.08	1.83	67		
	50	24	1.38	2.3 1	220		
	25	48	1.68	2.88	754		
16镇江儒里村 (1200 pixel ×800 pixel)	200	6	0.78	1.28	19	$D(200-100)=1.7294$ $D(100-50)=1.7092$ $D(50-25)=1.8253$	1.7501
	100	12	1.08	1.80	63		
	50	24	1.38	2.31	206		
	25	48	1.68	2.86	730		
17苏州明月湾村 (1400 pixel ×800 pixel)	200	7	0.85	1.3 1	22	$D(200-100)=1.4713$ $D(100-50)=1.6766$ $D(50-25)=1.7414$	1.6344
	100	14	1.15	1.79	61		
	50	28	1.15	2.29	195		
	25	56	1.75	2.81	652		
18南京东杨村 (10000 pixel × 800 pixel)	200	5	0.70	1.23	17	$D(200-100)=1.6939$ $D(100-50)=1.5585$ $D(50-25)=1.6963$	1.6405
	100	10	1.00	1.74	55		
	50	20	1.30	2.21	162		
	25	40	1.60	2.72	525		

	Kernel_size（m）	栅格划分数	LOG10（栅格划分数）	LOG10（非全黑盒子）	非全黑盒子（非空）	各层级分维值	整体分维D
19苏州三山村 (10000 pixel × 800 pixel)	200	5	0.70	1.23	17	D(200−100)=1.4671 D(100−50)=1.6253 D(50−25)=1.7538	1.6164
	100	10	1.00	1.67	47		
	50	20	1.30	2.16	145		
	25	40	1.60	2.69	489		
20南京漆桥村 (10000 pixel × 600 pixel)	200	5	0.70	1.11	13	D(200−100)=1.6919 D(100−50)=1.6411 D(50−25)=1.7995	1.7038
	100	10	1.00	1.62	42		
	50	20	1.30	2.12	131		
	25	40	1.60	2.66	456		
21南京东时村 (1000 pixel ×1000 pixel)	200	5	0.70	1.23	17	D(200−100)=1.4361 D(100−50)=1.5208 D(50−25)=1.7565	1.5661
	100	10	1.00	1.66	16		
	50	20	1.30	2.12	132		
	25	40	1.60	2.65	446		
22南京铜山端村 (1000 pixel × 800 pixel)	200	5	0.70	1.15	14	D(200−100)=1.6845 D(100−50)=1.4854 D(50−25)=1.7370	1.6206
	100	10	1.00	1.65	45		
	50	20	1.30	2.10	126		
	25	40	1.60	2.62	420		
23南京朱塘村 (1000 pixel × 800 pixel)	200	5	0.70	1.18	15	D(200−100)=1.5850 D(100−50)=1.5305 D(50−25)=1.7056	1.5994
	100	10	1.00	1.65	45		
	50	20	1.30	2.11	130		
	25	40	1.60	2.63	424		
24南京西时村 (1000 pixel × 400 pixel)	200	5	0.70	1.00	10	D(200−100)=1.6781 D(100−50)=1.4757 D(50−25)=1.7864	1.6296
	100	10	1.00	1.51	32		
	50	20	1.30	1.95	89		
	25	40	1.60	2.19	307		
25南京庞家桥村 (600 pixel × 600 pixel)	200	3	0.48	0.90	8	D(200−100)=1.5236 D(100−50)=1.6262 D(50−25)=1.8446	1.6609
	100	6	0.78	1.36	23		
	50	12	1.08	1.85	71		
	25	24	1.38	2.41	255		
26南京刘组村 (800 pixel × 600 pixel)	200	4	0.60	0.95	9	D(200−100)=1.5850 D(100−50)=1.4930 D(50−25)=1.6469	1.5668
	100	8	0.90	1.13	27		
	50	16	1.20	1.88	76		
	25	32	1.51	2.38	238		
27南京双龙村 (600 pixel × 400 pixel)	200	3	0.48	0.78	6	D(200−100)=1.8745 D(100−50) 1.5629 D(50−25)=1.7720	1.7191
	100	6	0.78	1.34	22		
	50	12	1.08	1.81	65		
	25	24	1.38	2.35	222		
28南京陶家村 (600 pixel × 600 pixel)	200	3	0.48	0.95	9	D(200−100)=1.2895 D(100−50)=1.5629 D(50−25)=1.7392	1.5338
	100	6	0.78	1.34	22		
	50	12	1.08	1.81	65		
	25	24	1.38	2.34	217		
29南京西杨村 (600 pixel × 400 pixel)	200	3	0.48	0.78	6	D(200−100)=1.7370 D(100−50)=1.6781 D(50−25)=1.6935	1.7004
	100	6	0.78	1.30	20		
	50	12	1.08	1.81	64		
	25	24	1.38	2.32	207		
30南京傅家边村 (400 pixel × 400 pixel)	200	2	0.30	0.60	4	D(200−100)=1.9069 D(100−50)=1.7655 D(50−25)=1.7788	1.8119
	100	4	0.60	1.18	15		
	50	8	0.90	1.71	51		
	25	16	1.20	2.24	175		
31南京金桥村 (600 pixel × 600 pixel)	200	3	0.48	0.95	9	D(200−100)=1.4739 D(100−50)=1.3785 D(50−25)=1.6430	1.4865
	100	6	0.78	1.40	25		
	50	12	1.08	1.81	65		
	25	24	1.38	2.31	203		
32南京陶田峪村 (600 pixel × 600 pixel)	200	3	0.48	0.90	8	D(200−100)=1.3219 D(100−50)=1.5607 D(50−25)=1.6487	1.5155
	100	6	0.78	1.30	20		
	50	12	1.08	1.77	59		
	25	24	1.38	2.27	185		
33南京新潭村 (600 pixel × 600 pixel)	200	3	0.48	0.90	8	D(200−100)=1.5850 D(100−50)=1.3458 D(50−25)=1.5039	1.4650
	100	6	0.78	1.38	24		
	50	12	1.08	1.79	61		
	25	24	1.38	2.24	173		
34南京杨板村 (600 pixel × 400 pixel)	200	3	0.48	0.78	6	D(200−100)=1.2224 D(100−50)=1.5146 D(50−25)=1.6781	1.4760
	100	6	0.78	1.15	14		
	50	12	1.08	1.60	40		
	25	24	1.38	2.11	128		
35南京庞家桥东村 (400 pixel × 400 pixel)	200	2	0.30	0.60	4	D(200−100)=1.8074 D(100−50)=1.4780 D(50−25)=1.4828	1.5783
	100	4	0.60	1.15	14		
	50	8	0.90	1.59	39		
	25	16	1.20	2.04	109		
36南京徐家村 (400 pixel × 400 pixel)	200	2	0.30	0.60	4	D(200−100)=1.7004 D(100−50)=1.2538 D(50−25)=1.4887	1.4583
	100	4	0.60	1.11	13		
	50	8	0.90	1.49	31		
	25	16	1.20	1.94	87		

的小空间，其空间结构丰富，分形程度很高，给行走其中的人提供了丰富的空间体验，形成较高的空间活力，如图5-21所示；而8号镇江华山村的整体分维值为1.6965，观察其聚落平面发现华山村的空间相对均质，分形程度较低，相比翁巷村的空间而言可承载的公共活动类型更单一，活力相对更低，如图5-22所示。36号徐家村、34号杨板村、33号新潭村、31号金桥村等小规模村落还未生长出丰富的层级结构，其整体分维值不高，分形程度相对较低。而但总体来说，江苏地区聚落的分形程度较高，36个聚落的整体分维值都处于1~2之间较高的数值范围内。

根据前述公式可计算出各个尺度下的分维值，若各层级的分维值差异较大，则说明各层级间衔接不够紧密，层级间的相似性较低，复杂程度的连续性一般，有可能受到外界的人为干扰或还未生长出稳定的村落结构。观察36个样本可见，大部分江苏地区聚落的各层级分维值变化均匀，没有呈现出明显差异化，如1号苏州翁巷村，使用"100 m—50 m—25 m—12.5 m"的尺度序列计算分维值，尺度层级200 m—100 m下的分维值为1.7338，尺度层级100 m—50 m下的分维值为1.8113、尺度层级50 m—25 m下的分维值为1.8854，最大值与最小值相差0.1516。各尺度层级下的分维值变化相似，无突然差异。这说明苏州翁巷村各层级间复杂性的相似程度高，各层级衔接稳定，层级间复杂程度的连续性较强。大规模聚落各层级间的分维值稳定得多，而反观36个样本中的部分小规模聚落，则出现层级间分维值不稳定的情况，如23号朱塘村到36号徐家村，聚落规模基本都在2.5万 m² 左右，还未生长出足够稳定的层级结构。值得注意的是，从分形理论的角度研究聚落并非认为所有聚落都满足绝对的分形，比如一些小规模的村落还未出现明显的分形特征，但在本研究中为了讨论出江苏地区聚落客观的地域性，也同样从分形的视角来讨论。

并且随着所测量的尺度层级的缩小，大部分聚落的各层级分维值逐渐增大，但普遍偏高，比如2号常州焦溪村，尺度层级200 m—100 m下的分维值为1.6521、尺度层级100 m—50 m

图 5-21｜
1号苏州翁巷村整体分维值图

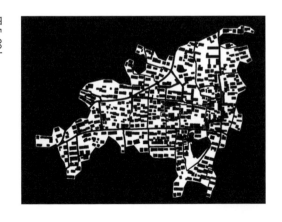

图 5-22｜
8号镇江华山村整体分维值图

下的分维值为1.8136、尺度层级50 m—25 m下的分维值为1.8528。随着测量的尺度层级逐渐缩小，其分维值逐渐增大。大尺度层级分维值较低，小尺度分形维数较高，具有随机的分形特征。这可能是江苏地区聚落复杂性在分维值上体现出的特征，与聚落的整体历史发展因素有关。

2.江苏地区聚落分维值与聚落规模关系

不同地区的聚落形成特点受地域差异、人文因素、地理条件、经济水平等因素影响，聚落空间的格局往往不同，小聚落也有可能比大规模聚落具有更紧密的结构。因此，聚落公共空间的分维程度与聚落的规模大小理论上没有直接关系。

但对江苏地区的36个不同规模的聚落进行分维值计算发现，同一地区的聚落由于差异化较小，因此分维值与规模呈现出一定的关联，具体表现为聚落的分维值与聚落规模呈现正相关关系。

同一地区的聚落往往具有相似的层级结构，不同规模大小的聚落包含不同数量的层级结构：小聚落可能只包含一、两个空间尺度层级，而中型聚落可能包含两、三个尺度层级，大规模聚落具有更多的尺度层级。这是由于聚落生长是一个持续的过程，小聚落生长到一定程度不再能满足人口膨胀与资本积累的需求，于是自然地向外扩张，慢慢地形成更大规模的聚落。在扩张的过程中，原本的小广场空间受限，无法开展类似祭祀、集会等公共活动，在有祭祀习俗的传统建筑聚落中表现尤其明显，因此需要更大尺度的广场出现。大广场创造出了新的尺度层级，与次一级的中尺度空间衔接，进而与再次一级小尺度空间衔接，并慢慢生长、优化，形成新的稳固的聚落。因此，同一地区聚落无论规模大小，往往具有相似的尺度层级结构，只是规模不同的聚落所拥有的尺度层级多样性不同。小聚落的尺度层级简单，空间复杂程度较低，大规模聚落的尺度层级复杂，空间复杂程度高，因此在同一地区的聚落中，大规模聚落可能具有更高的分维值，如图5-23所示。

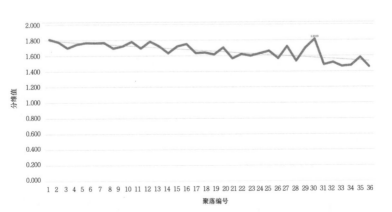

图 5-23 |
运用几何维数法计算建筑立面的复杂度

5.4 聚落公共空间尺度层级量化研究

萨林加罗斯在《新建筑理论十二讲——基于最新数学方法的建筑与城市设计理论》中提出分形满足两个普遍的规则，一个是普适分布原则，另一个是普适尺度。

普适分布，即分形各个层级间尺度和数量满足逆幂律的数学关系。实际上自然界的所有自组织的复杂结构都符合这一规则。尺度越大，数量越少；尺度越小，数量越多[41]。所以在一个聚落中总是存在这样的关系：大空间很少，小空间很多。而从统计学的角度来分析满足逆幂率关系的数据，在双对数坐标中可以近似地拟合出一条直线，直线的公式就是两者的函数关系。为了深入量化江苏地区聚落公共空间尺度层级与数量的关系，即各个层级的公共空间有多少个，用以形成对实际设计的技术参考，本研究将从统计学的角度对表5-5的数据进行量化研究。

将以上36个聚落的平面图输入"算法二：聚落公共空间遍历算法"中进行运算，得到各个聚落下的不同尺度所对应的Mask掩膜图，涉及各尺度层级公共空间图及数量，对数量做整理后得到表5-6。这里需要特别说明的是，在本代码的运算机制下极小空间数据的准确度

江苏地区36个聚落公共空间各层级尺度与数量关系 表 5-6

Kernel_size (m)	尺度 (m)	1苏州翁巷村 291420 m²	2常州焦溪村 243038 m²	3南通余西村 223836 m²	4苏州杨湾村 221059	5无锡礼社村 206320 m²	6盐城草堰村 191781 m²	7无锡严家桥村 183876 m²	8镇江华山村 179009 m²	9镇江柳茹村 173249 m²	10苏州陆巷村 166064 m²	11南京杨柳村 139110 m²	12南京余村王家村 126818 m²
60	30×30	5	2	10	0	0	7	0	0	0	2	2	0
58	29×29	1	0	0	1	1	1	0	0	0	1	0	0
56	28×28	1	1	2	1	0	1	1	0	1	0	0	0
54	27×27	0	1	3	2	0	0	1	0	1	0	1	2
52	26×26	2	0	1	1	3	0	0	0	0	1	2	2
50	25×25	2	2	2	0	0	0	0	0	0	1	0	0
48	24×24	1	2	2	3	0	1	2	1	1	2	2	2
46	23×23	3	0	1	1	0	2	1	0	1	3	1	3
44	22×22	2	1	6	4	1	1	0	3	0	0	2	1
42	21×21	7	1	8	2	3	1	2	0	0	0	1	0
40	20×20	0	2	8	7	2	2	0	2	1	3	2	1
38	19×19	4	2	11	4	2	2	3	5	0	4	1	1
36	18×18	3	6	12	3	4	5	3	8	1	4	0	2
34	17×17	5	12	12	9	2	5	4	6	1	5	1	3
32	16×16	17	7	12	7	7	7	6	10	4	6	8	6
30	15×15	6	8	17	12	8	11	4	7	4	11	6	6
30—15		**59**	**47**	**107**	**57**	**33**	**46**	**28**	**42**	**18**	**42**	**28**	**31**
28	14×14	7	12	23	22	11	9	8	14	10	9	3	8
26	13×13	25	16	21	21	13	23	12	7	15	14	6	7
24	12×12	26	27	33	25	16	17	24	30	15	19	6	23
22	11×11	41	34	39	51	24	41	29	30	15	20	14	28
20	10×10	53	44	50	41	29	47	37	49	27	38	13	37
18	9×9	56	53	54	64	57	56	54	65	41	44	28	38
16	8×8	103	94	110	76	58	76	72	78	63	63	52	56
14	7×7	154	127	111	139	93	133	111	101	89	84	70	66
15—7		**465**	**407**	**441**	**439**	**301**	**402**	**347**	**363**	**275**	**290**	**195**	**263**
12	6×6	225	179	184	202	137	176	152	144	164	174	129	108
10	5×4	380	296	287	277	249	286	224	241	258	224	170	177
8	4×4	604	433	472	518	475	489	369	364	421	408	289	328
6	3×3	1210	952	753	1057	989	915	743	763	818	861	535	506
7—3		**2419**	**1860**	**1696**	**2054**	**1850**	**1866**	**1488**	**1512**	**1661**	**1667**	**1123**	**1119**

Kernel_size (m)	尺度 (m)	13常州杨桥村 122120 m²	14丹阳九里村 121091 m²	15常熟李市村 106196 m²	16镇江儒里村 105107 m²	17苏州明月湾村 85726 m²	18南京东杨村 70399 m²	19苏州三山村 62021 m²	20南京漆桥村 62021 m²	21南京东时村 56932 m²	22南京铜山端村 50678 m²	23南京朱塘村 50559 m²	24南京西时村 40237 m²
60	30×30	0	1	1	1	0	3	0	0	0	0	2	0
58	29×29	1	0	1	1	0	D	0	0	0	0	0	0
56	28×28	0	0	0	0	0	0	0	0	0	0	0	0
54	27×27	0	1	0	0	0	1	1	0	0	0	1	0
52	26×26	1	2	0	0	0	0	0	0	0	0	1	0
50	25×25	2	0	0	0	0	0	0	0	2	0	1	0
48	24×24	1	2	0	0	0	0	0	0	1	1	1	0
46	23×23	1	2	0	0	1	1	0	0	2	1	2	0
44	22×22	2	2	1	0	1	0	2	0	0	1	2	0
42	21×21	2	5	0	4	0	0	1	1	2	0	2	0
40	20×20	3	3	1	1	2	0	1	1	5	1	0	0
38	19×19	2	3	2	1	1	4	1	1	1	2	2	0
36	18×18	4	4	1	2	3	2	3	3	2	2	1	0
34	17×17	3	9	0	4	1	4	4	1	2	3	6	0
32	16×16	6	9	1	2	2	4	4	3	5	6	3	2
30	15×15	12	12	5	5	2	4	3	4	6	8	5	1
30—15		**40**	**55**	**13**	**21**	**13**	**23**	**20**	**18**	**24**	**25**	**28**	**3**
28	14×14	15	5	4	2	3	5	2	8	3	4	4	1
26	13×13	8	14	10	3	6	11	7	3	8	10	14	5
24	12×12	17	14	6	10	11	12	8	12	12	9	9	5
22	11×11	32	20	12	9	12	13	17	16	9	12	14	12
20	10×10	34	31	15	22	19	22	9	17	14	7	11	13
18	9×9	32	35	30	12	36	31	20	25	22	14	11	17
16	8×8	53	48	38	31	32	29	27	28	18	27	20	14
14	7×7	73	56	66	64	58	37	32	45	35	37	26	28
15—7		**264**	**223**	**181**	**153**	**177**	**160**	**122**	**154**	**121**	**120**	**105**	**95**
12	6×6	113	109	83	97	83	54	63	41	49	54	49	43
10	5×4	174	138	164	123	141	72	96	58	59	72	66	63
8	4×4	263	249	243	199	211	105	163	153	117	124	119	99
6	3×3	4D3	490	395	396	395	291	270	278	229	277	266	196
7—3		**1043**	**986**	**885**	**815**	**830**	**522**	**592**	**530**	**454**	**527**	**500**	**401**

Kernel_size (m)	尺度 (m)	25南京庞家桥村 34182 m²	26南京刘组村 29486 m²	27南京双龙村 29228 m²	28南京陶家村 27843 m²	29南京西杨村 27602 m²	30南京傅家边村 23519 m²	31南京金桥村 23358 m²	32南京陶田峪村 21243 m²	33南京新潭村 18960 m²	34南京杨板村 15713 m²	15南京庞家桥东村 11617 m²	36南京徐家村 10599 m²
60	30×30	1	0	0	0	0	0	1	1	0	0	0	0
58	29×29	0	0	0	0	0	0	0	0	0	0	0	0
56	28×28	0	1	1	0	0	0	0	0	0	0	0	D
54	27×27	0	0	1	0	0	0	0	0	0	0	0	0
52	26×26	1	0	0	0	0	0	0	0	0	0	0	0
50	25×25	1	1	0	0	0	0	0	0	0	0	0	0
48	24×24	0	0	0	0	0	0	0	0	0	0	0	0
46	23×23	1	1	1	0	0	0	0	0	1	0	0	0
44	22×22	0	0	1	1	0	0	0	0	0	0	0	0
42	21×21	2	2	0	1	1	0	0	0	0	0	0	0
40	20×20	3	2	0	1	0	1	0	0	0	0	0	0
38	19×19	1	0	1	0	1	0	0	0	0	0	0	0
36	18×18	0	2	0	0	2	0	1	0	0	0	0	0
34	17×17	2	1	2	4	1	1	1	0	1	0	1	0
32	16×16	1	4	0	0	2	1	0	0	0	0	0	0
30	15×15	2	5	1	0	3	3	0	0	1	1	1	0
30—15		**15**	**19**	**8**	**7**	**10**	**7**	**2**	**3**	**2**	**2**	**2**	**D**
28	14×14	3	3	5	2	2	4	2	1	0	0	1	2
26	13×13	7	1	2	1	1	2	4	5	4	4	2	1
24	12×12	1	5	2	3	5	2	6	5	3	3	3	0
22	11×11	10	6	7	4	9	10	5	4	5	3	2	2
20	10×10	10	8	11	6	4	8	12	7	5	7	3	2
18	9×9	18	9	8	12	8	9	10	11	11	5	1	5
16	8×8	8	16	9	13	11	14	13	7	6	11	6	10
14	7×7	25	18	17	23	14	9	22	10	19	16	11	5
15—7		**88**	**66**	**61**	**64**	**54**	**58**	**74**	**50**	**53**	**49**	**29**	**27**
12	6×6	28	24	28	28	33	22	30	21	32	16	14	10
10	5×4	43	35	32	32	42	35	43	23	29	25	20	19
8	4×4	65	64	76	58	66	42	66	50	57	31	32	42
6	3×3	135	131	116	100	123	92	109	112	99	68	62	58
7—3		**271**	**254**	**252**	**218**	**264**	**191**	**248**	**206**	**217**	**140**	**128**	**129**

不敏感，比如1 m、2 m的细碎空间的数据过于庞大而缺乏实际的指导意义。因此本研究偏重对3 m以上的空间进行研究和应用。Mask掩膜图与道路图叠合之后，得到最终的Fusion叠合图，即各尺度层级公共空间叠合图，用于后续的分析。

观察表5-6可以明显看出，当尺度逐渐增大时数量逐渐增大，当尺度变得很小时数量急剧增大，其直方分布图满足逆幂律递增规律，这再一次印证了江苏地区聚落分形的特征。

进一步地对统计数据进行"30 m—15 m—7 m—3 m"尺度层级上的运算，统计30 m—15 m、15 m—7 m、7 m—3 m三个区间范围内的数据可以发现在满足逆幂律的同时，30 m—15 m、15 m—7 m、7 m—3 m三个区间内的空间数量大致满足4~10的倍数关系，大部分满足6倍的关系，这一明确的特征能进一步地帮助设计师在公共空间整体层面从宏观上把控空间的复杂性。

5.4.1 公共空间普适分布量化研究

为进一步推动36个聚落的研究结果对未来工程设计的正向指导作用，使得研究结果可用于一定规模的聚落公共空间规划设计中，笔者将从统计学的角度探讨尺度与数量之间的数学关系。由于36个聚落大小和形态各异，其数据虽类似但有所波动，为了得到更客观的结果，对36个聚落进行规模分类，对各组规模的数据进行加权平均以达到数据清洗的作用，而后再回归，拟合出尺度与数量的普适分布函数关系。

观察36个聚落的普适分布规律，将36个聚落合理地分为5种规模范围：30万—20万 m^2、20万—10万 m^2、10万—5万 m^2、5万—2.5万 m^2、2.5万—1万 m^2。假设每组中有i个村落，对每组规模内的各聚落数据做如下操作（以30万—20万 m^2聚落为例）：

1）在坐标轴中以散点的形式标出表5-5中i个聚落对应的点，横坐标表示公共空间尺度（m），纵坐标表示公共空间数量（个/万 m^2），虚线表示趋势。一共i根虚线，对应i个聚落。以30万—20万 m^2聚落为例，对应5个聚落"1号苏州翁巷村、2号常州焦溪村、3号南通余西村、4号苏州杨湾村、5号无锡礼社村"。将表5-5中5个聚落的数据在坐标轴中标出散点，如图5-24所示。曲线规律呈现当空间尺度变大时，其数量变小，分布的概率也减小。

2）以面积为权数计算出各尺度下的单位面积数量N_iS_i的加权平均数，以散点的形式在坐标轴中标出来，横坐标表示公共空间尺度（m），纵坐标表示公共空间数量（个/万 m^2），得到的分布关系图能客观地反映此类规模聚落的公共空间各层级尺度与数量的关系。加权平均数的计算过程具体如下：

· 设每个聚落的面积分别为 S_1，S_2，S_3…S_i。

· 根据表5-5的数据做出第一步的点后，对应某个尺度下有 i 个公共空间数量值，数量值用 N 表示，即在某个尺度下分别有 N_1，N_2，N_3…N_i。对 i 个 N 值分别计算单位面积数量值 N_i/S_i，如 N_1/S_1 表示1号村落每1万 m^2 包含有 N_1 个该尺度

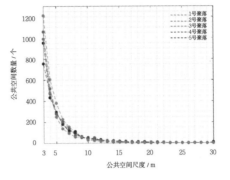

图5-24 | 江苏地区30万—20万 m^2 聚落公共空间各层级尺度与数量关系图

公共空间，对每一个尺度下 i 个 N 值求平均数，最终可以得到每一个尺度下的 i 个单位面积数量平均值。这一步可以简单地理解为用第一步中所有散点的纵坐标除以该聚落的面积得到单位面积数量，该数值将作为下一步作加权平均数的对象。

· 以面积为权数，则每个聚落所占的权重为 $S_i/S_{总}$。对每一个尺度求其单位面积数量 N_i/S_i 的加权平均数：$(N_1/S_i)\cdot(S_1/S_{总})+(N_2/S_i)\cdot(S_2/S_{总})+\cdots+(N_i/S_i)\cdot(S_i/S_{总})$，优化后得到如下公式：

$$\overline{N}=\sum_{i=1}^{i}\frac{S_i}{\sum_{i=1}^{i}S_i}\bullet\frac{N_i}{S_i}$$

计算得出各个尺度下的单位面积数量，以散点的形式标在坐标轴中，横坐标表示公共空间尺度（m），纵坐标表示公共空间数量（个/万 m^2），虚线表示趋势。

以30万—20万 m^2 聚落为例，按照如上公式计算出各个尺度下"公共空间单位面积数量"，得到表5-7的数据。将数据在坐标轴中以散点的形式标出，虚线代表趋势，如图5-25所示。

3）加权平均曲线上对应的散点满足逆幂律关系，将横、纵坐标轴都取对数后在坐标轴中标出来近似地拟合出一条直线，直线即为横纵坐标数学关系。（本研究将加权平均曲线上的点直接在双对数坐标轴中标出，这样横纵坐标均不改变值和单位，因为双对数坐标本身已经取过对数）因此在双对数坐标中进行直线回归拟合出的直线，横坐标是公共空间

尺度（m）	30	29	28	27	26	25	24	23	22	21	20	19	18	17
数量（个/万 m^2）	0.14	0.03	0.04	0.05	0.06	0.05	0.07	0.04	0.12	0.18	0.16	0.19	0.24	0.34

尺度（m）	16	15	14	13	12	11	10	9	8	7	6	5	4	3
数量（个/万 m^2）	0.42	0.43	0.63	0.81	1.07	1.59	1.83	2.40	3.72	5.26	7.82	12.56	21.10	41.84

表5-7 | 江苏地区30万—20万 m^2 聚落公共空间各尺度单位面积平均个数关系

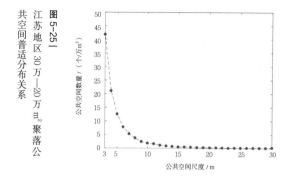

图 5-25 | 江苏地区 30 万—20 万 m² 聚落公共空间普适分布关系

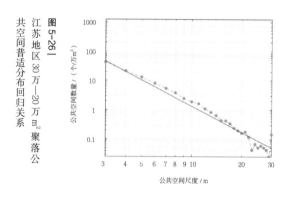

图 5-26 | 江苏地区 30 万—20 万 m² 聚落公共空间普适分布回归关系

尺度（m），纵坐标是公共空间数量（个/万 m²）。该关系能比较客观地反映尺度与数量的数学关系。用于未来对江苏地区代表性聚落营造的设计参考。

以 30 万—20 万 m² 聚落为例，将表 5-6 的数据在双对数坐标中标出来，标出的点如图 5-26 中绿色点所示，虚线代表趋势。在 MATLAB 中进行直线回归拟合后得到如图 5-26 所示的红色直线，直线的公式为 $y = 1203x - 2.960479$，相关系数 $R = -0.985852$。拟合出的坐标数据如表 5-8 所示。这部分数据和曲线可以作为一定规模下江苏地区聚落公共空间设计的参考。

值得注意的是，由于加权平均曲线是单纯地对每个尺度下的所有纵坐标值求平均数，而忽略任何聚落差异和对异常值的处理，因此数据和曲线在整体满足逆幂律分布的规律之下也存在不完全合理的地方。比如表 5-8 中的数据并非严格递增，这虽然符合实际的聚落情况，但与本研究的目标不符。本研究期望探析江苏地区聚落尺度层级关系，用于对未来特色江苏地区聚落营造提供理性、客观的设计参考，而妥善调和聚落间的差异性并得到一个客观、理性的结论才可能对未来正向设计有所帮助。若考虑一切"特殊情况"，或参考因素过多，则会由于"镣铐"太多而无法推动研究，更无法从理性的技术层面做出对正向设计有帮助的分析。数据

表 5-8 | 江苏地区 30 万—20 万 m² 聚落公共空间普适分布回归关系

尺度（m）	30	29	28	27	26	25	24	23	22	21	20	19	18	17
数量（个/万 m²）	0.05	0.06	0.06	0.07	0.08	0.09	0.10	0.11	0.13	0.15	0.17	0.20	0.24	0.27
尺度（m）	16	15	14	13	12	11	10	9	8	7	6	5	4	3
数量（个/万 m²）	0.33	0.40	0.49	0.81	0.77	0.99	1.32	1.80	2.55	3.79	5.98	10.26	19.86	46.54

尺度（m）	30—15	15—7	7—3
数量（个/万 m²）	2.49	12.31	86.41

Λ解码 | 历史地段保护与更新中的数字技术

拟合是将现有数据通过数学方法代入一条数式的表示方式，本研究利用数据拟合方法，将加权平均曲线横、纵坐标取双对数后进行直线回归拟合，拟合出的直线公式能比较客观地反映尺度与数量的数学关系，可用于未来对江苏地区代表性聚落营造的设计参考。

根据以上方法对30万—20万 m²、20万—10万 m²、10万—5万 m²、5万—2.5万 m²、2.5万—1万 m²的数据计算：

第一步，在坐标轴中以散点的形式标出表5-7中各聚落对应的点，虚线表示趋势，得到如图5-27所示。

第二步，以面积为权数计算出各尺度下的所有数据的"单位面积数量N_i/S_i"的加权平均数，如表5-9所示，在坐标轴中标出点，虚线表示趋势，如图5-28所示。

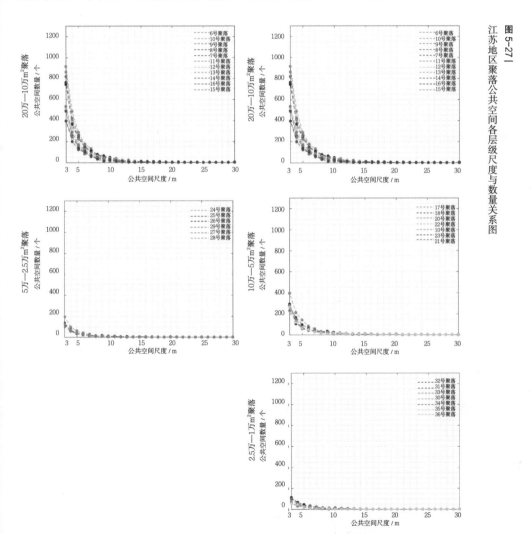

图 5-27 | 江苏地区聚落公共空间各层级尺度与数量关系图

表 5-9 | 江苏地区聚落公共空间各尺度单位面积平均个数关系

聚落编号		30	29	28	27	26	25	24	23	22	21	20	19	18	17
公共空间数量(个/万m²)	30万—20万m²	0.14	0.03	0.04	0.05	0.06	0.05	0.07	0.04	0.12	0.18	0.16	0.19	0.24	0.34
	20万—10万m²	0.10	0.03	0.02	0.02	0.06	0.02	0.09	0.09	0.07	0.11	0.12	0.15	0.21	0.25
	10万—5万m²	0.11	0.00	0.00	0.07	0.02	0.07	0.05	0.16	0.14	0.14	0.23	0.27	0.37	0.48
	5万—2.5万m²	0.05	0.00	0.11	0.05	0.05	0.11	0.00	0.16	0.11	0.32	0.32	0.16	0.21	0.53
	2.5万—1万m²	0.16	0.00	0.00	0.00	0.00	0.00	0.00	0.16	0.00	0.00	0.08	0.08	0.16	0.24
聚落编号		16	15	14	13	12	11	10	9	8	7	6	5	4	3
公共空间数量(个/万m²)	30万—20万m²	0.42	0.43	0.63	0.81	1.07	1.59	1.83	2.40	3.72	5.26	7.82	12.56	21.10	41.84
	20万—10万m²	0.42	0.51	0.54	0.74	1.07	1.55	2.17	2.69	3.90	5.66	8.98	13.50	22.44	42.83
	10万—5万m²	0.62	0.73	0.66	1.25	1.67	2.12	2.26	3.63	4.13	6.16	8.97	12.87	22.63	45.76
	5万—2.5万m²	0.48	0.64	0.85	0.90	1.43	2.55	2.76	3.82	3.77	6.63	9.76	13.10	22.70	42.48
	2.5万—1万m²	0.08	0.48	0.80	1.76	1.76	2.48	3.52	4.16	5.36	7.36	11.60	15.52	25.60	48.00

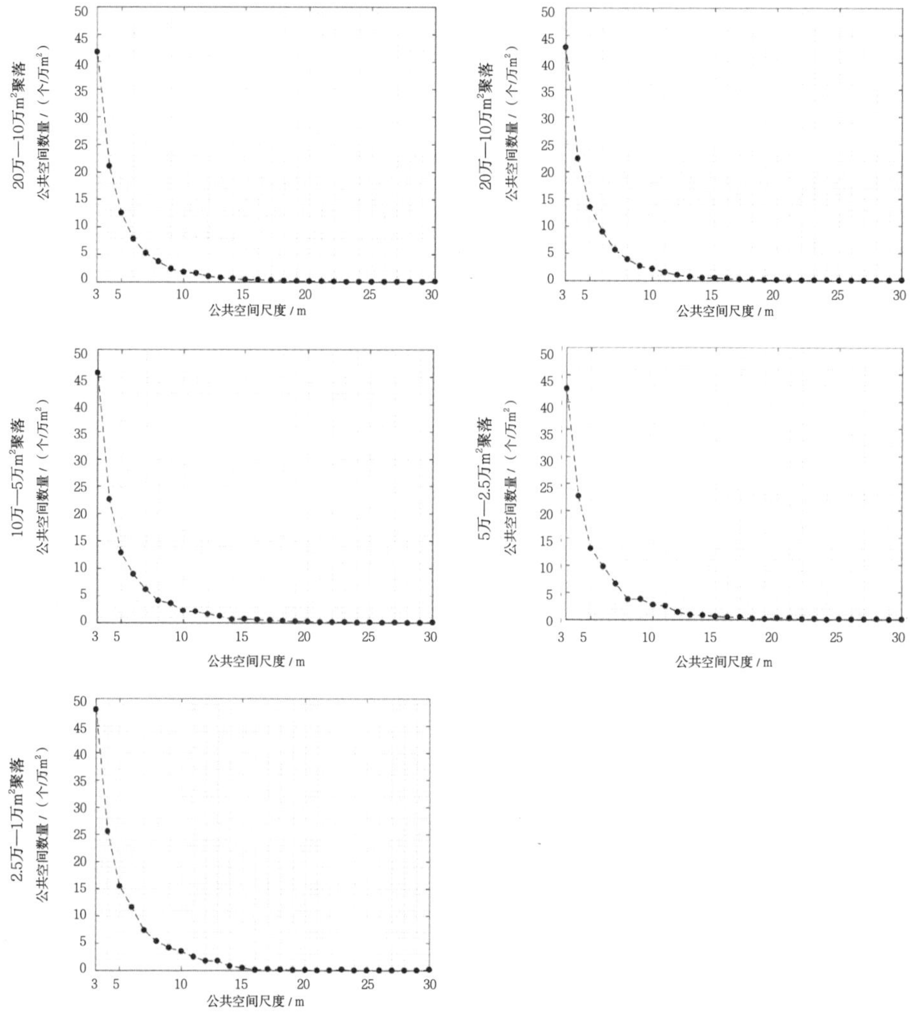

图 5-28 | 江苏地区聚落公共空间普适分布关系

Λ解码 | 历史地段保护与更新中的数字技术

第三步，将表5-10的数据在双对数坐标中标出来，近似地拟合出一条直线，直线即为"公共空间的各层级下的尺度与数量"数学关系，各组回归公式及相关系数如表5-11所示（图5-29）。

值得注意的是，当计算聚落公共空间普适分布加权平均曲线时，局部放大曲线观察发现部分大尺度空间数量接近0。比如，对于10万—5万 m²聚落，当空间尺度为28~30 m时空间数量接近为0；对于5万—2.5万 m²聚落，当空间尺度为24~30 m时空间数量接近为0；对于2.5万—1万 m²聚落，当空间尺度为21~30 m时空间数量接近为0。因此可见10万—5万 m²聚落丢失了28 m以上的大尺度空间，5万—2.5万 m²聚落丢失了24 m以上的大尺度空间，2.5万—1万 m²聚落丢失了20 m以上的大尺度空间。在后面的计算中笔者将此尺度取缔为0。这也印证了在前文的结论，2.5万m²以内的聚落鲜少出现15 m以上的空间层级（图5-30）。

表5-10 江苏地区聚落公共空间普适分布回归关系

聚落编号		30	29	28	27	26	25	24	23	22	21	20	19	18	17
公共空间数量（个/万m²）	30万—20万m²	0.05	0.06	0.06	0.07	0.08	0.09	0.10	0.11	0.13	0.15	0.17	0.20	0.23	0.27
	20万—10万m²	0.04	0.04	0.05	0.06	0.06	0.07	0.08	0.09	0.10	0.12	0.14	0.16	0.19	0.23
	10万—5万m²				0.09	0.10	0.11	0.13	0.14	0.16	0.19	0.22	0.25	0.29	0.34
	5万—2.5万m²								0.20	0.22	0.25	0.29	0.33	0.38	0.44
	2.5万—1万m²											0.20	0.23	0.28	0.33

聚落编号		16	15	14	13	12	11	10	9	8	7	6	5	4	3
公共空间数量（个/万m²）	30万—20万m²	0.33	0.40	0.49	0.61	0.77	0.99	1.32	1.80	2.55	3.79	5.98	10.26	19.86	46.54
	20万—10万m²	0.28	0.34	0.42	0.53	0.68	0.90	1.20	1.67	2.41	3.64	5.88	10.35	20.70	50.57
	10万—5万m²	0.41	0.50	0.61	0.75	0.95	1.22	1.61	2.19	3.08	4.53	7.09	12.05	23.02	53.08
	5万—2.5万m²	0.52	0.62	0.75	0.92	1.14	1.43	1.85	2.46	3.38	4.84	7.32	11.95	21.78	47.20
	2.5万—1万m²	0.39	0.47	0.58	0.73	0.92	1.19	1.58	2.16	3.07	4.56	7.21	12.39	24.05	56.52

聚落编号		30—27	27—24	24—21	20—15	15—7	7—3
公共空间数量（个/万m²）	30万—20万m²			2.49		12.31	86.41
	20万—10万m²			2.06		11.46	87.50
	10万—5万m²			2.93		14.94	95.24
	5万—2.5万m²				3.26	16.01	88.25
	2.5万—1万m²				1.91	14.79	100.17

表5-11 江苏地区聚落公共空间普适分布回归公式及相关关系系数

江苏地区聚落规模	公共空间尺度数量回归公式	相关系数
30万—20万m²	$y=1203x^{-2.960479}$	$R=-0.985852$
20万—10万m²	$y=1531.5x^{-3.104555}$	$R=-0.979332$
10万—5万m²	$y=1288x^{-2.903384}$	$R=-0.979456$
5万—2.5万m²	$y=905.6x^{-2.689}$	$R=-0.987086$
2.5万—1万m²	$y=1477x^{-2.97}$	$R=-0.959018$

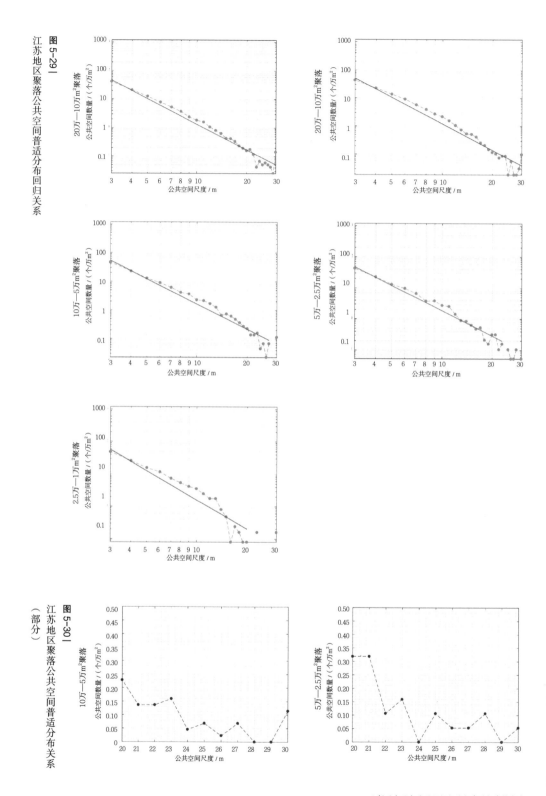

图 5-29｜

江苏地区聚落公共空间普适分布回归关系

图 5-30｜

江苏地区聚落公共空间普适分布关系

（部分）

5.4.2 公共空间普适尺度量化研究

为了进一步对表5-12的数据进行信息挖掘，表达出数据背后所隐藏的各尺度空间的差异化信息，下文将从各尺度层级出发进行探讨。

正如前文所述，萨林加罗斯在《新建筑理论十二讲——算法可持续设计》中提出分形满足两个普遍的规则，一个规则是普适分布，这部分在第5.2.2小节已有讨论。另一个规则是普适尺度，即尺度层级：在所有的尺寸当中存在一种尺度关系，两个连续尺度之间存在一个大概比率，导致分形能形成丰富的尺度层级。萨林加罗斯认为层级间的比例因子r一般至少在2~5之间，本研究取极限2来确定聚落的基本尺度层级。观察样本不难发现，江苏地区聚落样本中的最大尺度空间基本在30 m×30 m左右，因此将30 m作为最大尺度层级，计算后得到"30 m—15 m—7 m—3 m"的尺度层级序列，本研究主要针对3 m以上的空间进行讨论。但值得注意的是，以上对尺度层级的确立方式是针对规则的分形，而聚落是复杂而不规则的图形，聚落空间往往被填充着各个尺度的空间，具备从30 m×30 m到1 m×1 m的所有尺度下的不规则空间，因此为了提高运算的精确程度，本研究将在运行"算法二：聚

表 5-12 江苏地区 36 个聚落公共空间各层级尺度与数量

Kernel_size (m)	尺度 (m)	1苏州翁巷村 291420 m²	2常州焦溪村 243038 m²	3南通余西村 223836 m²	4苏州杨湾村 221059 m²	5无锡礼社村 206320 m²	6盐城草堰村 191781 m²	7无锡严家桥村 183876 m²	8镇江华山村 179009 m²	9镇江柳茹村 173249 m²	10苏州陆巷村 166064 m²	11南京杨柳村 139110 m²	12南京余村王家村 126818 m²
60	30×30	5	2	10	0	0	7	0	0	2	2	2	0
58	29×29	1	0	0	1	1	1	0	0	0	1	0	0
56	28×28	1	1	2	1	0	1	1	0	1	0	0	0
54	27×27	0	1	3	2	0	0	1	0	1	0	0	0
52	26×26	2	0	1	1	3	0	1	0	0	1	2	2
50	25×25	2	2	2	0	0	0	0	0	1	0	0	0
48	24×24	1	2	2	3	0	1	2	1	1	2	2	2
46	23×23	3	0	1	1	0	2	1	1	1	3	1	3
44	22×22	2	1	6	4	1	1	0	3	0	0	2	1
42	21×21	7	1	8	2	3	1	2	0	0	0	1	2
40	20×20	0	2	8	7	2	2	0	2	1	3	2	1
38	19×19	4	2	11	4	2	2	3	5	0	1	0	1
36	18×18	3	6	12	3	4	5	3	3	1	4	0	2
34	17×17	5	12	12	9	2	5	4	6	1	5	1	3
32	16×16	17	7	12	7	7	7	6	10	4	6	8	8
30	15×15	6	8	17	12	8	11	4	7	4	11	6	6
30—15		**59**	**47**	**107**	**57**	**33**	**46**	**28**	**42**	**18**	**42**	**28**	**31**
28	14×14	7	12	23	22	11	9	8	14	10	9	3	8
26	13×13	25	16	21	21	13	23	12	7	15	14	6	7
24	12×12	26	27	33	25	16	17	24	19	15	18	9	23
22	11×11	41	34	39	51	24	41	29	30	15	20	14	28
20	10×10	53	44	50	41	29	47	37	49	27	38	13	37
18	9×9	56	53	54	64	57	56	54	65	41	44	28	38
16	8×8	103	94	110	76	58	76	72	78	63	63	52	56
14	7×7	154	127	111	139	93	133	111	101	89	84	70	66
15—7		**465**	**407**	**441**	**439**	**301**	**402**	**347**	**363**	**275**	**290**	**195**	**263**
12	6×6	225	179	184	202	137	176	152	144	164	174	129	108
10	5×4	380	296	287	277	249	286	224	241	258	224	170	177
8	4×4	604	433	472	518	475	489	369	364	421	408	289	328
6	3×3	1210	952	753	1057	989	915	743	763	818	861	535	506
7—3		**2419**	**1860**	**1696**	**2054**	**1850**	**1866**	**1488**	**1512**	**1661**	**1667**	**1123**	**1119**
4	2×2	3301	2840	2176	2921	2511	2287	2045	1904	2159	2067	1528	1472
2	1×1	17810	12981	8160	15108	12682	10298	10341	8843	9669	11062	7834	7434

Kernel_size (m)	尺度 (m)	13常州杨桥村 122120 m²	14丹阳九里村 121091 m²	15常熟李市村 106196 m²	16镇江儒里村 105107 m²	17苏州明月湾村 85726 m²	18南京东杨村 70399 m²	19苏州三山村 62021 m²	20南京漆桥村 62021 m²	21南京东时村 56932 m²	22南京铜山端村 50678 m²	23南京朱塘村 50559 m²	24南京西时村 40237 m²
60	30×30	1	1	1	1	0	3	0	0	0	0	2	0
58	29×29	1	0	1	1	0	0	0	0	0	0	0	0
56	28×28	0	0	0	0	0	0	0	0	0	0	0	0
54	27×27	0	1	0	0	0	1	1	0	0	0	1	0
52	26×26	1	2	0	0	0	0	0	0	0	0	1	0
50	25×25	2	0	0	0	0	0	0	0	2	0	1	0
48	24×24	1	2	0	0	0	0	0	0	1	1	0	0
46	23×23	1	2	0	0	1	1	0	0	2	1	2	0
44	22×22	2	2	1	0	1	0	2	0	0	1	2	0
42	21×21	2	5	0	4	0	0	1	1	2	0	2	0
40	20×20	3	1	1	2	2	0	1	5	1	1	0	0
38	19×19	2	3	2	1	1	4	1	1	1	2	2	0
36	18×18	4	4	1	2	3	2	3	3	2	2	1	0
34	17×17	3	9	0	4	1	4	4	1	2	3	6	0
32	16×16	6	9	1	2	2	4	4	3	5	6	3	2
30	15×15	12	12	5	5	2	4	3	4	6	8	5	1
30—15		**40**	**55**	**13**	**21**	**13**	**23**	**20**	**18**	**24**	**25**	**28**	**3**
28	14×14	15	5	4	2	3	5	2	8	3	4	4	1
26	13×13	8	14	10	3	6	11	7	3	8	10	10	5
24	12×12	17	14	6	10	11	12	8	12	12	9	9	5
22	11×11	32	20	12	9	12	13	17	16	9	12	14	12
20	10×10	34	31	15	22	19	22	9	17	14	7	11	13
18	9×9	32	35	30	12	36	31	20	25	22	14	11	17
16	8×8	53	48	38	31	32	29	27	28	18	27	20	14
14	7×7	73	56	66	64	58	37	32	45	35	37	26	28
15—7		**264**	**223**	**181**	**153**	**177**	**160**	**122**	**154**	**121**	**120**	**105**	**95**
12	6×6	113	109	83	97	83	54	63	41	49	54	49	43
10	5×4	174	138	164	123	141	72	96	58	59	72	66	63
8	4×4	263	249	243	199	211	105	163	153	117	124	119	99
6	3×3	493	490	395	396	395	291	270	278	229	277	266	196
7—3		**1043**	**986**	**885**	**815**	**830**	**522**	**592**	**530**	**454**	**527**	**500**	**401**
4	2×2	1457	1356	1106	1157	1200	804	736	736	691	855	734	545
2	1×1	5373	4953	5396	5255	4843	3291	3698	2568	2675	3008	2881	2321

Kernel_size (m)	尺度 (m)	25南京庞家桥村 34182 m²	26南京刘组村 29486 m²	27南京双龙村 29228 m²	28南京陶家村 27843 m²	29南京西杨村 27602 m²	30南京博家边村 23519 m²	31南京金桥村 23358 m²	32南京陶田峪村 21243 m²	33南京新潭村 18960 m²	34南京杨板村 15713 m²	15南京庞家桥东村 11617 m²	36南京徐家村 10599 m²
60	30×30	1	0	0	0	0	0	1	1	0	0	0	0
58	29×29	0	0	0	0	0	0	0	0	0	0	0	0
56	28×28	0	1	1	0	0	0	0	0	0	0	0	0
54	27×27	0	0	1	0	0	0	0	0	0	0	0	0
52	26×26	1	0	0	0	0	0	0	0	0	0	0	0
50	25×25	1	1	0	0	0	0	0	0	0	0	0	0
48	24×24	0	0	0	0	0	0	0	0	0	0	0	0
46	23×23	1	1	1	0	0	0	0	0	1	0	0	0
44	22×22	0	0	1	1	0	0	0	0	0	0	0	0
42	21×21	2	2	0	1	1	0	0	0	0	0	0	0
40	20×20	3	2	0	1	0	1	0	0	0	0	0	0
38	19×19	1	0	1	0	1	0	0	1	0	0	0	0
36	18×18	0	2	0	0	2	1	1	0	0	0	0	0
34	17×17	2	1	2	4	1	1	0	0	1	0	1	0
32	16×16	1	4	0	0	2	0	0	0	0	0	0	0
30	15×15	2	5	1	0	3	3	0	0	1	1	1	0
30—15		**15**	**19**	**8**	**7**	**10**	**7**	**2**	**3**	**2**	**2**	**2**	**0**
28	14×14	3	3	5	2	2	4	2	1	0	0	1	0
26	13×13	7	1	7	1	1	2	4	5	4	4	2	1
24	12×12	7	5	2	3	5	2	5	5	3	3	3	0
22	11×11	10	6	7	4	9	10	5	4	5	3	2	2
20	10×10	10	8	11	6	4	8	12	7	5	7	3	2
18	9×9	18	9	8	12	8	9	10	11	11	5	1	5
16	8×8	8	16	9	13	11	14	13	7	6	11	6	10
14	7×7	25	18	17	23	14	9	22	10	19	16	11	5
15—7		**88**	**66**	**61**	**64**	**54**	**58**	**74**	**50**	**53**	**49**	**29**	**27**
12	6×6	28	24	28	28	33	22	30	21	32	16	14	10
10	5×4	43	35	32	32	42	35	43	23	29	25	20	19
8	4×4	65	64	76	58	66	42	66	50	57	31	32	42
6	3×3	135	131	116	100	123	92	109	112	99	68	62	58
7—3		**271**	**254**	**252**	**218**	**264**	**191**	**248**	**206**	**217**	**140**	**128**	**129**
4	2×2	395	398	360	366	334	254	356	308	297	210	171	140
2	1×1	1714	1618	1360	1401	1361	1213	1414	1029	1239	888	761	676

落公共空间遍历算法"时，将遍历核尺寸以1 m为单位，逐次递减筛选各尺度层级的公共空间，最后再以理论的尺度层级来对结果进行统计分析。

于是，将以上36个聚落的平面图输入"算法二：聚落公共空间遍历算法"中进行运算，得到各个聚落下的不同尺度所对应的Mask掩膜图，与道路图进行叠合之后，得到最终的Fusion叠合图，同时统计代码运算出各个尺度空间对应的数量（图5-31）。对Fusion叠合图进行算法一运算后，对结果进行回归分析后得到各个对应的尺度层级下分维值结果，如表5-13所示。

观察表5-12可得，不同规模大小的聚落包含有不同数量的层级结构：小聚落可能只包含一两个空间尺度层级，而中型聚落可能包含两三个尺度层级，大规模聚落具有更多的尺度层级。比如从30万 m²的1号苏州翁巷村到约10万 m²的16号常熟李市村，包含有从30 m到1 m的各尺度空间，具备"30 m—15 m—7 m—3 m—1 m"的完整尺度层级，如图5-31a所示；而10万 m²以下的聚落鲜少出现20 m以上的尺度空间，如图5-31b所示；2.5万 m²以内的聚落鲜少出现15 m以上的空间尺度，如图5-31c所示。可以推测此类规模的小聚落只包含"15 m—

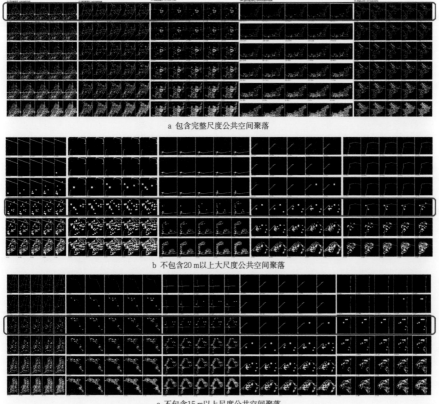

a 包含完整尺度公共空间聚落

b 不包含20 m以上大尺度公共空间聚落

c 不包含15 m以上尺度公共空间聚落

图5-31 部分聚落空间遍历筛选比较图

表 5-13　江苏地区 36 个聚落公共空间各层级分维值变化

Kernel_size (m)	尺度 (m)	1苏州翁巷村 291420 m² 分维值	R²	2常州焦溪村 243038 m² 分维值	R²	3南通余西村 223836 m² 分维值	R²	4苏州杨湾村 221059 分维值	R²	5无锡礼社村 206320 m² 分维值	R²	6盐城草堰村 191781 m² 分维值	R²	7无锡严家桥村 183876 m² 分维值	R²	8镇江华山村 179009 m² 分维值	R²	9镇江柳茹村 173249 m² 分维值	R²
60	30×30	1.5618	0.9967	1.3358	0.9993	1.2320	0.9986					1.5171	0.9990					1.4606	0.9992
58	29×29	1.5658	0.9965	1.3358	0.9993	1.2320	0.9986	1.4070	0.9991	1.4776	0.9966	1.5191	0.9990					1.4606	0.9992
56	28×28	1.5684	0.9965	1.3398	0.9991	1.2436	0.9991	1.4140	0.9991	1.4776	0.9966	1.5126	0.9992	1.4262	0.9974			1.4658	0.9993
54	27×27	1.5684	0.9965	1.3417	0.9991	1.2384	0.9990	1.4246	0.9991	1.4776	0.9966	1.5126	0.9992	1.4328	0.9975			1.4694	0.9994
52	26×26	1.5743	0.9965	1.3417	0.9991	1.2354	0.9991	1.4265	0.9991	1.4932	0.9969	1.5126	0.9992	1.4382	0.9970			1.4694	0.9994
50	25×25	1.5793	0.9964	1.3476	0.9992	1.2437	0.9991	1.4265	0.9991	1.4932	0.9969	1.5126	0.9992	1.4382	0.9970			1.4759	0.9993
48	24×24	1.5821	0.9965	1.3537	0.9992	1.2553	0.9991	1.4390	0.9992	1.4932	0.9969	1.5159	0.9993	1.4463	0.9968	1.4584	0.9969	1.4794	0.9993
46	23×23	1.5873	0.9964	1.3537	0.9992	1.2617	0.9992	1.4404	0.9993	1.4932	0.9969	1.5196	0.9993	1.4488	0.9969	1.4584	0.9969	1.4821	0.9993
44	22×22	1.5911	0.9965	1.3581	0.9992	1.2779	0.9991	1.4574	0.9994	1.4973	0.9970	1.5196	0.9993	1.4488	0.9969	1.4701	0.9971	1.4821	0.9993
42	21×21	1.6074	0.9966	1.3630	0.9992	1.3015	0.9991	1.4643	0.9991	1.5055	0.9973	1.5229	0.9993	1.4558	0.9971	1.4701	0.9971	1.4821	0.9993
40	20×20	1.6074	0.9966	1.3639	0.9993	1.3242	0.9995	1.4445	0.9991	1.5091	0.9975	1.5284	0.9994	1.4558	0.9971	1.4805	0.9972	1.4856	0.9993
38	19×19	1.6128	0.9967	1.3699	0.9992	1.3491	0.9994	1.4519	0.9993	1.5132	0.9977	1.5308	0.9993	1.4646	0.9973	1.4934	0.9976	1.4856	0.9993
36	18×18	1.6153	0.9969	1.3843	0.9993	1.3756	0.9995	1.4635	0.9992	1.5118	0.9981	1.5442	0.9994	1.4739	0.9971	1.4959	0.9984	1.4866	0.9993
34	17×17	1.6216	0.9971	1.4119	0.9989	1.3951	0.9994	1.4880	0.9991	1.5191	0.9982	1.5569	0.9995	1.4858	0.9972	1.5134	0.9986	1.4881	0.9993
32	16×16	1.6368	0.9975	1.4239	0.9988	1.4092	0.9997	1.4894	0.9991	1.5169	0.9983	1.5656	0.9995	1.5050	0.9971	1.5324	0.9987	1.4965	0.9995
30	15×15	1.6425	0.9976	1.4362	0.9985	1.4304	0.9993	1.5060	0.9993	1.5293	0.9980	1.5774	0.9999	1.5178	0.9972	1.5443	0.9988	1.5025	0.9994
28	14×14	1.6479	0.9977	1.4489	0.9983	1.4650	0.9994	1.5402	0.9992	1.5499	0.9980	1.5881	0.9997	1.5310	0.9975	1.5627	0.9989	1.5126	0.9993
26	13×13	1.6687	0.9979	1.4587	0.9983	1.4835	0.9995	1.5697	0.9989	1.5676	0.9977	1.6078	0.9998	1.5482	0.9966	1.5726	0.9989	1.5320	0.9994
24	12×12	1.6861	0.9982	1.4882	0.9987	1.4982	0.9997	1.5959	0.9987	1.5834	0.9982	1.6194	0.9995	1.5797	0.9972	1.5888	0.9992	1.5409	0.9995
22	11×11	1.7032	0.9985	1.5156	0.9984	1.5031	0.9999	1.6231	0.9992	1.5991	0.9986	1.6528	0.9993	1.6092	0.9975	1.6105	0.9993	1.5558	0.9996
20	10×10	1.7196	0.9986	1.5386	0.9988	1.5292	1.0000	1.6353	0.9995	1.6152	0.9990	1.6743	0.9999	1.6347	0.9982	1.6405	0.9996	1.5745	0.9996
18	9×9	1.7321	0.9988	1.5651	0.9991	1.5486	1.0000	1.6667	0.9997	1.6296	0.9991	1.6897	0.9993	1.6690	0.9988	1.6622	0.9997	1.5946	0.9998
16	8×8	1.7520	0.9991	1.6016	0.9994	1.5704	1.0000	1.6564	0.9998	1.6484	0.9992	1.7081	0.9998	1.6957	0.9990	1.6779	0.9999	1.6105	0.9999
14	7×7	1.7567	0.9997	1.6286	0.9998	1.5849	0.9999	1.6821	0.9998	1.6787	0.9995	1.7290	0.9998	1.6957	0.9996	1.6842	1.0000	1.6390	0.9998
12	6×6	1.7730	0.9998	1.6520	0.9999	1.6050	0.9999	1.7082	0.9999	1.7022	0.9997	1.7444	0.9996	1.7047	1.0000	1.6656	1.0000		
10	5×4	1.7924	0.9999	1.6730	1.0000	1.6212	0.9999	1.7293	0.9999	1.7296	0.9998	1.7565	0.9995	1.7445	1.0000	1.7136	1.0000	1.6877	1.0000
8	4×4	1.8049	0.9999	1.6863	1.0000	1.6284	0.9998	1.7357	0.9992	1.7625	1.0000	1.7609	0.9994	1.7576	1.0000	1.7229	0.9999	1.7100	0.9999
6	3×3	1.8122	0.9999	1.7002	1.0000	1.6351	0.9997	1.7459	0.9991	1.7850	1.0000	1.7529	0.9995	1.7705	0.9999	1.7202	0.9998	1.7105	0.9999
4	2×2	1.8187	0.9999	1.7121	0.9998	1.6433	1.0000	1.7516	0.9991	1.7911	0.9999	1.7599	0.9994	1.7688	0.9999	1.7274	0.9998	1.7209	0.9997
2	1×1	1.8218	0.9999	1.7177	0.9998	1.6465	0.9996	1.7544	0.9992	1.7857	0.9998	1.7599	0.9994	1.7774	0.9999	1.7298	0.9998	1.7274	0.9997

Kernel_size (m)	尺度 (m)	10苏州陆巷村 166064 m² 分维值	R²	11南京杨柳村 139110 m² 分维值	R²	12南京余村王家村 126818 m² 分维值	R²	13常州杨桥村 122120 m² 分维值	R²	14丹阳九里村 121091 m² 分维值	R²	15常熟李市村 106196 m² 分维值	R²	16镇江儒里村 105107 m² 分维值	R²	17苏州明月湾村 85726 m² 分维值	R²	18南京东杨村 70399 m² 分维值	R²
60	30×30	1.2442	0.9959	1.4405	0.9992					1.3740	0.9993	1.4972	0.9977	1.4614	0.9971			1.1267	0.9974
58	29×29	1.2553	0.9964	1.4405	0.9992			1.3855	0.9935	1.3740	0.9993	1.4999	0.9978	1.4687	0.9969			1.1267	0.9974
56	28×28	1.2553	0.9964	1.4405	0.9992			1.3855	0.9935	1.3740	0.9993	1.4999	0.9978	1.4687	0.9969			1.1267	0.9974
54	27×27	1.2553	0.9964					1.3855	0.9935	1.3831	0.9994	1.4999	0.9978	1.4687	0.9969			1.1414	0.9969
52	26×26	1.2678	0.9968	1.4519	0.9992	1.1188	0.9989	1.3973	0.9931	1.4007	0.9994	1.4999	0.9978	1.4687	0.9969			1.1414	0.9969
50	25×25	1.2678	0.9968	1.4519	0.9992	1.1188	0.9989	1.4163	0.9940	1.4007	0.9994	1.4999	0.9978	1.4687	0.9969			1.1414	0.9969
48	24×24	1.2792	0.9961	1.4597	0.9993	1.0984	0.9991	1.4319	0.9945	1.4155	0.9994	1.4999	0.9978	1.4687	0.9969			1.1414	0.9969
46	23×23	1.3015	0.9965	1.4658	0.9993	1.1466	0.9993	1.4461	0.9950	1.4201	0.9993	1.4999	0.9978	1.4687	0.9969	1.3086	0.9988	1.1516	0.9964
44	22×22	1.3015	0.9965	1.4717	0.9993	1.1597	0.9995	1.4612	0.9955	1.4411	0.9991	1.5085	0.9979	1.4687	0.9969	1.2999	0.9989	1.1516	0.9964
42	21×21	1.3015	0.9965	1.4740	0.9993	1.1434	0.9998	1.4747	0.9959	1.4556	0.9991	1.5085	0.9979	1.4920	0.9975	1.2999	0.9989	1.1516	0.9964
40	20×20	1.3219	0.9972	1.4809	0.9994	1.1556	0.9997	1.4869	0.9963	1.4627	0.9988	1.4938	0.9984	1.4937	0.9975	1.2909	0.9991	1.1516	0.9964
38	19×19	1.3411	0.9972	1.4840	0.9993	1.1616	0.9996	1.4940	0.9958	1.4791	0.9990	1.5001	0.9986	1.5080	0.9978	1.2930	0.9988	1.1522	0.9960
36	18×18	1.3544	0.9975	1.4849	0.9995	1.1769	0.9992	1.4930	0.9972	1.4808	0.9992	1.5048	0.9987	1.5080	0.9978	1.3091	0.9988	1.1536	0.9966
34	17×17	1.3739	0.9972	1.4878	0.9995	1.2042	0.9986	1.4795	0.9982	1.5022	0.9994	1.5048	0.9987	1.5227	0.9973	1.3146	0.9989	1.1948	0.9975
32	16×16	1.3971	0.9979	1.4865	0.9997	1.2435	0.9981	1.5082	0.9981	1.5157	0.9996	1.5074	0.9985	1.5301	0.9972	1.3257	0.9990	1.2319	0.9989
30	15×15	1.4205	0.9988	1.4996	0.9997	1.2604	0.9956	1.5370	0.9980	1.5420	0.9998	1.5192	0.9985	1.5309	0.9972	1.3309	0.9988	1.2488	0.9995
28	14×14	1.4405	0.9986	1.5018	0.9998	1.3055	0.9956	1.5687	0.9985	1.5480	0.9997	1.5337	0.9984	1.5424	0.9972	1.3446	0.9990	1.2931	0.9994
26	13×13	1.4488	0.9990	1.4962	0.9999	1.3375	0.9946	1.5804	0.9984	1.5597	0.9997	1.5539	0.9988	1.5512	0.9974	1.3612	0.9990	1.3504	0.9990
24	12×12	1.4782	0.9988	1.5079	0.9998	1.3742	0.9923	1.5843	0.9991	1.5758	0.9996	1.5455	0.9993	1.5648	0.9967	1.3932	0.9990	1.3875	0.9995
22	11×11	1.5028	0.9987	1.5200	0.9993	1.4349	0.9938	1.6029	0.9997	1.5925	0.9947	1.5566	0.9995	1.5807	0.9970	1.4309	0.9994	1.4119	0.9995
20	10×10	1.5512	0.9989	1.5339	0.9993	1.5010	0.9961	1.6180	1.0000	1.6155	0.9998	1.5710	0.9996	1.6068	0.9977	1.4484	0.9996	1.4473	0.9998
18	9×9	1.5852	0.9990	1.5517	0.9994	1.5509	0.9977	1.6399	1.0000	1.6373	0.9998	1.5973	0.9997	1.6191	0.9980	1.5016	0.9993	1.4830	0.9999
16	8×8	1.6138	0.9994	1.5811	0.9996	1.6003	0.9984	1.6684	1.0000	1.6521	0.9999	1.6211	0.9999	1.6518	0.9985	1.5312	0.9995	1.5105	1.0000
14	7×7	1.6381	0.9998	1.6041	0.9998	1.6379	0.9988	1.6903	1.0000	1.6491	1.0000	1.6487	0.9999	1.6884	0.9989	1.5618	0.9998	1.5372	1.0000
12	6×6	1.6749	1.0000	1.6307	0.9999	1.6846	0.9994	1.7236	0.9999	1.6629	1.0000	1.6631	1.0000	1.7167	0.9993	1.5913	0.9999	1.5546	1.0000
10	5×4	1.7023	1.0000	1.6521	1.0000	1.7243	0.9999	1.7423	0.9998	1.6715	1.0000	1.6815	1.0000	1.7380	0.9997	1.6178	1.0000	1.5799	1.0000
8	4×4	1.7243	1.0000	1.6692	1.0000	1.7534	0.9997	1.7534	0.9997	1.6575	0.9997	1.7017	1.0000	1.7542	0.9977	1.6362	1.0000	1.5983	1.0000
6	3×3	1.7449	1.0000	1.6794	1.0000	1.7673	1.0000	1.7446	0.9991	1.6674	0.9997	1.7132	1.0000	1.7653	0.9998	1.6493	1.0000	1.6160	0.9999
4	2×2	1.7565	1.0000	1.7050	0.9999	1.7816	0.9999	1.7435	0.9997	1.6853	0.9996	1.7238	0.9999	1.7755	0.9998	1.6665	0.9999	1.6311	0.9996
2	1×1	1.7665	1.0000	1.7101	0.9999	1.7857	0.9999	1.7460	0.9998	1.6878	0.9996	1.7317	1.0000	1.7829	0.9998	1.6682	0.9999	1.6417	0.9997

Kernel_size (m)	尺度 (m)	19苏州三山村 62021 m²		20南京漆桥村 62021 m²		21南京东时村 56932 m²		22南京铜山端村 50678 m²		23南京朱塘村 50559 m²		24南京西时村 40237 m²		25南京庞家桥村 34182 m²		26南京刘组村 29486 m²		27南京双龙村 29228 m²	
		分维值	R²	分维值	R²	分维值	R²	分维值	R²	分维值	R²	分维值	R²	分维值	R²	分维值	R²	分维值	R²
60	30×30							1.1461	0.9981					0.8648	0.9995				
58	29×29							1.1461	0.9981					0.8648	0.9995				
56	28×28							1.1461	0.9981					0.8648	0.9995	1.0250	0.9993	1.0000	0.9951
54	27×27	1.5171	0.9971					1.1874	0.9990					0.8648	0.9995	1.0250	0.9993	1.0990	0.9971
52	26×26	1.5171	0.9971					1.2280	0.9998					0.9236	0.9920	1.0250	0.9993	1.0990	0.9971
50	25×25	1.5171	0.9971			1.0532	0.9997	1.2075	0.9995					0.9828	0.9810	1.0200	0.9972	1.0990	0.9971
48	24×24	1.5171	0.9971			1.0744	0.9994	1.2075	0.9995					0.9828	0.9810	1.0200	0.9972	1.0990	0.9971
46	23×23	1.5171	0.9971			1.1141	0.9996	1.1977	0.9995	1.2667	0.9994			1.0464	0.9877	1.0099	0.9991	1.1809	0.9969
44	22×22	1.5282	0.9973			1.1141	0.9996	1.1819	1.0000	1.2062	0.9982			1.0464	0.9877	1.0099	0.9991	1.2156	0.9976
42	21×21	1.5368	0.9973	1.3794	0.9940	1.1506	0.9991	1.1819		1.2626	0.9994			1.0780	0.9948	1.0614	0.9996	1.2156	0.9976
40	20×20	1.5422	0.9974	1.4398	0.9931	1.1695	0.9996	1.1178	0.9996	1.2626	0.9994			1.1723	0.9963	1.0945	0.9996	1.2156	0.9976
38	19×19	1.5464	0.9974	1.4469	0.9934	1.1821	0.9997	1.0923	0.9983	1.2814	0.9993			1.1943	0.9976	1.0945	0.9996	1.2690	0.9992
36	18×18	1.5631	0.9969	1.4607	0.9937	1.2307	0.9997	1.0897	0.9998	1.2943	0.9994			1.1943	0.9976	1.1394	0.9997	1.2690	0.9992
34	17×17	1.5722	0.9972	1.4688	0.9938	1.2700	0.9998	1.1979	0.9997	1.3653	0.9997			1.2275	0.9994	1.1556	0.9992	1.2869	0.9994
32	16×16	1.5861	0.9972	1.5017	0.9945	1.2482	0.9986	1.1863	0.9997	1.3451	0.9996	1.0878	0.9903	1.2444	0.9961	1.2052	0.9990	1.2869	0.9994
30	15×15	1.6037	0.9975	1.5244	0.9951	1.2621	0.9961	1.2379	0.9989	1.3859	0.9997	0.9762	0.9959	1.2734	0.9972	1.2740	0.9991	1.3144	0.9997
28	14×14	1.6074	0.9970	1.5549	0.9962	1.2858	0.9951	1.2607	0.9992	1.4157	0.9998	1.0124	0.9975	1.3159	0.9983	1.2914	0.9990	1.2898	0.9982
26	13×13	1.6207	0.9973	1.5688	0.9963	1.2851	0.9950	1.3471	0.9989	1.4311	0.9990	0.9947	0.9972	1.3789	0.9994	1.2914	0.9990	1.3254	0.9991
24	12×12	1.6046	0.9984	1.6076	0.9968	1.3303	0.9951	1.3469	0.9986	1.4302	0.9997	1.0979	0.9982	1.4100	0.9998	1.3157	0.9994	1.3610	0.9970
22	11×11	1.6107	0.9993	1.6515	0.9985	1.3502	0.9969	1.3957	0.9995	1.4449	0.9996	1.2014	0.9944	1.4706	0.9999	1.3370	0.9992	1.4260	0.9960
20	10×10	1.6241	0.9994	1.6720	0.9991	1.3915	0.9969	1.4053	0.9992	1.4538	0.9994	1.2826	0.9983	1.5075	0.9999	1.3732	0.9985	1.5023	0.9984
18	9×9	1.6387	0.9996	1.6990	0.9996	1.4299	0.9977	1.4384	0.9941	1.4696	0.9994	1.3861	0.9983	1.5341	1.0000	1.4122	0.9985	1.5295	0.9990
16	8×8	1.6371	0.9997	1.7159	0.9998	1.4426	0.9984	1.4782	0.9994	1.4952	0.9993	1.4226	0.9962	1.5401	1.0000	1.4510	0.9992	1.5608	0.9995
14	7×7	1.6548	0.9996	1.7338	0.9999	1.4839	0.9977	1.5093	0.9995	1.5184	0.9995	1.4821	0.9969	1.5649	0.9998	1.4690	0.9990	1.6009	0.9992
12	6×6	1.6740	0.9996	1.7363	0.9999	1.5107	0.9982	1.5429	0.9994	1.5431	0.9993	1.5293	0.9981	1.5740	0.9997	1.4874	0.9989	1.6559	0.9990
10	5×5	1.6838	0.9998	1.7404	0.9999	1.5324	0.9978	1.5669	0.9996	1.5365	0.9994	1.5717	0.9983	1.5865	0.9994	1.5061	0.9992	1.6626	0.9994
8	4×4	1.6993	0.9997	1.7470	0.9999	1.4673	0.9959	1.5870	0.9997	1.5327	0.9996	1.6086	0.9988	1.6092	0.9993	1.5158	0.9987	1.7014	0.9994
6	3×3	1.7024	0.9997	1.7551	1.0000	1.4864	0.9954	1.6006	0.9995	1.5469	0.9997	1.6290	0.9991	1.6192	0.9990	1.5247	0.9988	1.7050	0.9987
4	2×2	1.7284	0.9999	1.7559	0.9999	1.5189	0.9956	1.6250	0.9995	1.5697	0.9996	1.6580	0.9991	1.6374	0.9990	1.5433	0.9982	1.7350	0.9992
2	1×1	1.7309	0.9998	1.7584	1.0000	1.5227	0.9960	1.6286	0.9975	1.5830	0.9991	1.6580	0.9991	1.6374	0.9990	1.5500	0.9985	1.7388	0.9987

Kernel_size (m)	尺度 (m)	28南京陶家村 27843 m²		29南京西杨村 27602 m²		30南京傅家边村 23519 m²		31南京金桥村 23358 m²		32南京陶田峪村 21243 m²		33南京新潭村 18960 m²		34南京杨板村 15713 m²		15南京庞家桥东村 11617 m²		36南京徐家村 10599 m²	
		分维值	R²	分维值	R²	分维值	R²	分维值	R²	分维值	R²	分维值	R²	分维值	R²	分维值	R²	分维值	R²
60	30×30							1.3256	0.9997	1.0843	0.9880								
58	29×29							1.3256	0.9997	1.0843	0.9880								
56	28×28							1.3256	0.9997	1.0843	0.9880								
54	27×27							1.3256	0.9997	1.0843	0.9880								
52	26×26							1.3256	0.9997	1.0843	0.9880								
50	25×25							1.3256	0.9997	1.0843	0.9880								
48	24×24							1.3256	0.9997	1.0843	0.9880								
46	23×23							1.3256	0.9997	0.9987	0.9739			1.0346	0.9993				
44	22×22							1.3256	0.9997	0.9987	0.9739			1.0346	0.9993				
42	21×21	1.1569	0.9954	1.0169	0.9971			1.3256	0.9997	0.9987	0.9739			1.0346	0.9993				
40	20×20	1.0322	0.9894	1.0169	0.9971	1.2008	0.9933	1.3256	0.9997	0.9987	0.9739			1.0346	0.9993				
38	19×19	1.0322	0.9894	0.8874	0.9926	1.2008	0.9933	1.3256	0.9997	1.0631	0.9886			1.0346	0.9993				
36	18×18	1.0322	0.9894	0.9936	0.9936	1.2638	0.9907	1.2989	0.9997	1.0631	0.9886			1.0346	0.9993				
34	17×17	1.0732	0.9912	1.0687	0.9918	1.2937	0.9845	1.2989	0.9997	1.0631	0.9886	1.0412	0.9936	1.0346	0.9993	1.0510	0.9963		
32	16×16	1.0732	0.9912	1.0971	0.9915	1.3272	0.9877	1.2989	0.9997	1.0631	0.9886	1.0412	0.9936	1.0346	0.9993	1.0510	0.9963		
30	15×15	1.0732	0.9912	1.2045	0.9968	1.3305	0.9914	1.2989	0.9997	1.0631	0.9886	1.0426	0.9953	0.9721	0.9994	1.1108	0.9904		
28	14×14	1.1110	0.9953	1.2518	0.9969	1.4104	0.9911	1.2673	0.9990	1.0791	0.9871	1.0426	0.9953	0.9721	0.9994	1.0476	0.9924	1.1923	0.9959
26	13×13	1.1234	0.9969	1.2618	0.9967	1.4691	0.9929	1.3737	0.9968	1.0737	0.9737	1.0734	0.9916	1.0246	0.9963	1.1449	0.9971	1.2289	0.9960
24	12×12	1.1134	0.9961	1.3329	0.9932	1.4959	0.9904	1.3816	0.9968	1.1563	0.9935	1.1297	0.9866	1.0694	0.9963	1.2133	0.9986	1.2289	0.9960
22	11×11	1.1893	0.9972	1.3945	0.9932	1.6164	0.9951	1.4234	0.9976	1.2098	0.9940	1.2207	0.9902	1.1215	0.9999	1.2460	0.9907	1.1353	0.9900
20	10×10	1.2154	0.9998	1.4300	0.9948	1.6717	0.9971	1.5067	0.9969	1.2891	0.9935	1.2143	0.9951	1.2445	0.9988	1.2614	0.9921	1.1645	0.9962
18	9×9	1.3134	0.9846	1.4854	0.9965	1.7126	0.9975	1.5637	0.9980	1.3698	0.9944	1.3011	0.9968	1.3509	0.9966	1.2763	0.9933	1.2473	0.9996
16	8×8	1.3587	0.9990	1.5279	0.9958	1.7650	0.9983	1.5637	0.9980	1.4036	0.9941	1.3514	0.9980	1.3925	0.9997	1.3222	0.9950	1.2863	0.9984
14	7×7	1.3818	0.9975	1.5750	0.9988	1.7760	0.9983	1.5854	0.9988	1.4413	0.9959	1.3879	0.9989	1.4214	0.9995	1.4435	0.9985	1.3146	0.9983
12	6×6	1.4339	0.9988	1.6330	0.9986	1.7920	0.9988	1.6045	0.9985	1.4228	0.9958	1.4532	0.9997	1.4535	0.9992	1.4831	0.9988	1.3745	0.9995
10	5×5	1.4672	0.9979	1.6697	0.9993	1.8075	0.9993	1.6314	0.9994	1.4304	0.9925	1.4646	0.9992	1.4870	0.9987	1.5294	0.9963	1.4255	0.9999
8	4×4	1.4940	0.9968	1.6957	0.9993	1.8125	0.9994	1.6308	0.9983	1.4672	0.9976	1.4866	0.9995	1.4902	0.9985	1.5422	0.9967	1.4418	0.9999
6	3×3	1.5154	0.9966	1.7144	0.9996	1.8175	0.9995	1.6357	0.9976	1.4811	0.9984	1.4973	0.9989	1.5038	0.9996	1.5567	0.9944	1.4627	0.9996
4	2×2	1.5480	0.9958	1.7326	0.9996	1.8448	0.9990	1.6480	0.9978	1.5031	0.9990	1.5253	0.9985	1.5140	0.9992	1.5987	0.9956	1.4970	0.9999
2	1×1	1.5500	0.9957	1.7365	0.9997	1.8540	0.9992	1.6495	0.9979	1.5056	0.9993	1.5297	0.9985	1.5140	0.9992	1.6237	0.9956	1.4915	0.9978

"7 m—3 m—1 m"的层级结构，而不具有30 m—15 m的尺度层级。这是由于聚落生长是一个持续的过程，小聚落具备与大聚落类似的部分尺度层级，而不具有大聚落独有的大尺度层级，小聚落生长到一定程度不再能满足人口膨胀与资本积累，于是自然地往外扩张，生长出更大尺度的空间满足功能性需求，最终成为更大规模的聚落。

为了把握公共空间尺度层级变化过程中空间复杂性的变化，明确哪个层级的空间在江苏地区聚落复杂性中起到关键作用，为今后设计中重点营造具有江苏特征的代表性聚落空间提供依据，本研究对各阶段分维值以及分维值的变化率做了统计，具体做法是对Fusion叠合图做分维值计算并统计。

观察表5-12可以发现，从30 m×30 m到1 m×1 m的遍历过程中所纳入计算的空间尺度逐渐缩小，分维值逐渐增大，由此说明江苏地区聚落空间中各种类型的空间都对聚落的复杂性有促进作用，从聚落的入口大广场到组团附近的小广场，再到沿街空地和街巷空间，最后到住宅庭院，均影响了聚落结构的复杂性，增强了空间的不规则分异特征，为聚落创造了丰富多样的空间类型，提供了丰富的公共活动发生的场所。

对各步骤分维值变化率做统计，计算i尺度下分维值与$i+1$尺度下分维值的差值占i尺度下分维值的比重，进一步讨论哪类空间变化率大，在整体聚落复杂性过程中起到重要作用。观察表5-6可得，变化率最大值多集中在15 m—7 m的范围内，由此可以推断，15 m—7 m规模的空间对江苏地区聚落的复杂性影响最为显著，也可以理解为此类空间对形成基本的聚落形态最有效。对应前文所确立的江苏地区尺度层级"30 m—15 m—7 m—3 m—1 m"中的第二个层级范围，结合聚落实际空间功能可知，15 m—7 m的区间通常是较大聚落中的沿街小广场或绿地，作为建筑与道路的衔接点，这类空间具有适宜的尺度，适合频繁地承载各种类型的活动，容易成为交通缓冲和人流停留聚集的场所，如可以作为居民开展小型集会的场所，也可以作为暂时的卖场、晒场、舞台等功能性场所，或者作为聊家常、打棋牌、晒太阳的休闲场合。究其原因，笔者认为，一方面是因为这类空间尺度合适；另一方面这类中尺度空间与上下层级的连接性以及与各尺度层级空间的流通性和交互性都比较强，人能很舒适地从村外或住宅进入，也能很方便地离开。如图5-32a所示为小卖部门前的集散空间，承载着村民购物、停留、等待等日常活动，与小卖部有良好的

图5-32 | 聚落中尺度（7~15 m）公共空间

a 小卖部门前的小广场

b 祠堂前的集会小广场

互动，同时也成为村民相互间交流、联系的场所，因此常常成为村落中非常有活力的空间；如图5-32b所示为祠堂前的集散小广场，同时也是道路的交会点，村民常在这里集会、聊天、晾晒，道路的交会点使得此空间的可达性很好，15 m—7 m的范围也很合适，因此同样成为村落中活力很高的场所。而若此类空间尺度过大，如20 m以上，则相关生产、生活活动发生的机会变少，站在大广场上聊天不如在小场所交谈舒适，同时在大空间中进行集会的等级变高，因此带来行为上的局限性。可见，15 m—7 m的尺度空间能承载更丰富的活动，具有极高的活力，一个基本具备整体形态的村落总是更倾向于出现此类尺度空间（图5-33）。

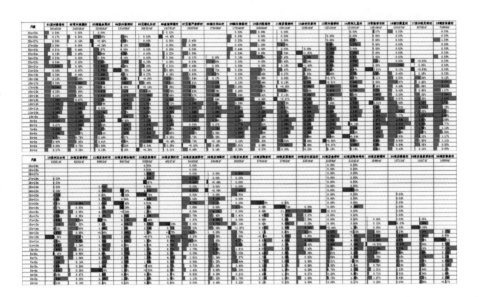

图 5-33 | 江苏地区 36 个聚落公共空间各层级分维值变化率

因此在未来涉及营造具有江苏特征的代表性聚落空间时，将明确15 m—7 m的空间为影响江苏地区聚落复杂性最为主要的空间，建议建筑师在设计条件有限的情况下可将营造该类型空间的氛围感作为重点。

5.4.3 江苏地区聚落公共空间生长规律

各尺度层级公共空间的分布呈现一定的规律，其中大尺度空间的分布大致可以分为沿主要道路入口型、中心型、均好型。"沿主要道路入口型"的代表是10号苏州陆巷村、11号南京杨柳村、15号常熟李市村；"中心型"的代表是1号苏州翁巷村，3号南通余西村；"均好型"的代表是4号苏州杨湾村，21号南京东时村、22号南京铜山端村、26号南京刘组村。有些村子因为生长过程过于复杂，并不能清晰地进行分类。

沿主要道路入口型的聚落容易出现在中等规模的村落中，聚落在生长中受到新的道路的介入而不断增加新的各层级空间，这种类型的典型聚落如10号苏州陆巷村。陆巷村位于苏州东山后山，西邻太湖，是东山最著名的古村落，其历史最早可追溯到北宋时期（图5-34），此期，村落的人口增速缓慢，只在东侧有少量的住宅，没有明确的道路、组团的区分，聚落的基本形态并未形成，也未呈现出明显的分形特征。至明清时期，陆巷村与外界的往来变多，外出经商的商人带回经商所得的资产，回到家乡修建道路和宅邸、祠堂。道路带来更多往来的人在此定居，村落开始从东往西快速增长，出现更多的房屋、明确的街巷和满足实际需求的水井，逐渐形成相对完整的聚落形态。自然地在较大的宅邸和祠堂前形成一定尺度的开敞空间，供村民进行聚集性的活动使用。在这个时期出现的中尺度空间往往结合入口、古树、祠堂、重要建筑等环境要素而形成，同时聚落的分形特征开始显现。

图5-34 苏州陆巷村

而1970年代末环山公路的修建和1990年代太湖大桥的出现使得陆巷村与外界的往来得到增强，在环山公路附近出现了更大尺度的开敞空间并成为更多人进入陆巷村的过渡空间。大尺度空间的出现丰富了聚落公共空间的层级结构，使分维值变大。至此，聚落形成了稳定的分形特征。

如图5-35陆巷村公共空间生长关系所示，陆巷村左侧的环山公路是人们进入村落最主要的途径，最大尺度的空间出现在主入口附近（图5-35a）。陆巷村内部的街巷形态呈鱼骨状，由一条主路向两边生长出次要道路。较大的宅邸和祠堂分布在陆巷中心或主路两侧，且都伴随较大的开敞空间（图5-35b），次一级的空间是住宅和街巷的附属空间，它们是人们进出建筑和更高尺度层级空间的过渡，散布在陆巷村的各个地方（图5-35c）。各尺度

图5-35 陆巷村公共空间生长关系

a 30 m大尺度公共空间　　b 15-30 m公共空间　　c 3-30 m公共空间

空间从高到低相互衔接，主次分明，层级清晰。人们从主路进入村落时可见明确的空间指引，既可以经过次路快速进入次一级空间，进而到达重要建筑，还能清晰地从中尺度空间进入小尺度空间，明确地回到家中。当人们离开建筑进入公共空间时，也能有明确的层级指引。整个公共空间系统层级明确，相互衔接紧密。

根据已有的数据，陆巷村的分维值为1.7801。分维值较高说明聚落空间的复杂性高，层级丰富，分形程度高。尺度层级200 m—100 m下的分维值为1.7567，尺度层级100 m—50 m下的分维值为1.7690，尺度层级50 m—25 m下的分维值为1.8184。分维值的最大值与最小值相差0.0617，且各层级间分维值逐渐增大，并没有突然的变化。这说明陆巷村各层级间联系紧密，从某一层级进入其他层级的联系性强，空间层级较为明确。

沿主要道路入口型的聚落还有11号南京杨柳村。杨柳村位于南京市江宁区，南面毗邻秦淮河，北部与丘陵田园相邻，呈典型的"丘陵—村落—湖塘"格局（图5-36）。杨柳村最早的移民定居在现在的杨柳村的中部，他们由于西晋永嘉年间的"八王之乱"而四散迁徙至此。至宋文帝元嘉年间，秦淮河流域大兴水利，开垦农业，杨柳村也因此形成了今天前湖后山的格局。清代初期，受益于朝廷对赋税的改革，社会一片欣欣向荣，民间商业得到大力发展，杨柳村凭借毗邻秦淮河的优势而快速生长，村落人口在这一时期增长迅速，回到家乡的商人则大兴土木、兴建祠堂（图5-37）。此期，村落沿着主路（羊留路）朝东西向生长，逐渐形成了东西长、南北窄的集约型聚落形态。之后太平天国、日军侵华等战乱纷至，村落遭受破坏，战后才得以恢复建造，渐渐走向乡村的近代化发展道路[40]。

从图5-38来看，杨柳村的建造时序是从中心向两侧生长的，整体聚落呈现稳定而集约的特点。大尺度空间位于两条主路的交叉口，同时位于"丘陵—村落—湖塘"序列的中部，既成为东西组团之间的节点空间，也成为南北序列的通道。杨柳村的整体分维值为1.6959，尺度层级200 m—100 m的分维值为1.6781，尺度层级100 m—50 m的分维值为1.6582，尺度层级50 m—25 m的分维值为1.7639。从数据可见，各尺度层级间差距较大，并非均匀变化，并且相对来说小尺度层级和中尺度层级空间并没有明确的区分。这说明杨柳村的各尺度层级

图5-36 杨柳村的"丘陵—村落—湖塘"格局

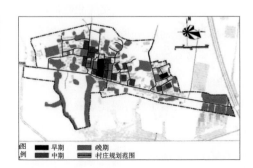

图5-37 杨柳村大宅建设时序

图例　早期　中期　晚期　村庄规划范围

图 5-38 |

杨柳村公共空间生长关系

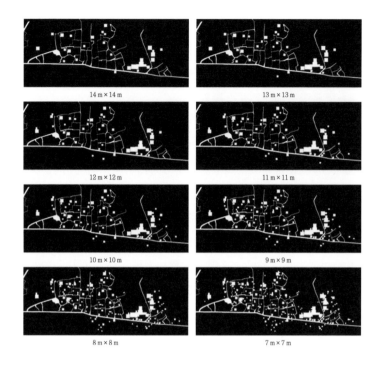

14 m × 14 m   13 m × 13 m

12 m × 12 m   11 m × 11 m

10 m × 10 m   9 m × 9 m

8 m × 8 m   7 m × 7 m

间衔接不够紧密，层级结构不够清晰，整体分形的特征不明显。

　　15号常熟李市村也属于沿主要道路入口型的聚落。李市村位于常熟市古里镇，是依托水系发展起来的村落。村落内有4条河流穿过，基本在东、西、南、北4个方向上限定了李市村的生长（图5-39）。据说李市村最早的居住者是明代正统年间的一位李姓商人。李姓商人偶然经过此地，看到此地虽为荒郊之地却拥有四面交错的水系，"进"可依靠水运外出经商，"退"可返回村内避免乱世干扰，于是在此定居，临河建房。经年累月之后，李氏族人积累了雄厚的财力，人丁兴旺，在村落中央河道附近聚集而居，占有村落内主要的河道区域。李氏族人经商有道，不仅使得族人渐渐增加，也吸引了外来的人来此定居。至明末清初，村落已经呈现"临水成街，因水成市"的亲水格局，家家户户临水而建，紧密排列，建筑面宽窄、进深长以使更多住户临河而立[40]。李市村在明末清初时期发展出紧密的组团，其间分布着琐碎的小尺度空间，又在向外扩散、生长的过程中又慢慢生成了一些中尺度空间，两座大桥落成后则在入口处形成了大尺度空间，多尺度层级公共空间的出现确立了聚落的分形特征，逐渐构成李市村如今的分形格局（图5-40）。

　　"中心型"的聚落通常容易出现在具有一定规模的村落中，因为各层级间已经形成了明显的向心性，这类聚落包括1号苏州翁巷村、3号南通余西村。需要解释的是，从公共空间的分布来看，高层级空间呈现出向心性的特点并非意指村落先出现高层级空间，再以其

图 5-39 │ 李市村公共空间生长关系

图例
■ 外围道路
■ 沿河街道
■ 主要街道
■ 人户巷道
〓 规划范围

图 5-40 │ 李市村公共空间生长关系

a 30 m大尺度公共空间　　　　　b 15~30 m公共空间　　　　　c 3~30 m公共空间

为中心发展其他层级空间，也就是并非暗示了空间发展的时间特点。况且从笔者的研究来看，公共空间的尺度层级分布通常与建筑年代呈负相关关系，即最早出现的建筑组团通常伴随着密集的小尺度空间，更高层级的空间则随着村落的生长才渐渐地出现。

　　苏州翁巷村位于苏州东山岛，毗邻太湖，与太湖的联系十分便捷（图5-41）。翁巷村的历史始于唐代，期间席氏先祖武威将军南迁定居东山。明清时期，翁氏家族已经成为此地富甲一方的大姓。明代末期，翁氏后辈外出经商有道，基本形成一方垄断的局面。同多数村落一样，获利的商人回到族中大兴土木，整治堤堰，兴建寺庙，促进了村落的发展。起初村落规模还较小，村落中心伴随着的是小尺度空间；之后村落在南北向形成一条主街，即沿着地形逐渐抬高的翁巷，村落也逐渐从中心开始沿着主街生长，因此中尺度和大尺度空间绕开了村中心，沿着南北向分布；并且，村落内南低北高的地势使得大尺度空间聚集在南部低矮的地势上，逐渐呈现出以南面大尺度空间为中心向北发散的公共空间特征（图5-42）。翁巷村的中心原本位于翁巷和双潭的交叉点，翁氏最早也在这里修建宅院，后来由于城镇道路穿村而过，破坏了翁巷村的肌理，造成村中心的部分建筑被拆除，所以可以

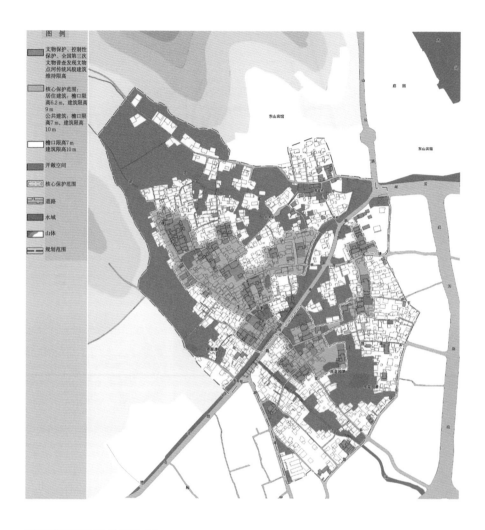

图 5-41|
苏州翁巷村

图 例

文物保护、控制性
保护、全国第三次
文物普查发现文物
点河传统风貌建筑
维持限高

核心保护范围:
居住建筑:檐口限
高6.2 m, 建筑限高
9 m
公共建筑:檐口限
高7 m, 建筑限高
10 m

檐口限高7 m
建筑限高10 m

开敞空间

核心保护范围

道路

水域

山体

规划范围

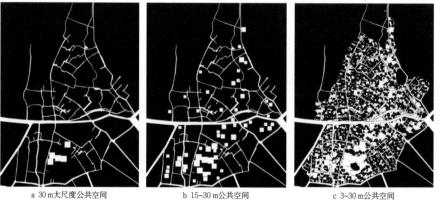

图 5-42|
翁巷村公共空间生长关系

a 30 m大尺度公共空间　　　　b 15~30 m公共空间　　　　c 3~30 m公共空间

Λ解码｜历史地段保护与更新中的数字技术｜

想象，在城镇公路建设之前村中心的建筑更加紧密，且绕开村落中心、以南面大尺度空间为中心向北发散的公共空间序列趋势更明显。

余西村位于南通市通吕水脊区，历史上是通吕的五大盐场之一，南面的运盐河为余西村的盐业发展提供了天然的优势。余西村的盐场始建于宋代，靠

图 5-43|
南通余西村

近南北向主街与南侧运盐河交接处附近。清代时海岸线南迁导致盐场衰落，余西村慢慢转型为商贸集市，这一时期的建筑密集地分布在南侧运盐河附近以及南北向主街的两侧（图5-43），因商贸集市而密集修建的建筑导致这一区域多为小尺度空间。为了获取最大的临街和临河面，村落沿着河流和主街慢慢生长，到达一定规模后开始内向性地生长出一些大尺度空间来满足村内的聚集性活动需求（图5-44）。

"均好型"的聚落通常容易出现在还未形成规模的村落中，其大尺度层级公共空间缺失，中尺度层级公共空间呈现出依附主要街道生长的态势，小尺度层级公共空间均匀地分散在各个间隙中。这类村落包括4号苏州杨湾村，21号南京东时村（图5-45）、22号南京铜山端村（图5-46）、26号南京刘组村（图5-47）。此类小规模聚落还未生长出足够稳定的

a 30 m大尺度公共空间　　　　b 15~30 m公共空间　　　　c 3~30 m公共空间

图 5-44|
余西村公共空间生长关系

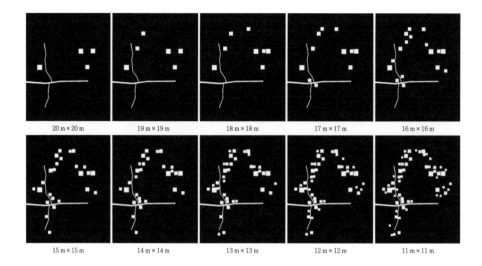

图 5-45 |

东时村公共空间生长关系

20 m × 20 m   19 m × 19 m   18 m × 18 m   17 m × 17 m   16 m × 16 m

15 m × 15 m   14 m × 14 m   13 m × 13 m   12 m × 12 m   11 m × 11 m

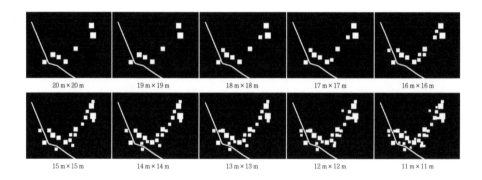

图 5-46 |

铜山端村公共空间生长关系

20 m × 20 m   19 m × 19 m   18 m × 18 m   17 m × 17 m   16 m × 16 m

15 m × 15 m   14 m × 14 m   13 m × 13 m   12 m × 12 m   11 m × 11 m

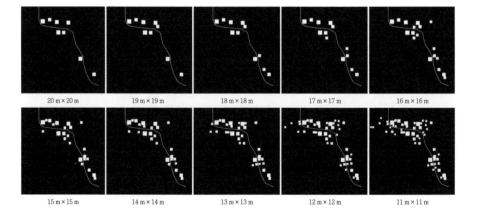

图 5-47 |

刘组村公共空间生长关系

20 m × 20 m   19 m × 19 m   18 m × 18 m   17 m × 17 m   16 m × 16 m

15 m × 15 m   14 m × 14 m   13 m × 13 m   12 m × 12 m   11 m × 11 m

层级结构，分形特征往往不强烈，中尺度和小尺度空间见缝插针地沿着街道而出现，公共空间层级区别不大。值得注意的是，以分形理论的角度来研究聚落并非绝对地认为所有聚落都满足分形，而本研究是以分形的视角对江苏地区聚落的地域性进行的探讨。

综上所述，各尺度层级公共空间的分布总是呈现出一定的规律，按照公共空间分布特征分类，其大致可以分为沿主要道路入口型、中心型、均好型3种类型。沿主要道路入口型的聚落通常容易出现在中等规模的村落，内向性和稳定性较差，在出现大尺度层级公共空间以前村落内部没有构建起足够丰富的层级系统，往往大尺度层级的公共空间依附于外界干扰（比如市镇道路）而出现，尺度层级的完善带来聚落分形特征的提升；中心型的聚落往往出现在大规模聚落中，大尺度公共空间是由于内向性的聚落生长而形成的，比如余西村"工"字形道路和翁巷村超大尺度的规模为各自的村落形态提供了稳定性，使得村落内部生成了具有中心性的大尺度层级公共空间，其他层级公共空间分散开来，相互衔接，分形特征较强；均好型的聚落往往还未形成规模，建筑均匀地沿着街道顺向生长，分形特征相对较弱。

根据以上研究笔者认为，江苏地区聚落公共空间的生长规律与聚落的生长进程相关。当村落很小、未形成规模时，如在2.5万 m² 以下，村落往往沿着街道生长，建筑沿街道密集地排开，公共空间呈现出以小尺度层级空间居多的特点，各层级公共空间通常为住宅的户前空间或住宅间的街巷空间，较为均质，分形特征较弱。随着村落规模变大，道路一面沿着街道扩张，一面在街道进深方向向村落内部生长，在外出经商的商人回到家乡建立祠堂、庙宇等重要大尺度建筑的促动下，结合节点环境要素逐渐从主街向外部出现中尺度层级的公共空间，例如桥头空间、古井空间、古树空间、重要建筑前的开敞空间等，此时分形特征得到强化，聚落基本形态得以形成。当村落规模再生长到10万 m² 以上时，由外界因素促动而随机地形成如广场、水口空间、入村广场等的大尺度层级公共空间以满足使用需求，至此分形特征进一步得到丰富。如余西村因街道格局而形成中心型大尺度公共空间，翁巷村因南部地势低矮、适宜聚集而形成大尺度层级公共空间，李市村、陆巷村和杨柳村均因城镇道路建设而出现了大尺度层级公共空间。

从普适尺度的角度对江苏36个聚落公共空间尺度层级数据（表5-12）进行信息挖掘，可以表达出数据下隐藏的各尺度层级空间的差异化信息，一方面对聚落公共空间做定量化分析，另一方面厘清和分析其空间生长具有的特征，形成可以运用于传统建筑聚落保护规划设计的技术参考。从图5-48可见，聚落公共空间具有不同的尺度层级，10万 m² 以上的聚落包含了完整的"30 m—15 m—7 m—3 m"层级，2.5万 m² 以下的聚落只包含"15 m—7 m—3 m"的层级。结合分维值分析可发现，15 m—7 m层级的公共空间是影响江苏地区聚落公共

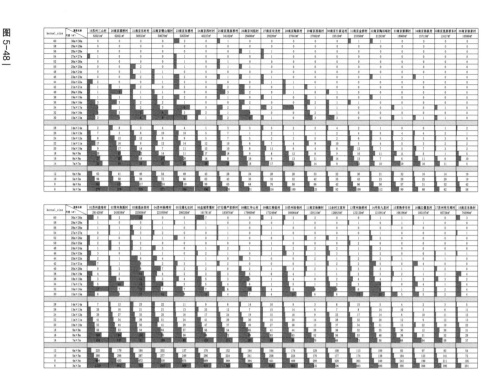

图 5-48 | 江苏地区 36 个聚落「30 m—5 m—7 m—3 m」尺度层级公共空间

空间复杂性最重要的层级。在"30 m—15 m—7 m—3 m"空间尺度中，虽然数据整体满足幂律分布，但7 m—3 m的小尺度空间很大程度上是自下而上地自然生长的，呈见缝插针式布局，明显地满足普适分布的特征；15 m—7 m的中尺度空间的出现略有波动，因为该尺度空间的出现在某种程度上伴随着人为意志的参与和主导，如结合村落入口、古树、祠堂和重要建筑等环境要素而形成；而15 m—30 m的大尺度空间的随机性较高，大尺度空间的出现与村落规模生长相关，如由于新一级道路的出现而出现，成为新的村落入口广场等等。

在村落的生长进程中，公共空间尺度层级分布与道路层级分布在某种意义上呈正相关关系：道路的层级越高，道路的宽度越宽，伴随着大尺度层级公共空间出现的概率越大；道路的层级越低，伴随着小尺度层级公共空间出现的概率越大。而公共空间尺度层级分布与建筑建造年代分布呈负相关关系，建筑肌理越紧密，其年代越久远，小尺度层级公共空间出现的概率越大。

中尺度空间一方面与大尺度空间形成很好的衔接，另一方面成为大尺度空间与小尺度空间之间的缓冲，使得空间可以自然地过渡。而小尺度空间总是分散地生长在各个间隙，成为人从建筑走向室外的自然过渡，使人慢慢地进入其他层级或主要的空间，从而促成聚集性公共活动的发生。

Λ 解码 | 历史地段保护与更新中的数字技术

自然生长的聚落是人文因素与自然元素相互磨合、碰撞而形成的产物，受地理、历史、文化、经济等影响而逐渐成形，因此可以从肌理特征、空间断面等多种角度并通过多种方法加以解读。本文对聚落的探讨是通过分形理论进行的尺度层级方面的研究，希望可以给相关研究提供有益的补充。

5.5 宜兴蜀山古南街西街公共空间优化设计应用

5.5.1 西街公共空间现状评估

清代至民国后期，随着蜀山石拱桥的修建，宜兴蜀山古南街基本成型的街巷建筑格局慢慢地向西街渗透，沿着河流顺势生长，形成了西街的街巷空间现状。西街的公共空间可分为3种：一种是西街桥头入口开敞空间，其尺度较小，实际上没有形成较明显的节点空间，但位置特殊，还拥有一个小卖部，因此成为居民聚集的场所，如图5-49a所示；一种是西街沿河线性空间，其与道路叠合在一起，无法明确区分空间属性，如图5-49b所示；还有一种是西街聚落内部开敞空间，从功能现状和保存形制上来看，这种空间是由于历史原因如居民自主拆除或兴建住宅而遗留下的空白肌理，并非可能发生聚集行为的公共场所，如图5-49c所示。3种空间中除了桥头入口开敞空间处较为活跃之外，其余2种空间的活力低下，并且除这3种之外西街并无明确的开敞空间。

古南街的主入口广场、廊桥、西街桥头入口等空间节点的活力较强，常有居民聚集在一起聊天话家常、做手工、晒太阳等等，也常有西街的村民过桥到对岸的公共场所停留。但沿着古南街—大桥—西街深入西街聚落时可见，街道空间的活力明显减弱，除了西街桥头入口由于小卖部的存在而常有人来往之外，其他空间少有人停留。如图5-50西街建筑肌理现状所示，沿河道并没有明确的开放空间，由于建筑生长而富余的大面积空白存在于聚落内北部，但其空间的外向性很弱，渐渐成为村民停车的地方。

根据调研情况可以初步判断：西街的公共空间较为均质，没有带来明确的尺度层级上的

a 西街桥头入口开敞空间　　　　　b 西街沿河线性空间　　　　　c 西街聚落内部开敞空间

图 5-49 |
西街公共空间现状

图 5-50 |
西街聚落肌理现状

丰富变化，缺少大尺度开敞空间，这是导致西街的公共空间活力较弱、没有形成聚集性公共活动场所的主要原因；但仍然无法判断西街缺少多大尺度和多少数量的公共空间。因此对西街的平面图进行处理，得到图5-51，代入"算法二：聚落公共空间遍历算法"中计算得到西街尺度层级数量关系，再按照表5-11计算出可以为西街提供参考的具有江苏聚落特征的公共空间尺度层级数量关系（表5-14）。

如表5-14所示，在西街现状中30 m—15 m层级以下的开敞公共空间的数量为2个，而前文根据样本回归计算得到的数据为15个，现实数据与理想数据之间存在着较大的差距。由此可以得到下一步设计可参考的依据：西街的公共空间中，缺少约13个大于15 m的开敞公共空间。

5.5.2 西街公共空间优化方案

西街和北街是在清代随着古南街的兴盛而出现的历史街巷，自古以来一直就是古南街的生活服务区，分布着大量的住宅，它们通过蜀山桥与古南街相连（图5-52）。

西街保留了一些极好的环境要素，如当房弄、重要建筑、陶瓷艺术馆、画社、古树等（图5-53）。当房弄曾是窑工聊天、打牌九等的休闲、娱乐场所，当房八字石库门作为宜兴唯一的当房遗址，至今保留完好。

《宜兴蜀山古南街历史文化街区保护规划》提出，在西街的保护规划中，需要"保护山水环境格局、街巷系统的空间格局"[47]。以维护古南街聚落整体山水格局为前提，笔者提出针对西街的公共空间优化方案：结合古树、桥、井、驳岸、码头、烟囱、重要历史建筑等环境要素，增加15 m以上的公共空间规划，形成大、中、小3种尺度层级的紧密联系，同时为了丰富公共空间的活力，在沿油车桥两岸和蠡河西岸的开敞空间中局部地引入文化、娱乐功能。在该方案中，沿西街、北街两条河道，结合重要建筑重新组织了开放公共

图 5-51｜ 西街现状图底关系

Kernel_size (m)	尺度 (m)	西街 101302 m²	标准值 101302 m²
60	30 × 30	0	
58	29 × 29	0	
56	28 × 28	0	
54	27 × 27	0	
52	26 × 26	0	
50	25 × 25	0	
48	24 × 24	0	
46	23 × 23	0	
44	22 × 22	0	1.05
42	21 × 21	0	1.22
40	20 × 20	0	1.42
38	19 × 19	1	1.66
36	18 × 18	0	1.97
34	17 × 17	0	2.35
32	16 × 16	1	2.83
30	15 × 15	1	3.46
30—15		**3**	**15.97**
28	14 × 14	1	4.29
26	13 × 13	3	5.40
24	12 × 12	3	6.92
22	11 × 11	4	9.07
20	10 × 10	15	12.19
18	9 × 9	18	16.91
16	8 × 8	28	24.38
14	7 × 7	45	36.90
15—7		**117**	**116.08**
12	6 × 6	85	59.55
10	5 × 4	131	104.89
8	4 × 4	282	209.70
6	3 × 3	622	512.25
7—3		**1120**	**886.39**
4	2 × 2	1339	1803.70
2	1 × 1	10986	15514.19

表 5-14｜ 优化前西街的尺度层级数量关系

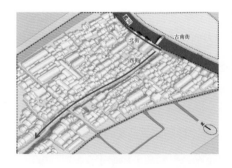

图 5-52｜ 西街现状鸟瞰轴测图

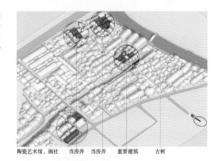

陶瓷艺术馆、画社　当房弄　当房弄　重要建筑　古树

图 5-53｜ 西街重要的环境要素

空间系统，拆除原小尺度空间中的部分零散建筑（图5-54），形成大尺度的开敞空间（图5-55）。西街公共空间优化方案包括如下优化措施。

　　A：从蠡河大桥开始，拓宽桥头入口处广场，将其打造为重要的节点空间。桥头空间是西街的重要节点，也是村民或游客进入西街的门户，是村落内承载了丰富活动的场所，很

图 5-54｜
西街拆除建筑

重要建筑 ▬▬ 拆除建筑

图 5-55｜
西街新增大尺度空间

多村民在桥头广场上聊天吃饭、晒菜、晒被子、晒太阳等等。

B：西街22、24、26号和西街36、38、40号是西街重要的历史建筑，在其门前形成开敞空间供游客停留、聚集。

C：西街场地中有一棵古树，在《宜兴蜀山古南街历史文化街区保护规划》中明确指出需要加以保留，后期结合雕塑、小品等营造公共休息空间。

D：拆除部分沿河道空间中的零散建筑，营造出河道两侧的休憩空间。考虑局部引入文化、娱乐功能，使得空间适合各年龄层的使用需求。

E：保留油车湾的水体面积，整治河岸环境，局部引入文化、娱乐功能，形成重要的游览节点。

F：结合陶瓷艺术馆和画社营造开放空间，通过开放空间适当地引导人流进行参观，并通过悬挂铭牌的方式进行介绍和宣传。考虑在场地中新设陶艺体验区，新建公共参与陶艺体验场所和休息空间。

优化后的方案形成了沿两条河道和链接重要建筑的有引导性的空间系统，为村民或游客提供了3种进入路径：穿过蜀山桥到达桥头广场，进入西街南部的紫砂休闲区，穿过街巷浏览沿街的紫砂工坊，最终抵达南部的陶瓷艺术馆；深入西街北部的街巷，经过串联的公共空间，参观西街重要建筑，在古树边休息；单纯地沿着河道行走，欣赏水景、绿化、雕塑、小品，穿过外油车街欣赏南街沿河风貌。

通过优化调整，重新梳理了西街开放空间系统，形成了较为明确的大尺度空间。为评估优化后的方案是否满足预期，将优化后的平面图进行处理，得到图5-56，代入"算法二：聚落公共空间遍历算法"中进行计算得到优化后西街的尺度层级数量关系，如表5-15所示。从表中结果可见，15 m以上的大尺度空间数量从2个增加到11个，13 m以上的大尺度空间有16个，基本满足理想值。

对优化前后的平面图计算其分维值，优化前的整体分维值为1.7359，200 m—100 m尺度层级的分维值为1.4854、100 m—50m尺度层级的分维值为1.8073、50 m—25 m尺度层级的分维值为1.8911（表5-16）。优化后的整体分维值为1.7365，尺度200 m—100 m尺度层级的分维值为1.4854、100 m—50m尺度层级的分维值为1.8073、50 m—25 m的分维值为1.8930（表5-17）。分维值的增大表示增加大尺度开放空间对于提升西街公共空间复杂性有正向促进作用。

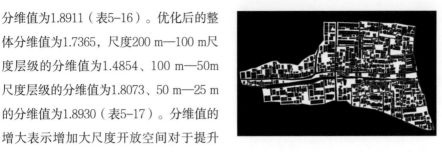

图 5-56 | 优化后西街的图底关系

5.6 本章小结

传统建筑聚落的活力来源于公共空间自下而上地自组织生长而形成的尺度层级结构。然而在具体的保护规划与设计中，由于建筑师采用的公共空间更新方式多基于自身知识背景和主观判断，缺乏理性而客观的技术支撑，容易出现破坏公共空间尺度层级结构的情况，进而造成聚落空间活力衰败的后果。针对此问题，本文以36个江苏地区传统建筑聚落为研究对象，基于分形理论、普适尺度、普适分布等理论，借助Python编程语言、回归分析等方法，进行如下研究：

首先，从分维值的角度对聚落公共空间复杂性做定型化描述。经研究可见，江苏地区聚落整体分维值高，分形程度高，聚落各尺度层级下的分维值变化均匀，分维值与聚落规模呈正比关系。

表 5-15 | 优化后西街的尺度层级数量关系

Kernel_size（m）	尺度（m）	西街 101302 m²	标准值 101302 m²
60	30×30	0	
58	29×29	0	
56	28×28	0	
54	27×27	0	
52	26×26	0	
50	25×25	0	
48	24×24	0	
46	23×23	0	
44	22×22	0	1.05
42	21×21	0	1.22
40	20×20	2	1.42
38	19×19	0	1.66
36	18×18	0	1.97
34	17×17	4	2.35
32	16×16	1	2.83
30	15×15	4	3.46
	30—15	11	15.97
28	14×14	2	4.29
26	13×13	3	5.40
24	12×12	2	6.92
22	11×11	9	9.07
20	10×10	12	12.19
18	9×9	19	16.91
16	8×8	30	24.38
14	7×7	44	36.90
	15—7	121	116.08
12	6×6	87	59.55
10	5×4	187	104.89
8	4×4	339	209.70
6	3×3	718	512.25
	7—3	1769	886.39
4	2×2	1769	1803.70
2	1×1	13382	15514.19

其次，利用Python语言计算出36个聚落公共空间各尺度层级数量关系、各尺度层级分维值，筛选出不同尺度层级下的公共空间分布图，得到如下结论：不同规模的聚落公共空间尺度层级具有不同但相似的多样性，7 m—15 m层级空间对复杂性影响最大，江苏地区聚落公共空间生长呈现沿主要道路入口型、中心型、均好型的特点。

再次，从普适分布的角度对各个规模区间内的江苏地区聚落公共空间尺度层级进行深入

基于分形理论的公共空间尺度层级量化

203

	Kernel_size（m）	栅格划分数	LOG10（栅格划分数）	LOG10（非全黑盒子）	非全黑盒子（非空）	各层级分维值	整体分维D	R^2
古南街（1200 pixel ×800 pixel）	200	6	0.78	1.30	20	$D(200-100)=1.4854$ $D(100-50)=1.8073$ $D(50-25)=1.8911$	1.7359	0.9971
	100	12	1.08	1.75	56			
	50	24	1.38	2.29	196			
	25	48	1.68	2.86	727			

	Kernel_size（m）	栅格划分数	LOG10（栅格划分数）	LOG10（非全黑盒子）	非全黑盒子（非空）	各层级分维值	整体分维D	R^2
古南街（1200 pixel ×800 pixel）	200	6	0.78	1.30	20	$D(200-100)=1.4854$ $D(100-50)=1.8073$ $D(50-25)=1.8930$	1.7365	0.9971
	100	12	1.08	1.75	56			
	50	24	1.38	2.29	196			
	25	48	1.68	2.86	728			

的量化研究。通过加权平均计算、双对数回归拟合等方法，得到不同规模下的聚落公共空间尺度层级数量关系，形成可以用于设计参考的技术支撑。

最后，以古南街西街为例，运用算法对现状进行评价，得到古南街西街缺少15 m以上的大尺度空间的结论，利用这一结论对古南街公共空间进行更新、修复，再对结果进行进一步的分析、比较以验证方法的有效性（图5-57~图5-59）。

本研究的创新点主要包含以下4个方面。

1）首先，本研究以尼克斯·A.萨林加罗斯（Nikos A.Salingaros）《新建筑理论十二讲——基于最新数学方法的建筑与城市设计理论》作为理论支撑，创新地提出"尺度层级"的概念，是对聚落公共空间量化研究领域的补充。萨林加罗斯在书中说，针对尺度层级和普适分布规则，他本可以研究出一套定量的判断方法，用它来评判建筑的自然或是非自然的外观，但他的兴趣点在于适应性的设计技术，因此书中并没有更深入地讨论量化研究。

2）本研究受计算机图形学的启发，创新性地利用Python语言对聚落公共空间尺度层级进行筛选，使得对聚落公共空间的量化分析可以从宏观层面深入到微观层面。

3）本研究运用统计学中的数据分析方法，对36个江苏地区聚落公共空间进行统计学分析，得到的研究结果容易理解，实操性强，可以满足建筑师正向辅助设计的诉求，直接用于设计参考。

4）本研究创新性地利用Python语言简化了分维值计算方法中"小盒计数法"的计算过程，大大地提高了效率。

本研究尚存在如下不足和改进空间：

1）由于疫情的关系，笔者无法对所选取的聚落样本进行实地走访和调研，只能借助谷歌地图和书籍对聚落资料进行整理，样本资料难免存在不准确之处。本研究还缺乏对36个江苏地区聚落的深入评价，计算结果难免存在一些数据误差，有待做进一步优化。

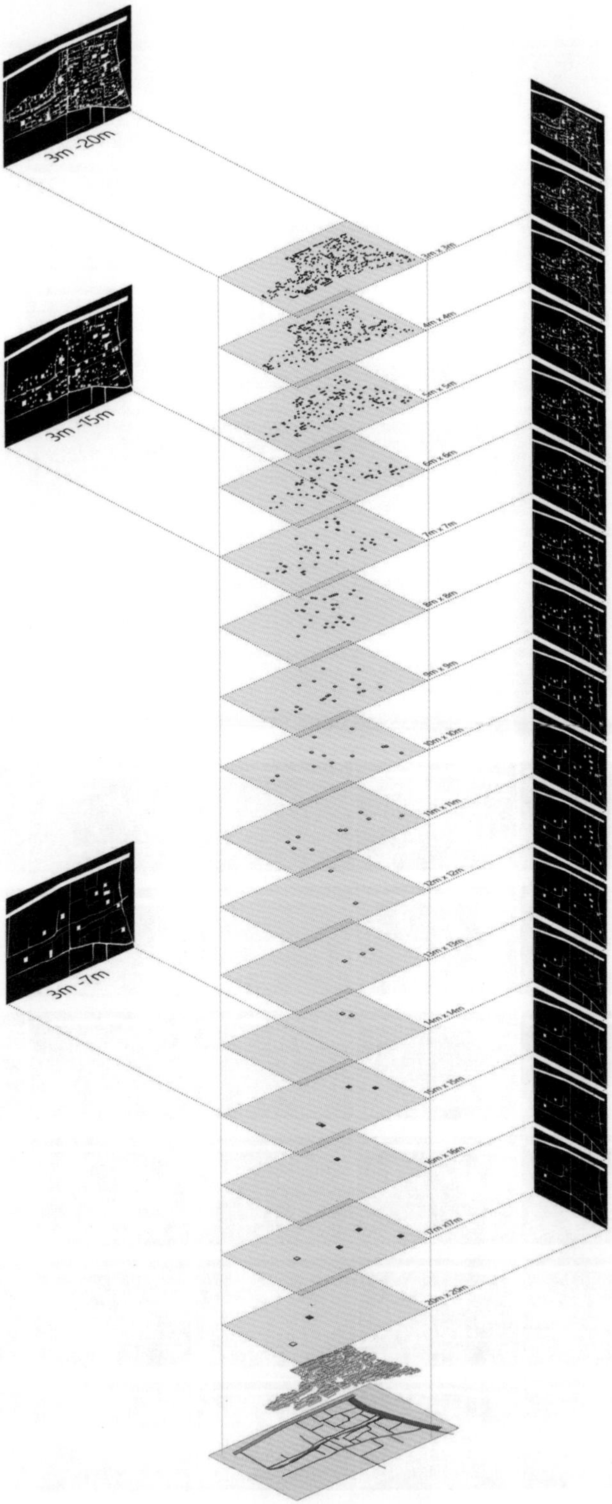

图 5-57 | 古南街西街公共空间尺度层级爆炸图（15 m 以上新增空间为红色）

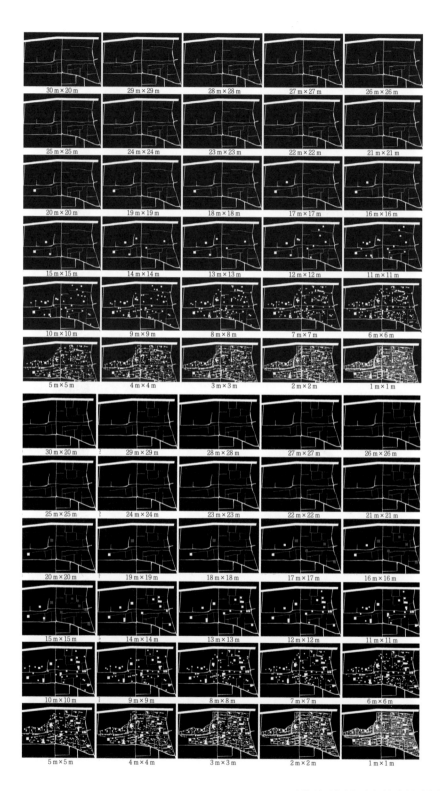

图 5-58 │
西街现状公共空间遍历筛选图

图 5-59 │
西街优化后 15 ㎡ 以上公共空间

2）聚落是一个复杂的集合体，拥有独特的乡村风貌、风土人情、历史文化以及社会价值。聚落的活力体现在复杂性上，聚落的复杂性不仅与公共空间尺度层级相关，还与建筑功能、朝向、密度和人的活动等等相关，多种要素一起构成了聚落丰富的活力。因此对聚落的研究还可以从街巷结构、肌理特征、空间断面尺度等方面进行解读，但受限于资料、时间与精力，本研究只分析其中一方面，有待进行更全面的讨论。

3）本研究分析聚落各尺度层级数量关系，但是未进一步分析各尺度层级公共空间的平面形态特征，这是一个可继续发展的方向。

传统建筑聚落是在长期的历史演变中，基于自下而上的生长逻辑，在人文因素与自然元素相互磨合碰撞下而形成的产物，具有重要的历史价值。城市则可以看作在人口增长、资本积累中生长起来的超大尺度聚落。为了满足现代社会对城市的扩张需求，我们习惯了钢筋水泥盒子带来的功能主义下的现代性，习惯了横平竖直的街道分割出的整齐的方格子，也享受着极度现代化设计而带来的便捷的生活。然而，当重新回到聚落中做设计时，我们习惯性地以自上而下的城市设计方式去思考聚落，而无法把握聚落自下而上的自组织结构背后的尺度层级关系。因此，本研究尝试在公共空间尺度层级量化研究下进行一点点探讨，期望可以为传统建筑聚落保护与发展工作贡献一点点的力量，为设计师提供正向设计的辅助参考。

注释、参考文献和图表来源

注释

1　赵远鹏. 分形几何在建筑中的应用[D]. 大连: 大连理工大学, 2003.
2　王辰晨. 基于分形理论的徽州传统民居空间形态研究[D]. 合肥: 合肥工业大学, 2013.
3　东南大学建筑系, 歙县文物管理所. 棠樾[M]. 南京: 东南大学出版社, 1993.
4　东南大学建筑系, 歙县文物管理所. 瞻淇[M]. 南京: 东南大学出版社, 1996.
5　东南大学建筑系, 歙县文物管理所. 渔梁[M]. 南京: 东南大学出版社, 1998.
6　藤井明. 聚落探访[M]. 宁晶, 译. 北京: 中国建筑工业出版社, 2003.
7　原广司. 世界聚落的教示100[M]. 于天祎, 王昀, 译. 北京: 中国建筑工业出版社, 2003.
8　彭松. 从建筑到村落形态: 以皖南西递村为例的村落形态研究[D]. 南京: 东南大学, 2004.
9　王依涵, 丁继军, 左芸. 历史文化村落肌理的保护与延续: 以浙江丽水为例[J]. 浙江理工大学学报, 2015, 34(8): 331-337.
10　丁沃沃, 李倩. 苏南村落形态特征及其要素研究[J]. 建筑学报, 2013(12): 64-68.
11　李斌, 何刚, 李华. 中原传统村落的院落空间研究: 以河南郏县朱洼村和张店村为例[J]. 建筑学报, 2014(S1): 64-69.
12　段进, 龚恺, 陈晓东. 世界文化遗产西递古村落空间解析[M]. 南京: 东南大学出版社, 2006.
13　靳亦冰, 令宜凡. 撒拉族乡村聚落空间形态特征解析[J]. 建筑学报, 2018(3): 107-112.
14　傅娟, 冯志丰, 蔡奕旸, 等. 广州地区传统村落历史演变研究[J]. 南方建筑, 2014(4): 64-69.
15　卓晓岚. 潮汕地区乡村聚落形态现代演变研究[D]. 广州: 华南理工大学, 2015.
16　孙晓曦. 基于宗族结构的传统村落肌理演化及整合研究: 以宁波市韩岭历史文化名村为例[D]. 武汉: 华中科技大学, 2015.
17　闵婕, 杨庆媛. 三峡库区乡村聚落空间演变及驱动机制: 以重庆万州区为例[J]. 山地学报, 2016, 34(1): 100-109.
18　胡明星, 董卫. GIS技术在历史街区保护规划中的应用研究[J]. 建筑学报, 2004(12): 63-65.
19　于森, 李建东. 基于RS和GIS的桓仁县乡村聚落景观格局分析[J]. 测绘与空间地理信息, 2005, 28(5): 50-54.
20　刘沛林. 中国传统聚落景观基因图谱的构建与应用研究[D]. 北京: 北京大学, 2011.
21　HILLIER B, HANSON J. The social logic of space[M]. Cambridge: Cambridge University Press, 1984.
22　HILLIER B. Space is the machine: a configurational theory of architecture[M]. Cambridge : Cambridge University Press, 1996.
23　王浩锋. 徽州传统村落的空间规划: 公共建筑的聚集现象[J]. 建筑学报, 2008(4): 81-84.
24　王静文. 桂北传统聚落肌理及其保护探讨[J]. 建筑与文化, 2017(2): 99-101.
25　陈泳, 倪丽鸿, 戴晓玲, 等. 基于空间句法的江南古镇步行空间结构解析: 以同里为例[J]. 建筑师, 2013(2): 75-83.
26　藤木隆明. ランダムパターンの記述と生成に関する基礎の研究 [D]. 东京: 东京大学, 1994.
27　王昀. 传统聚落结构中的空间概念[M]. 北京: 中国建筑工业出版社, 2009.
28　童磊. 村落空间肌理的参数化解析与重构及其规划应用研究[D]. 杭州: 浙江大学, 2016.
29　浦欣成. 传统乡村聚落二维平面整体形态的量化方法研究[D]. 杭州: 浙江大学, 2012.
30　浦欣成, 董一帆. 国内传统乡村聚落形态量化研究综述[J]. 建筑与文化, 2018(8): 59-61.
31　蒋音成. 三洲村传统聚落的空间形态研究: 基于分形理论[J]. 福建建筑, 2011(5): 117-120.
32　王嘉睿. 基于分形理论的川渝山地聚落空间形态解析[D]. 重庆: 重庆大学, 2017.
33　干晓宇, 樊友, 胡昂. 基于分形理论的西藏民居立面的地域性特征分析[J]. 华中建筑, 2018, 36(9): 107-110.
34　韦松林. 村落景观形态实验性分形研究: 以云浮大田头村为例[J]. 广东园林, 2015, 37(2): 13-15.
35　刘泽, 秦伟. 基于分形理论的北京传统村落空间复杂性定量化研究[J]. 小城镇建设, 2018(1): 52-58.
36　吕骥超. 传统乡村聚落平面形态量化方法应用及拓展研究: 以南京市周边村落为例[D]. 南京: 东南大学, 2018.
37　沈添. 江南地区传统街道空间连续性研究: 以宜兴丁蜀古南街为例[D]. 南京: 东南大学, 2018.
38　SALINGAROS N A. The laws of architecture from a physicist's perspective[J]. Physics Essays, 1995, 8(4): 638-643.
39　BOVILL C. Fractal geometry in architecture and design[M]. Boston, MA: Birkhäuser Boston, 1996.

40 赵倩. 走向可持续的城市空间组织与量化方法研究: 从起源到嬗变[D]. 南京: 东南大学, 2017.

41 SALINGAROS N A. Twelve lectures on architecture: algorithmic sustainable design[M]. Solingen: Umbau-Verlag, 2010.

42 塞灵格勒斯, 刘洋. 连接分形的城市[J]. 国际城市规划, 2008, 23(6): 81–92.

43 SALINGAROS N, BILSEN A V. Principles of urban structure[M]. Amsterdam: Techne Press, 2005.

44 SALINGAROS N A, WEST B J. A universal rule for the distribution of sizes[J]. Environment and Planning B: Planning and Design, 1999, 26(6): 909–923.

45 HALL E T. The hidden dimension[J]. Leonardo, 1973, 6(1): 94.

46 藤浦哲夫. 人间工学基准数值数式便览[M]. 东京: 技报堂, 1992: 205–206.

47 东南大学城市规划设计研究院. 宜兴蜀山古南街历史文化街区保护规划[Z]. 南京: 东南大学, 2011.

参考文献

1 浦欣成, 黄铃斌. 国内传统乡村聚落公共空间形态研究综述[J]. 建筑与文化, 2019(12): 28–30.

2 辞海编辑委员会. 辞海: 1999年版彩图珍藏本[M]. 上海: 上海辞书出版社, 1999.

3 左大康. 现代地理学辞典[M]. 北京: 商务印书馆, 1990.

4 刘敦桢. 中国住宅概说[J]. 建筑学报, 1956(4): 1–53.

5 朱光亚. 江苏村落建筑遗产的特色和价值[J]. 江苏建设, 2016(1): 12–20.

6 BURN R P. The fractal geometry of nature[J]. The Mathematical Gazette, 1984, 68(443): 71–72.

7 曼德尔布洛特. 分形对象: 形、机遇和维数 [M]. 文志英, 苏虹, 译. 北京: 世界图书出版公司, 1999.

8 梁保国, 乐禄祉. 负幂律与分形结构[J]. 沈阳工业大学学报, 1996, 18(2): 74–77.

图表来源

图5-1   图片来源: 丁沃沃, 李倩. 苏南村落形态特征及其要素研究[J]. 建筑学报, 2013(12): 64–68.

图5-2   图片来源: 靳亦冰, 令宜凡. 撒拉族乡村聚落空间形态特征解析[J]. 建筑学报, 2018(3): 107–112.

图5-3   图片来源: 于淼, 李建东. 基于RS和GIS的桓仁县乡村聚落景观格局分析[J]. 测绘与空间地理信息, 2005, 28(5): 50–54.

图5-4   图片来源: 王浩锋. 徽州传统村落的空间规划: 公共建筑的聚集现象[J]. 建筑学报, 2008(4): 81–84.

图5-5   图片来源: 浦欣成. 传统乡村聚落二维平面整体形态的量化方法研究[D]. 杭州: 浙江大学, 2012.

图5-6   图片来源: 赵远鹏. 分形几何在建筑中的应用[D]. 大连: 大连理工大学, 2003.

图5-7   图片来源: 网络

图5-8   图片来源: 王辰晨. 基于分形理论的徽州传统民居空间形态研究[D]. 合肥: 合肥工业大学, 2013.

图5-9   图片来源: 作者自绘

图5-10   图片来源: 作者自绘

图5-11   图片来源: 梁保国, 乐禄祉. 负幂律与分形结构[J]. 沈阳工业大学学报, 1996, 18(2): 74–77.

图5-12   图片来源: SALINGAROS N A. Twelve lectures on architecture: algorithmic sustainable design[M]. Solingen: Umbau-Verlag, 2010.

图5-13   图片来源: SALINGAROS N A. Twelve lectures on architecture: algorithmic sustainable design[M]. Solingen: Umbau-Verlag, 2010.

图5-14   图片来源: 作者自绘

图5-15   图片来源: 吕骥超. 传统乡村聚落平面形态量化方法应用及拓展研究[D]. 南京: 东南大学, 2018.

图5-16   图片来源: 吕骥超. 传统乡村聚落平面形态量化方法应用及拓展研究[D]. 南京: 东南大学, 2018.

图5-17   图片来源: 作者自绘

图5-18   图片来源: 作者自绘

图5-19   图片来源: 作者自绘

图5-20   图片来源: 作者自绘

图5-21   图片来源: 作者自绘

图5-22   图片来源: 作者自绘

图5-23   图片来源: 作者自绘

图5-24   图片来源: 作者自绘

图5-25   图片来源: 作者自绘

图5-26 图片来源：作者自绘

图5-27 图片来源：作者自绘

图5-28 图片来源：作者自绘

图5-29 图片来源：作者自绘

图5-30 图片来源：作者自绘

图5-31 图片来源：作者自绘

图5-32 图片来源：作者自摄

图5-33 图片来源：作者自绘

图5-34 图片来源：作者根据"苏州市自然资源和规划局"网站内容改绘

图5-35 图片来源：作者自绘

图5-36 图片来源：作者自绘

图5-37 图片来源：作者根据"赵倩. 走向可持续的城市空间组织与量化方法研究[D]. 南京: 东南大学, 2017."改绘

图5-38 图片来源：作者自绘

图5-39 图片来源：作者根据"赵倩. 走向可持续的城市空间组织与量化方法研究[D]. 南京: 东南大学, 2017."改绘

图5-40 图片来源：作者自绘

图5-41 图片来源：作者根据"苏州市自然资源和规划局"网站内容改绘

图5-42 图片来源：作者自绘

图5-43 图片来源：作者根据"苏州市自然资源和规划局"网站内容改绘

图5-44 图片来源：作者自绘

图5-45 图片来源：作者自绘

图5-46 图片来源：作者自绘

图5-47 图片来源：作者自绘

图5-48 图片来源：作者自绘

图5-49 图片来源：王笑摄影

图5-50 图片来源：作者自绘

图5-51 图片来源：作者自绘

图5-52 图片来源：作者自绘

图5-53 图片来源：作者自绘

图5-54 图片来源：作者自绘

图5-55 图片来源：作者自绘

图5-56 图片来源：作者自绘

图5-57 图片来源：作者自绘

图5-58 图片来源：作者自绘

图5-59 图片来源：作者自绘

表5-1　表格来源：沈添. 江南地区传统街道空间连续性研究[D]. 南京: 东南大学, 2018.

表5-2　表格来源：网络

表5-3　表格来源：作者自绘

表5-4　表格来源：作者自绘

表5-5　表格来源：作者自绘

表5-6　表格来源：作者自绘

表5-7　表格来源：作者自绘

表5-8　表格来源：作者自绘

表5-9　表格来源：作者自绘

表5-10 表格来源：作者自绘

表5-11 表格来源：作者自绘

表5-12 表格来源：作者自绘

表5-13 表格来源：作者自绘

表5-14 表格来源：作者自绘

表5-15 表格来源：作者自绘

表5-16 表格来源：作者自绘

表5-17 表格来源：作者自绘

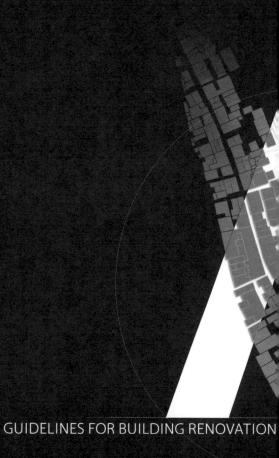

GUIDELINES FOR BUILDING RENOVATION

第六章　蜀山古南街历史文化街区建筑立面整治与
风貌提升导则

YLE IMPROVEMENT OF HISTORICAL AND CULTURAL BLOCKS OF GUNANJIE, SHUSHAN

CHAPTER 6

6.1 概述

6.1.1 古南街概述

　　古南街历史文化街区位于宜兴市丁蜀镇东北部的蜀山地区，东依蜀山，西临蠡河，1949年以前曾是丁蜀镇水上通道的进出端口（图6-1）。古南街距离紫砂矿的主要产地黄龙山较近，且交通便利，运输方便，自古就形成了集紫砂毛坯加工、成品烧制、交易洽谈为一体的紫砂文化发源地。

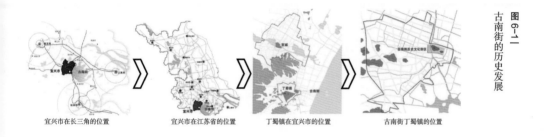

宜兴市在长三角的位置　　宜兴市在江苏省的位置　　丁蜀镇在宜兴市的位置　　古南街在丁蜀镇的位置

图6-1　古南街的历史发展

　　宋至明中期，在该地已经有了东坡书院，而古南街尚未成型，去东坡书院主要通过水路进入东坡浜水系，进而到达，这一时期东坡书院是比较重要的场所。

　　明末至清中期，随着紫砂产业的分离、龙窑的建造，围绕着龙窑开始有大量窑工和窑户迁入，如此便有了早期的生产性街道，此时主要的街道是窑与蠡河之间的生产、运输通道，山北和山南有水系直接到达山脚，服务于运输和生产。

　　清末至民国后期，随着生产规模的扩大，紫砂销售方式更加灵活，古南街开始出现大量的陶器行，陶器行的繁荣促使古南街形成商业性街道。此期蜀山大桥建成，连接了生活服务区和娱乐休闲区，整个街区的规模和结构基本成型。同时北厂建立，联系北厂和南街的北厂街也出现了。

　　1950年代，紫砂集中生产的蜀山陶业生产合作社成立，建址于古南街中部的紫砂同业公

图 6-2|
古南街名人故居和陶器店旧址分布

所周围。在这一时期，整个紫砂生产向西南迁移，逐渐地拓展了向西南的街道格局，随着红阳桥的建造，联系紫砂新工艺厂和老工艺厂的街道格局得以确立。由于生产方式和销售模式的转变，加之陆路交通的实现，古南街渐渐失去了往日的繁华，并由商业街区转变为居住区，工艺师们居住在古南街进行着作坊式的传艺和创作（图6-2）。

1980年以后随着紫砂产业在蠡河以西发展，古南街淡出了历史舞台，成为生活性街道，同时面临现代市政设施建设和传统丧失的压力，亟待整治和改善，以期成为新时期蜀山地区发展的历史文化引擎。

6.1.2 导则编制的背景

2002年，宜兴市人民政府初步制定了紫砂工艺保存地丁蜀镇社区的环境保护规划以及宜兴市历史文化街区和相关文化遗存保护规划等。随着保护工作的不断推进，宜兴市政府充分地认识到遗产保护的重要性和迫切性，不断加大文化遗产保护力度，积极落实《宜兴市历史文化名城保护规划（2009—2020）》。但由于部分居民对古南街的历史文化价值认识不足、保护意识薄弱，相关职能部门缺乏对居民自主改造的控制依据等等原因，古南街历史文化街区内相当一部分民居建筑的传统风貌遭到破坏（图6-3）。因此，编制一套具有宜兴丁蜀本地特点、全面而明确地针对传统民居风貌保护的技术导则显得十分必要。宜兴市丁蜀镇政府委托东南大学建筑学院，在基于相关课题的研究成果之上，编制了《蜀山古南街历史文化街区建筑立面整治与风貌提升导则》。

图 6-3|
古南街传统风貌遭到破坏

∧解码│历史地段保护与更新中的数字技术│

6.1.3 导则编制的意义

随着社会的发展，原有的集体性生产逐步退回为个体手工生产方式。古南街及其周边出现了大批中、低档的个体紫砂作坊，合新陶瓷厂随之被废弃。由于历史久远，部分房屋无法满足现代生产、生活需求而慢慢成为城市发展的难题。本套导则将指导古南街历史文化街区内传统民居建筑风貌的保护修缮及整治工作，以期凸显其作为传统街区的自身特征和历史文化价值。

6.1.4 导则编制的目标

本套导则旨在通过对古南街传统街区的解析，实现：

通过对传统材料和工艺的介绍，为传统民居风貌的保护和修缮提供技术支持；

提供符合宜兴市蜀山地区的传统建筑风貌的民居修缮指导建议（文字与图则），以利于历史文化街区的保护管理；

开发并提供可供快速生成立面参考方案的程序，以利于指导居民修缮和改建房屋外观。

6.2 建筑修缮原则与程序

6.2.1 适用对象

本套导则使用对象为传统民居的所有者和使用者、规划师与建筑师、修缮维护施工方、相关政府部门。本套导则适用于宜兴市蜀山古南街历史文化街区内具有一定历史价值的民居建筑和普通民居建筑的整治修缮，主要针对建筑外观包括屋顶、外墙、门、窗、其他立面要素、墙面附加物等的整治修缮。

本套导则均针对沿街可见立面整治，民居的建筑结构、内部卫生排水等设施的整治另有专门的技术标准，不在本套导则的涉及范围之内。

6.2.2 基本原则

1.尊重历史建筑的原真性
修缮不能损害建筑的历史价值，使用传统的建筑材料和建筑技术。

2. 尊重建筑演变的延续性

修缮要尊重原有使用功能，兼顾当下环境、社会和经济效益，满足现代生活方式下的功能和美学需求。

3. 在立面的修复中，针对已有传统街道立面修复中存在的问题，运用一种理性、科学的方式指导设计

利用智能信息数据技术对历史风貌特征的形态要素进行编码和描述，具体可分为屋顶、外墙、门窗及其他细部样式等4个方面，建立数据库。利用数据挖掘实现知识发现与知识共享，得到反映各方共识的历史风貌形态要素生成规则；基于知识发现这一生成规则，通过程序算法生成可以支持保护规划方案的数字化生成设计，从而获得更为准确的立面规律，进一步指导立面导则的编制。

6.2.3 总体要求

1. 传统民居的整治修缮

保持建筑物（群）原有的外部形态（含建筑布局、屋面、外墙、色彩及其施工工艺等）；保护建筑原有的结构形式、构造方式及施工工艺等；原建筑保留的具有历史和艺术价值的建筑构件、附属物，应按原材料、原工艺进行修补或加固，并原位保存。

传统民居中已被公布为文物保护单位的或确定为历史建筑的，应按相关法律、规范进行整治修缮。

2. 一般民居的整治修缮（含翻建、改建、维修及其他建设）

一般民居中建筑形式与古南街整体风貌有冲突的，应按照本套导则要求予以整治和改造；须翻建、改建的应参照传统民居的建筑式样、建筑尺度、建筑工艺进行设计和施工。

3. 原建筑内改建厨卫等基本生活设施

在传统民居中改建厨卫等基本生活设施，不得对原建筑的保护产生不良影响；在一般民居中改建厨卫等基本生活设施，应结合民居整治修缮同步实施；改建厨卫等基本生活设施不得影响周围居民的正常生活；鼓励支持使用新型集成厨卫产品。

4. 建筑外立面门窗、挂落等建筑构件的更换或改建

因生活和经营需要更换或改建门窗等不得破坏建筑物的整体风貌；更换或改建门窗不应与本地传统习俗相冲突，并不得干扰邻里生活；建筑外立面门窗的更换或改建，必须选用传统木质门窗；建筑内部门窗更换或改建，如选用新材料和新工艺的，应严格控制其色彩和式样。

6.3 建筑立面分项导则

6.3.1 总则

1. 标准立面的建立

宜兴地区的传统民居多为一层或两层木构建筑。屋顶通常为小青瓦，墙面底层多为白粉墙，二层的窗为木质花格窗，其下为木板密排窗下墙。作为商业建筑的一层门窗多为木板门窗，白天开启，夜晚安装回去。作为一般居住建筑的一层门窗为实木板门和花格窗。建筑檐口两侧有垛头，分别在屋檐二层处和一层檐口附近，使得墙面分两次收分。垛头形式与营造法式中的纹样类似（图6-4）。

不同于其他的历史文化街区改造，古南街复杂的产权关系使得建筑立面的风貌整治不可能由政府统一完成，除了已有的公房外，只能在一定的原则下指导户主自发地进行改造。为此，我们将在古南街和其周边前期调研以及程序生成所得到的立面视为"标准立面"，并提出以"标准立面"为主的改造方式（程序生成详见第一章）。所谓标准立面，就是在历史文化街区立面的修缮和利用中，对立面上的材料、尺寸、门窗洞口的位置、垛头等立面装饰以及屋面材料等设定需要遵循的设计标准，并进行详细的图示说明和建立相关数据库。以"标准立面"为主的改造方式借鉴了日本古建筑改造的经验，其意义在于：对于建筑立面的整治和提升，以"标准"导则形式提出指导性建议。与以往导则不同的是，本导则不仅提供文字与图纸，还提供能够根据住户的建筑体形、开洞位置等生成相应符合古南街整体风貌样式的程序，通过程序生成详细图纸，并关联到各相关细节的样式，建立选择

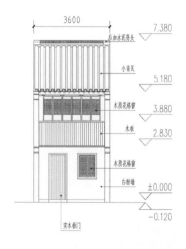

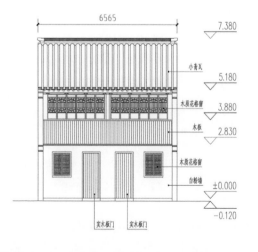

图6-4｜古南街标准立面（一般居住建筑）

性样板，为今后的自发改造和造价预算以及政府的经济补偿提供参考。

2. 建筑分级保护

由于古南街内建筑历史价值不一，我们将现有建筑根据建筑评级分为历史建筑和传统风貌建筑两类，在"标准立面"的指导下分别确定两者的立面导则。

1）历史建筑：实行挂牌保护，不得擅自迁移和拆除，立面不会进行大量的改造，而根据历史文化价值和完好程度，按照传统样式和建筑目前的功能状态进行分类整治。注重保留现有的门窗洞口位置，对局部不合理并属于后来开设的洞口进行封堵，将不符合传统形式的门窗进行替换，对墙面的材料、披檐等都做出具体的规定，以符合传统形式和保持历史建筑原貌为标准，展现历史建筑的本来面貌。

2）传统风貌建筑：外观以保持传统风貌为主，内部加固结构，完善功能布局及设施，提高使用质量。对于这部分建筑立面可以重新进行一定程度的设计，在保证街道整体风貌的前提下结合功能加以改造和扩展，以期能满足未来进一步发展的需要。

3. 建筑立面按照功能变化的可能性提供修缮导则

目前古南街街区内的建筑，特别是传统风貌建筑，正在发生功能性的变化，如一般的居住功能建筑转变为商业功能建筑，房屋出租后被新的业主按照自身需要改造。针对这样的现状，我们认为不应仅限于对目前的立面现状做简单的修复，也不应将改造仅限于一种符合现状的功能要求，而是希望在立面中可以将现有的商业场景、生活场景与未来的旅游场景相结合。因此，为了控制古南街整体风貌不被继续破坏，除了对不符合传统要素的建筑外观附加物进行整治与拆除、对已经改变传统风貌的门窗等部位做恢复风貌的引导外，我们按照建筑的高度及开间大小选取了几处具有代表性的建筑，为其提供了今后功能改变后沿街立面修缮的几种可能性导则。考虑到这部分建筑对不同功能的需求，重点提出包括商业、展览、居住（维持原状）在内的多种未来可能出现的功能，并针对功能提出不同的立面改造方式。对不同的功能对应的建筑立面形式问题，我们对已总结的古南街立面规律再次进行归纳，得到不同功能情况下建筑整体立面的比例尺度、门窗洞口的相对位置及其他细部样式等信息，用于建筑立面的生成中。

6.3.2 古南街建筑立面导则

1. 屋顶形式

古南街传统民居以坡屋顶为主，屋面坡度不受成法约束，前后坡度可对称，也可不对称。不对称时多前浅后深，使前半面以通风采光为主，后半面以挡风御寒为主。现存在少数房屋加建或改建成平屋顶，失去了传统民居的重要特征要素（图6-5）。

2. 屋顶屋脊

古南街传统民居屋脊（即正脊）通常用砖瓦叠砌而成。最简单的做法是直接把瓦片竖向铺设或斜铺，称为游脊，脊头可以做砖砌或水泥脊头。脊头有不同的造型，古南街多用甘蔗脊和纹头脊（图6-6）。

3. 屋顶材料

古南街传统屋面多数使用小青瓦，少数使用具有当地特色的陶瓦。小青瓦单块面积小，防水性能好，强度较高，使用及维护方便，在屋面形成的肌理美观。使用毫无地方特色的机平瓦铺设的屋顶，线条生硬，不符合当地的传统风貌。由于传统屋面构造防水性能欠佳，允许屋面用现浇混凝土做出曲线再铺小青瓦或陶瓦（图6-7）。

4. 外墙一层墙面

古南街传统民居的一层墙面除部分采用木板外，更多地采用白灰抹面。在长时间的物

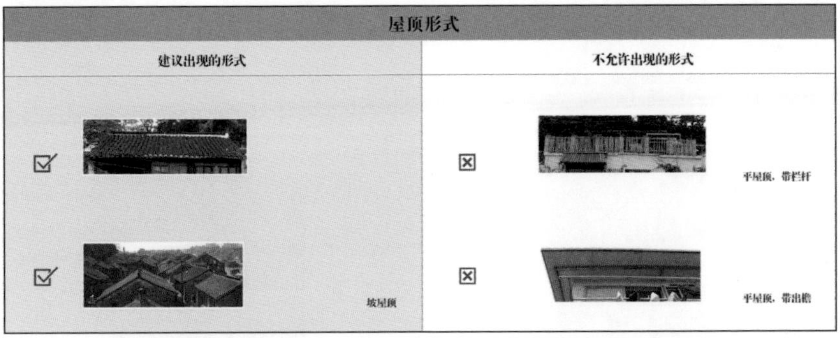

图 6-5|导则中的屋顶形式部分

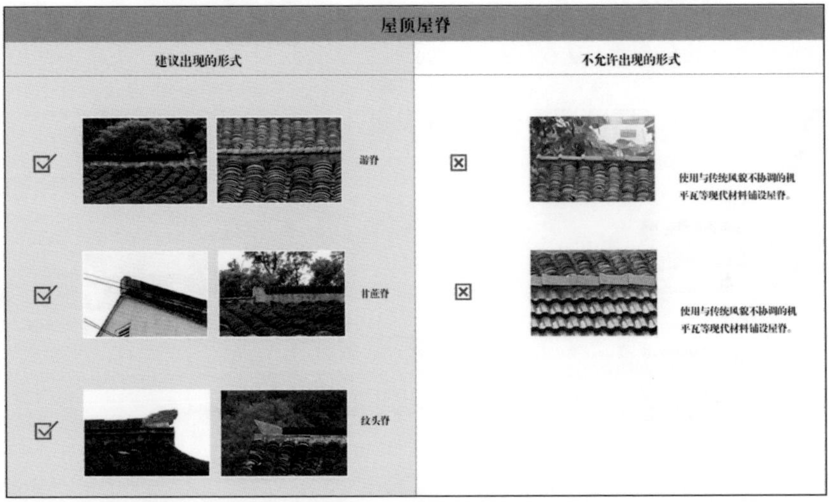

图 6-6|导则中的屋顶屋脊部分

理、化学及生物作用下，斑驳的墙面及点点的青苔表现出极强的历史厚重感和江南古镇的韵味。但部分民居和店铺在一层墙面的改造中采用了水泥抹面和现代面砖，失去了传统的特色（图6-8）。

5. 外墙一层窗下墙

二层民居建筑的二层窗下墙对人的传统性认知影响较大。古南街的二层窗下墙多采用木板或深色塑料布带压条（图6-9）。

图 6-7│导则中的屋顶材料部分

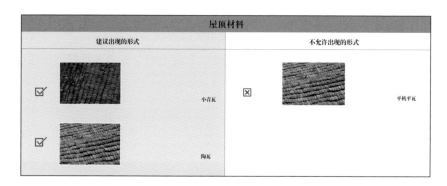

图 6-8│导则中的外墙一层墙面部分

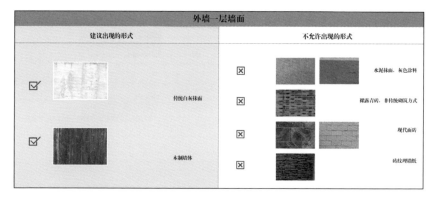

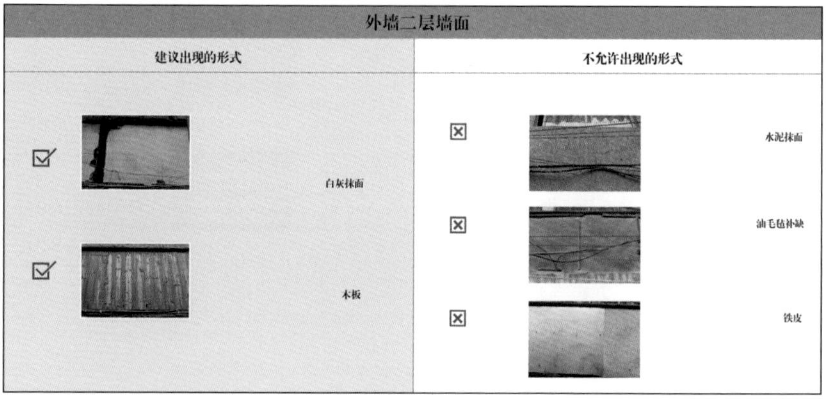

图 6-9│导则中的外墙二层窗下墙部分

∧解码│历史地段保护与更新中的数字技术│

6. 外墙二层窗侧墙

大多数二层开通长窗的民居会留有小部分木制的二层窗侧墙，未开通长窗的民居的二层窗侧墙则以抹灰为主。新改建的民居的窗侧墙或者采用黄色、灰色涂料饰面，或者用砖砌筑不施抹面，其做法不符合传统风貌（图6-10）。

7. 门

古南街的门多为单扇木板门，有的门有简单的门框和装饰。兼有店面功能的民居有的采用将精美的隔扇门作为大门的做法，大部分的店面采用木板门或隔扇门，隔扇门多为四扇。随着居民防盗意识的增强，越来越多的住户开始使用不锈钢防盗门和铁皮门，商户开始使用带防盗功能的推拉门和卷帘门，给街区的历史风貌造成了破坏。另外，墙面随意开设洞口的情况应得到控制，对原有门洞的封堵须采用相同的砌筑方式和抹面（图6-11）。

8. 一层窗

古南街一层窗的形式多为简单的木框玻璃窗，有的一层窗在内侧或外侧有木质或铁质的防盗栏。现在铝合金或塑钢推拉窗逐渐增多，窗的外面存在加装铝合金防盗格栅的做法，部分店铺采用较大的玻璃窗或落地窗，这些都是不符合传统风貌的形式（图6-12）。

9. 二层窗

古南街二层窗的形式多为槛窗，通长开窗。居民们常将室内的一侧糊上窗户纸或者安装玻璃，用来保温隔热。古南街的二层窗亦有通长或非通长的木框玻璃窗，这种窗的传统性稍弱，须与其他传统性立面要素结合以体现传统性。铝合金或塑钢推拉窗则无传统性（图6-13）。

10. 雨篷遮阳

古南街民居雨篷和遮阳没有特殊的形式和做法，推荐比较传统的披檐。居民利用阳光板、塑料布、石棉瓦等简易搭建的雨篷破坏了建筑立面的传统风貌（图6-14）。

11. 檐沟落水管（图6-15）

12. 空调外机（图6-16）

13. 强弱电设施（图6-17）

14. 其他墙面附加物（图6-18）

15. 整体结构与立面要素组合参考

（1）功能转换需求与立面修缮设计

根据以上分析，我们将建筑立面要素组合成为最能表达古南街特色的立面形式，将其作为古南街立面典型形式导则，并在此基础上选取3种典型立面，对今后调整为商业功能、文化展示功能等的建筑做出多种立面形式的设计导则（图6-19）。

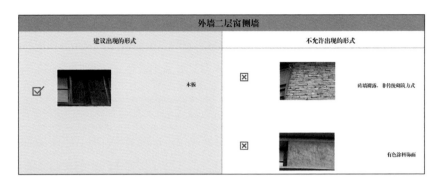

图 6-10| 导则中的外墙二层窗侧墙部分

外墙二层窗侧墙

建议出现的形式	不允许出现的形式
☑ 木板	☒ 砖墙裸露、非传统砌筑方式
	☒ 有色涂料饰面

图 6-11| 导则中的门部分

门

建议出现的形式	不允许出现的形式
☑ 民居—木板门、隔扇门	☒ 民居—不锈钢门、铁皮门
☑ 店铺—木板门、隔扇门	☒ 店铺—推拉门、卷帘门

图 6-12| 导则中的一层窗部分

一层窗

建议出现的形式	不允许出现的形式
☑	☒ 窗外侧有铝合金或不锈钢防盗窗
☑ 木框玻璃窗	☒ 窗外侧有铝合金或不锈钢防盗栏
☑ 木框玻璃窗外带木质或铁质防盗栏，传统性稍弱，需结合其他传统立面要素	☒ 大面积玻璃窗

图 6-13| 导则中的二层窗部分

二层窗

建议出现的形式	不允许出现的形式
☑ 槛窗	☒ 铝合金或塑钢推拉窗
☑ 木框玻璃窗	

Λ解码 历史地段保护与更新中的数字技术

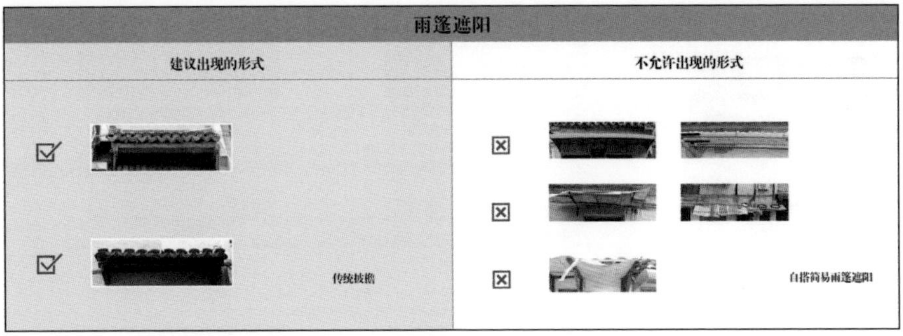

雨篷遮阳

建议出现的形式	不允许出现的形式
☑ ☑ 传统披檐	☒ ☒ ☒ 自搭简易雨篷遮阳

图 6-14｜
导则中的雨篷遮阳部分

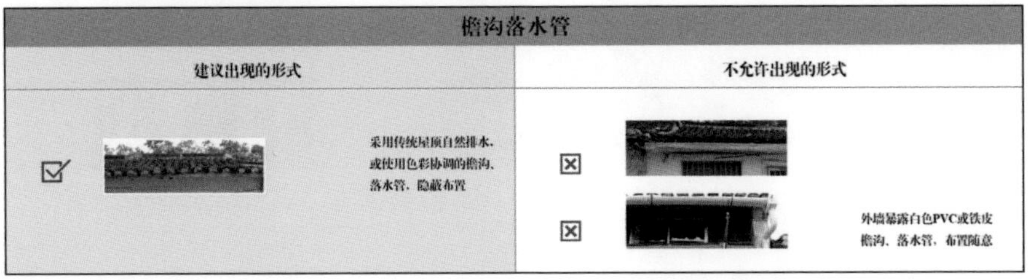

檐沟落水管

建议出现的形式	不允许出现的形式
☑ 采用传统屋顶自然排水，或使用色彩协调的檐沟、落水管、隐蔽布置	☒ ☒ 外墙暴露白色PVC或铁皮檐沟、落水管、布置随意

图 6-15｜
导则中的檐沟落水管部分

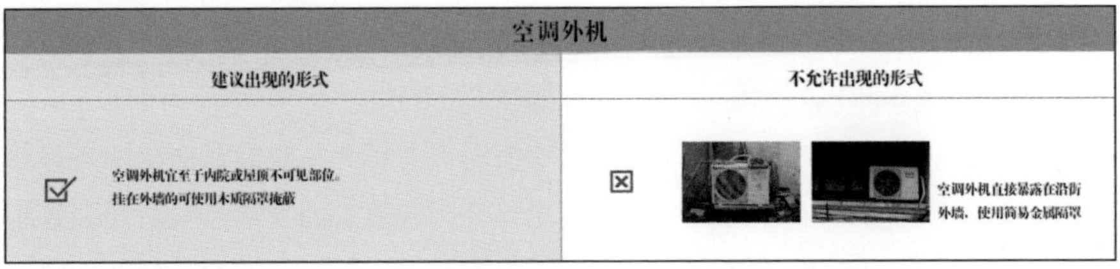

空调外机

建议出现的形式	不允许出现的形式
☑ 空调外机宜置于内院或屋顶不可见部位，挂在外墙的可使用木质隔罩掩蔽	☒ 空调外机直接暴露在沿街外墙，使用简易金属隔罩

图 6-16｜
导则中的空调外机部分

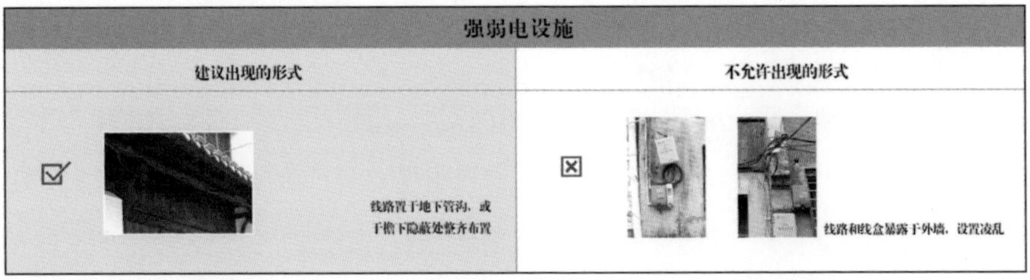

强弱电设施

建议出现的形式	不允许出现的形式
☑ 线路置于地下管沟，或于檐下隐蔽处整齐布置	☒ 线路和线盒暴露于外墙，设置凌乱

图 6-17｜
导则中的强弱电设施部分

其他墙面附加物

建议出现的形式	不允许出现的形式
☑ ☑ 采用传统的广告招贴、匾额等	☒ ☒ 简易的广告招贴　随意搭设支架、衣架

图 6-18｜
导则中的其他墙面附加物部分

┊ 蜀山古南街历史文化街区建筑立面整治与风貌提升导则

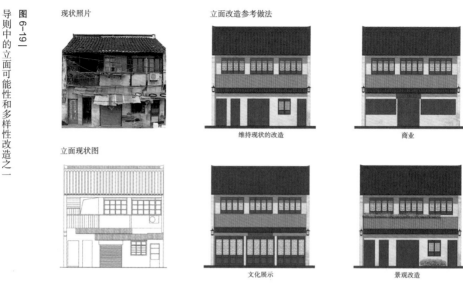

图6-19|
导则中的立面可能性和多样性改造之一

现状照片　　立面改造参考做法

维持现状的改造　　商业

立面现状图

文化展示　　景观改造

在实际的操作中，须面对可能出现的问题，在维持现有风貌的基础上保证功能需要。例如，建筑中的商业或展览功能在立面上都会有一定的直接对外展示的功能要求，需要在现有门窗洞口的基础上新增大面积的开窗，并考虑传统建筑中商业或展览建筑的门窗洞口尺寸比例、门窗扇的形式，以在符合传统的同时满足功能需求。因此，我们根据设计之初总结的现有建筑立面规律，改造已有的门窗洞口，安装符合传统要求的木制门窗扇。一方面在开店/开馆时可以保证正常营业和展览的需要，另一方面在闭店/闭馆时形成完整的木制隔板立面形式，保证了街区整体的传统风貌。在古南街的立面整治和提升过程中，最集中的问题体现在功能的新需求与传统立面风貌之间的矛盾上。例如，悠久的紫砂传统使得紫砂工艺品本身具有较高的价值，因此对建筑立面提出安装防盗门窗的要求；由于出入口处缺少遮雨设施，沿街建筑立面上出现大量私搭乱建的塑料雨篷，对传统建筑立面产生了很大的破坏。在面对这些情况时，建筑师对立面的谨慎处理和对于民间智慧的借鉴就显得尤为重要（图6-20）。

可以看到，目前对门窗的改造往往是安装现代工艺的铝合金防盗门窗，这虽然起到了很好的防盗效果，但和建筑立面的传统形式产生了诸多的矛盾之处。因此满足防盗功能的同时进行重新设计是立面改造的重点之一。基于之前所做的建筑立面规律调查，在导则中明确要求建筑的外立面必须采用传统样式的木制门窗，其内可以采用仿木色的铝合金推拉门窗，形成"实木板门—花格门—仿木色的铝合金推拉门窗"的立面构造体系，既有效地满足防盗要求，也不妨碍整体美观。

现状照片　　　　　　　　　立面改造参考做法

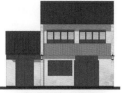

商业带有展览（开店形式）　　　　　商业带有展览（闭店形式）

立面现状图

维持现状的改造　　　　　　　　　景观改造

图 6-20 | 导则中的立面可能性和多样性改造之二

（2）生活需求与立面修缮设计

在现有的街区立面中有大量私搭乱建的塑料雨篷，这些雨篷满足了功能要求，但其材料和形式都与传统形式不相符合，须将这些雨篷替换为传统形式的披檐。通过实地的测量及对《营造法原》的学习，可以得到较为完整的江南地区披檐构造和尺寸。而在实际的运用中，还应考虑到建筑立面的面宽和高度对披檐的尺寸要求有着较大的影响，尺寸不当将影响立面的美观。因此本导则不设定固定的尺寸要求，只确定一个适合的最大挑出尺寸，即披檐挑出小于600 mm。在立面改造中可以依据单体建筑实际的面宽确定出檐的宽度和挑出尺寸。披檐的具体形式除参考《营造法原》外，也可以依据宜兴当地和周边地区做出一定的变化。本导则确定出4种不同的披檐样式，使披檐能作为一个有益的立面元素，起到丰富沿街立面的良好作用（图6-21）。

（3）有共识的街区立面修缮设计

在前期调研和之后的导则修订过程中我们注意到：在认知层面上，建筑师、管理方、施工方、当地居民等保护规划的各责任主体对传统聚落历史风貌的认识和设计方案理解上的

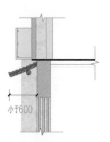

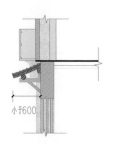

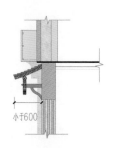

小于600　　　小于600　　　小于600　　　小于600

图 6-21 | 导则中的披檐构造

蜀山古南街历史文化街区建筑立面整治与风貌提升导则

偏差，导致保护规划从方案设计到实施之间存在着巨大的缝隙；在操作层面上，缺乏验收评价标准和资金支撑使得保护规划难以实施，或者实施质量难以保证。其结果是对原有立面规律的把握难以深入，新立面的生成不足以符合传统性和功能性的要求。因此，导则在调研的基础上应用数字链技术实现保护规划设计与实施之间客观有效的衔接，完成保护规划方案的数字化生成设计，从而形成一种可以自主运行的立面生成模式，同时保证立面的传统性和生成效率。

6.4 立面风貌导则编制辅助工具

6.4.1 开发目的

在传统街区历史风貌保护工作中，作为参与主体的政府人员、居民、设计者和施工人员的知识背景存在差异，这使得参与主体各方无法对当地传统形成统一的认知。相关信息的分享与沟通间的壁垒，进一步导致保护方案和相关政策的推广和实施之间存在误读和阻碍。因此，能够提供传统信息、设计样板和简便操作的理性工具对于保护工作的快速推行具有一定的意义，以古南街为例编写的古南街历史文化街区立面生成演示软件可视为一次有益的尝试。古南街历史文化街区立面生成演示软件是分析、设计和展示古南街本地传统建筑立面的辅助软件，能够生成符合传统性样式的相应面宽和高度的参考立面，且可根据原有建筑体形和开洞数量及位置等特定要求提供交互式自定义操作，通过展示并关联各相关细节的节点样式，建立选择性样板，生成相应的图纸，为后续的深化和应用提供参考。

6.4.2 功能与操作

古南街历史文化街区立面生成演示软件的功能图解如图6-22、图6-23所示。

1. 导则解读部分

单击"文本解读"按钮，进入导则展示部分。

（1）导则内容

导则文本内容包括"设计说明""环境调研与整治"和"立面调研与整治"3部分。展示过程中设计人员可根据需要，向管理部门或当地居民展示的内容。

（2）导则内容浏览（图6-24）

单击各部分标题，进入相应正文部分。

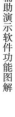

图 6-22 | 辅助演示软件功能图解

图 6-23 | 文本解读软件界面

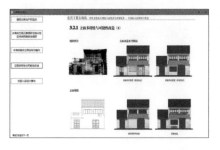

图 6-24 | 导则内容浏览界面

正文界面由左侧标题按钮和右侧内容显示区组成。

单击左侧标题按钮可浏览相应正文。鼠标在正文区域滚动可浏览未显示部分，单击可翻页。退出窗口可返回上一级页面。

2. 立面生成演示部分（图6-25）

单击"生成演示"按钮，进入立面生成部分。

点击运行，进入生成界面。

（1）标准经典立面生成

1）立面要素信息浏览。立面生成界面由左侧图形显示区、右侧立面要素信息显示区、操作提示区3部分组成。鼠标悬停在左侧屋脊、屋顶、门窗等立面各要素上，右侧可同步显

图6-25 | 生成演示软件界面

示该立面要素的当地传统样式、材料、工艺做法等相关文字和图片信息（图6-26）。

2）改变总高。鼠标悬停至屋脊上缘出现箭头提示，拖动鼠标可改变建筑总高。不符合实际情况如层高超过一层但不足两层时，相应部分显示红色报错。

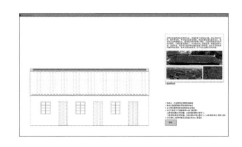

图6-26 | 鼠标悬停浏览立面要素信息

3）改变开间。鼠标悬停至立面右边缘会出现箭头提示，拖动鼠标可改变建筑开间。考虑古南街实际情况，最多可演示三开间（图6-27）。

4）改变立面要素。鼠标悬停至各立面要素上时显示蓝色提示框，单击可改变相应样式、材料等以供选择。

5）输出立面。单击右下角输出按钮可输出当前建筑立面JPG格式的立面图至程序所在目录。

（2）自定义互动操作（图6-28）

1）模式切换。按空格键可实现自动模式和自定义模式互换。

2）基本操作。自定义操作可另外实现添加门窗、删减门窗、移动门窗等操作，依据当地传统，控制屋脊、屋顶等要素不可移动或消除。

3）删减门窗。英文输入模式下，按住键盘"C"键，同时单击相应门窗要素可实现删除操作。

4）添加门窗。按住键盘数字"1"键，同时单击相应位置可添加窗要素。按住键盘数字"2"键，同时单击相应位置可添加门要素。

5）移动门窗。英文输入模式下，按住键盘"W"键，同时拖动相应窗要素可实现移动操作。英文输入模式下，按住键盘"D"键，同时拖动相应门要素可实现移动操作。

6）其他操作。其他基本操作同自动模式。

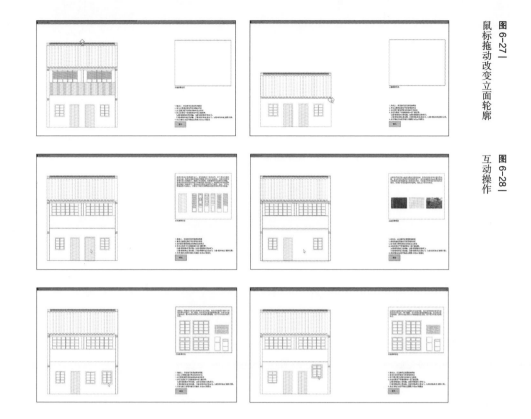

图 6-27 | 鼠标拖动改变立面轮廓

图 6-28 | 互动操作

6.5 古南街景观风貌提升规划原则

6.5.1 街巷空间规划

严格保护古南街地段的历史风貌和传统空间尺度与界面。

1）古南街整体街道的建筑轮廓线保持现有状态。即以2016年9月的时间点为基准，所有建筑保持目前的高度和轮廓关系，不允许再出现突破现有街道轮廓线的改建和加建。

2）按照目前建筑与街巷的空间关系划分组团进行保护规划。在已经划分完成的组团空间线范围内，禁止进行破坏街巷空间连续性与改变街巷尺度的建设活动，禁止建设大体量建筑或采用不协调的建筑形式。

3）保存和改善街巷空间。疏通主街通往蠡河的道路，增加4处登蜀山的空间节点，并用现有道路与主街相连，形成以主街为主、以两侧临河道路和上山道路为辅的鱼骨状街巷格局（图6-29）。

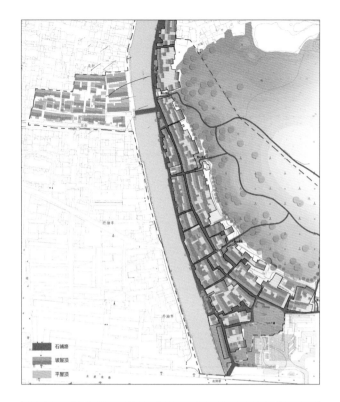

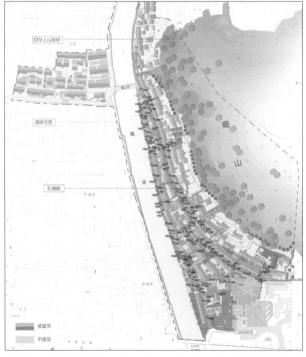

图 6-29｜
内部道路系统及道路交通规划

4）疏通沿蠡河的道路，整治沿河景观与路面现状。对阻隔沿河道路的违章加建要进行拆除。沿河道路边重新制作石栏杆，结合绿化和局部坐凳式栏杆创造变化的沿河步道空间和休闲区域（图6-30~图6-33）。

5）保持原有建筑高度、体量和色彩。传统建筑的修缮修复须保证外部采用原有建筑材料和色彩，保持传统建筑外观特征。

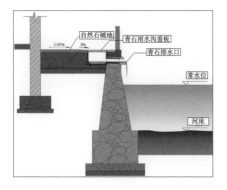

图 6-30 | 景观驳岸做法

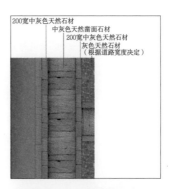

图 6-31 | 沿河路面铺地

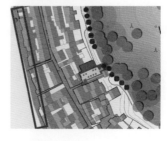

支路路面铺地

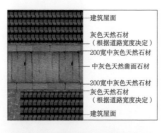

图 6-32 | 沿河栏杆设置

图 6-33 |

6.5.2 建筑外观

建筑保持原有高度、体量，不得再有增高、增建行为。保持建筑传统色彩和材料做法，在立面导则的指导下保持传统建筑外观特征。

建筑功能从居住改变为商业或者其他文化、展示类功能时，注意牌匾的位置须符合导则的规定，其形式须符合传统特征。商业建筑的门窗最外侧须采用传统的实木板门和窗。防盗门窗采用仿木色铝合金推拉式防盗门窗，并严格要求安装在建筑内侧。空调外挂机须安装在朝内院的一侧，在没有其他办法必须安装在沿街一侧时，须按照导则做木板空调机盒，将外机安装在木盒内。

一层伸出的屋檐或者披檐须控制其形态符合传统做法。披檐的出檐尺寸小于600 mm，具体形式除参考《营造法原》外，可依据宜兴当地及周边地区做出一定的变化。本导则提供出4种不同的一层出檐形式供参考（图6-34）。

6.5.3 树木保护

本次规划的南街范围内有成年树木11处（图6-35），要对树木进行定级、建档、挂牌保护工作。结合休闲设施、庭院广场整治，改善街区内的绿化景观环境。划定保留树木树冠垂直距离5 m之内为树的生长保护范围，在生长保护范围内不得进行新建、改建、移建等建设工程。

图6-34｜一层出檐形式

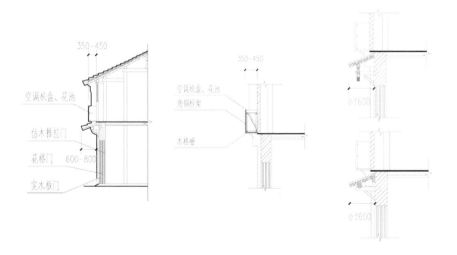

Λ解码｜历史地段保护与更新中的数字技术｜

图6-35 |
场地原有环境要素

场地原有树木

6.5.4 景观节点与基础设计建设

为提升古南街景观可达性与多样性，根据目前的街巷格局，增加4处登蜀山的空间节点。利用现有道路与空间要素塑造新的公共空间，丰富古南街街区景观层次。

整治沿河景观，疏通沿河道路。恢复古南街具有典型江南特色的河岸景观和游览路线。在沿河道路上设置适当的景观节点，提供休息和游玩的场所。拆除目前阻碍沿河道路的几

图 6-36 |
公共厕所配置规划

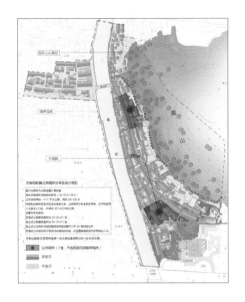

处私建的厕所和厨房。根据规范在南街设置2处面积为100 m²的公共厕所,公共厕所间距约140 m,须做好设施管理,满足卫生要求和居民与游客的使用需求(图6-36)。

在景观照明方面,街巷主题空间应避免随意安装高杆路灯,以在垛头下方安装景观壁灯为主要照明方式。各家门前宜设置形式统一的灯箱和广告标识。在新建的景点以及沿河景观带可以设置具有传统意味的高杆路灯,结合景观小品共同创造良好的景观环境(图6-37)。在建筑的墙角可放置统一的陶盆,由居民自行种植花草以美化环境并能够较容易地达到街区立面效果统一的目的。

景观标识、景观小品、指示牌、门牌、坐凳、垃圾箱等须按照导则中的图示所给的样式进行定制,以免破坏街道的传统意味。

图 6-37 |
景观标识及景观灯配置规划

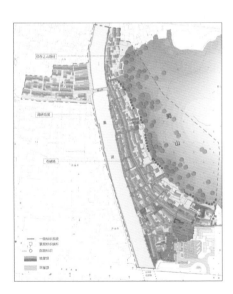

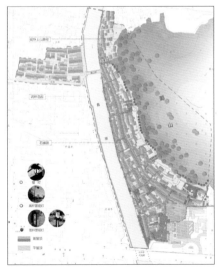

公共空间配置的绿化以及居民门前选择的小型盆栽植物，须符合当地的气候特色并做到四季有景（图6-38）。

古南街入口广场是出入古南街的较为重要的节点，须整理目前杂乱的场地，结合小方窑烟囱和地形等，单独做景观设计，并配合相应的导览图，雕塑等形成良好的氛围（图6-39）。

景观树池

移动花池

节点标志物　　　　标识旗杆

导视牌

图 6-38 |
景观花木设计意向规划

图 6-39 |
景观小品设计意向规划

第七章　保护规划方案的实施
IMPLEMENTATION OF PROTECTION PLANNING SCHEME
CHAPTER 7

7.1 蜀山古南街历史文化街区的空间格局与规划设计导引

宜兴市是中国历史文化名城，位于宜兴市丁蜀镇的蜀山古南街历史文化街区是其重要的组成部分，被列入第一批江苏省历史文化街区。蜀山古南街历史文化街区范围包括蜀山局部、南街、西街和东街，其中的蜀山窑群遗址为全国重点文物保护单位。古南街一度是丁蜀镇水上通道的重要节点，交通便利且毗邻紫砂矿的主要产地，制陶产业发达并融入当地生活，这里也是紫砂文化的发源地。

7.1.1 街区空间格局的演变

古南街的街巷格局及生产与生活交融的状态经过长时间积淀而形成，历史上曾经有大批的紫砂名人在此生活和进行艺术创作。古南街形成于宋代之前，随着明代匠户制的解体，其陶瓷产业有了迅猛发展。由于蜀山临水且与紫砂矿源地黄龙山相距不远，山体坡度适宜建造龙窑，蜀山龙窑开始逐渐出现，大小窑户应运而生。此时的古南街前店后坊、自产自销，于蠡河与蜀山之间形成街巷格局，山环水绕，甚为繁华。清末蜀山大桥落成后从古南街分出了南街、北街、西街，成为紫砂陶集中烧制、营销贸易的基地和生活服务中心，蜀山龙窑里出产的各类紫砂陶制品由蠡河经太湖运往全国各地（图7-1）。

1950年代，蜀山陶业生产合作社成立，开始了紫砂制品的集中生产时期，古南街的功

图7-1 古南街背山枕水的整体空间格局

能演变为陶瓷产业工人的生活服务区和居住区。1980年代至今，随着紫砂收藏热的兴起，紫砂器的制作又恢复了个体创作的模式，古南街及其周边出现了大批个体紫砂作坊，古南街重新成为生产与生活的双重载体。但此时的古南街房屋破烂、设施落后，作为生产性场所形象破败，作为生活性街道又不具备现代配套设施、功能不全。古南街在失去传统魅力的同时面临居民改善生活品质的压力，遭遇小城镇发展的难题。

古南街的形态既代表了江南传统街巷，又独具特色。古南街南北长约570 m，绕蜀山山脚而建，一侧与山体相接，一侧临蠡河，街巷走势从东西向逐渐转为南北向（图7-2），整个街区呈现为"水—房—街—房—山"的清晰脉络（图7-3）。古南街靠蜀山一侧的建筑面宽小、进深大并与山体等高线垂直，临街一侧的建筑一般为居住用房或商铺，开间不过二、三，纵深方向沿山体拾级而上通向蜀山中的龙窑。建筑之间每隔一段就有一处通往蜀山的上山通道，是居民活动与紫砂器上下搬运的交通空间，同时起到防火间隔的作用。靠蠡河一侧的建筑，也是窄长的多进院落，临街面或为居住用房或为店铺，临河面每隔一段有河埠头或者小的公共空间形成错落有致的驳岸。

图7-2｜
古南街的街巷走势

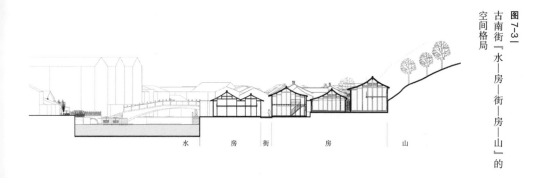

图 7-3｜古南街「水—房—街—房—山」的空间格局

水　　房　　街　　房　　山

7.1.2 设计引导与改造建设并重

2004年和2011年，陈薇教授两度领衔编制《宜兴蜀山古南街历史文化街区保护规划》，明确了将山水形态、紫砂文化融于历史街区、历史建筑和形态架构载体中的规划策略，确立了保护山水环境格局、街巷系统的空间格局，保护"河绕山转、街随山走、河街并行"的空间格局的规划理念。经历近十年的调查研究和保护规划是古南街整治和改善的开端。

此后，在划定的面积为13.15万 m²的保护规划范围内，以王建国院士带领的东南大学设计团队在丁蜀镇政府和当地居民的共同参与下，完成了《蜀山古南街旅游与功能策划》《蜀山古南街历史文化街区建筑立面整治与风貌提升导则》《宜兴蜀山古南街管网改造工程》等具体实施导则与设计方案。古南街的民居建筑90%以上属于私房，尚有大批原住民在其中生活，不适宜一体化整治或大面积拆建这类改造方式，设计团队坚持"小规模、渐进式"的改造和建设思路，选取公房和关键节点作为古南街风貌保护与提升的示范工程，同时通过导则引导、菜单式构件展陈等方式让居民了解保护与改造的细节。2012—2019年，从张家老宅和入口广场改造开始，设计团队进行了一系列建筑、景观一体化改造设计，目前共完成建筑示范工程10余处，建筑面积2382.9 m²，景观整治面积2830 m²（图7-4）。

古南街保护与更新的工作仍在逐步展开中，南街的练泥池茶室（设计：沈旸等）、曼生廊、凌霄亭（设计：唐芃等），西街的西肆民宿（设计：沈旸等）、桥西建筑群立面改造（设计：唐芃等），北街的通蜀路茶室（设计：朱渊等）等都在润物细无声中进行着。这些示范工程每个都只有100~200 m²的规模，但每一个都在述说着自身与周边的故事。示范工程带动了老街居民对自有房屋改造与修缮的积极性，提升了他们的审美素养。居民的自发改造不仅符合保护规划导则对材料、形态的要求，更蕴含着自身对古南街传统的理解，呈现百花齐放的韵味（图7-5）。

如果从2004年陈薇教授团队踏足古南街算起，古南街的保护与更新的工作至今已有整整

18个年头。古南街作为一个小小的缩影，恰恰见证了我国乡镇遗产保护与更新之路。如今，正在复苏的古南街已成为宜兴最有吸引力的蜀山陶集的所在地，更重要的是大量的迁出户不断回流，这是最值得我们欣慰的地方。

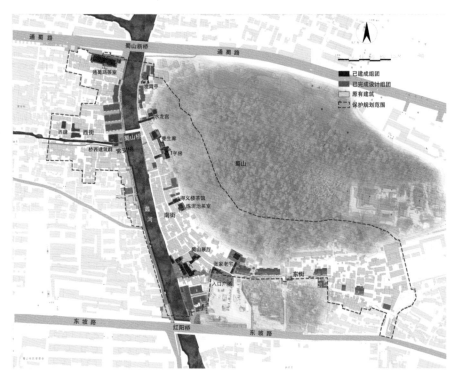

图 7-4 | 古南街建筑、景观一体化改造

图 7-5 | 古南街自有房屋的改造

7.2 蠡河两岸与道路两侧立面改造实施方案思路

7.2.1 规划设计方法

为了延续古南街的传统风貌和历史文化特征，设计人员针对聚落空间格局的规划、街巷空间的保护、传统建筑风貌的修复、景观的整治与修缮提出相应措施，以满足现代生活和

未来发展诉求。导则的编制充分考虑了古南街的自身特征、本地特点和历史价值，通过相关职能部门的引导和控制，选取具有典型示范意义的建筑、重要街道和空间节点进行深化设计，形成参考案例以具体指导古南街的保护和整治修缮工作。

由于古南街整体改造范围较大，涉及需要改造的房屋众多，故在对聚落进行基本调研、梳理和分析之后，选择有代表性的房屋进行先行设计并打造房屋改造示范工程，选择典型地块进行景观提升并形成景观整治的典型做法，以点带面，引发古南街和蠡河两岸进行全面的立面整治和景观改造。具体的选择依据包括：1）区域的重要性：选择比较重要的区域，对区域内建筑进行立面修缮改造以及沿河（沿街）的景观提升；2）建筑的重要性：选择比较重要的建筑，对其进行建筑立面修缮整治以及建筑周边场地的景观设计；3）建筑类型的多样性：按照分类模式选择典型、具有代表性的建筑，对其进行立面整治和改造；4）场地内的位置、分布状况和辐射范围。下文分别从街巷空间规划、建筑保护修缮、景观优化与小品设施设计等方面阐释规划与设计思路。

1. 街巷空间规划

导则严格界定了街区内保护地段传统空间的尺度与界面，例如禁止突破现有建筑高度和轮廓线，禁止破坏街巷空间连续性，保存和改善街巷空间，疏通沿蠡河两岸的道路，梳理登蜀山的空间节点，整治沿河景观流线与路面现状，尽量恢复建筑原有高度、体量、色彩以及传统建筑外观特征。为改善现有空间结构、疏通沿河道路、提升沿河景观界面，设置适当的景观节点以改善沿河体验，适当增加登蜀山的路径和空间节点，提升街区内公共空间的多样性和可达性，最终恢复原有的以主街为主、以两侧临河道路与上山道路为辅的鱼骨状街巷格局。同时，从平面和立面两个维度来保护传统街巷空间的形态尺度，对建筑与街巷关系、现有街道轮廓线做出严格规定，恢复传统空间格局特征。在导则引导之下，街巷空间的传统风貌得到有序恢复，街巷空间的连续性和场所游览体验也得到了极大的提升（图7-6）。

2. 建筑保护修缮

古南街传统建筑多具备晚清风格古民居的形态特征，体量小巧但组织灵活，院落层次十分丰富。随着传统建筑与现代生活需求的矛盾愈演愈烈，居民开始使用廉价和易于获得的现代建筑材料进行自发性改造，蓝色的金属板、五颜六色的墙面涂料、形态各异的店招等冗杂的建筑语汇严重破坏了街区传统风貌（图7-7）。鉴于街区改造范围内的建筑大部分仍然在被使用，且产权变更涉及的时间周期较长，采用布局选点与政府主导下的产权变更相结合的改造方式更加符合古南街的现状，通过建筑单体的"点"来激活地块中"面"的场所氛围。考虑到建设成本和使用现状，建筑设计内容多以立面更新和改扩建为主，在设

图 7-6 |
未改造的街巷空间与改造后的街巷空间

图 7-7 |
改造前的建筑风貌

计中使用模块化设计的方式也容易在居民中推广。所有的整修均应以不破坏原有建筑为前提，并均可逆。

对现有建筑的历史价值的分类是建筑风貌保护工作的基础。设计针对历史建筑、传统风貌建筑、一般建筑依据传统样式和功能结构进行分类整治，对于结构做法、门窗洞口和披檐等构造方式、传统建筑色彩、传统材料做法以及牌匾、门窗、防盗门的色彩和安装方法等都做了较为严格的限定，并通过推广"标准立面"给居民的自发性改造提供示范和引导。改造后的典型示范建筑融合了传统建筑和现代生活需求，也针灸式地活化了地块内的整体场所氛围（图7-8、图7-9）。

3. 景观优化与小品设施设计

传统聚落的外部空间同样是聚落整体风貌的重要组成部分，街区内现有公共开放空间较为匮乏且空间品质普遍较差，难以满足居民日常生产、生活、娱乐和交往的需求，也不能满足游客游览的流线和场所体验需求。景观优化的基本内容和主要目标包括：1）对入口广场、重要建筑周边场地、重要流线交会处等街区内现有重要公共空间进行景观优化设计；2）对沿蠡河两岸的滨水空间进行景观优化设计；3）对住宅庭院、宅前空间、街巷空间等其他日常空间进行节点设计。

导则针对景观设施设计给出具体的指导意见，通过对休憩设施、围合界面、铺地形式、景观围挡、小品家具、植物配置、花池树池等设计因素的考量，形成木雕格栅、石制

图 7-8 | 改造后的建筑风貌

图 7-9 | 宅前空间

栏板、紫砂砌墙、铺地图纹、草木花卉等公共开放空间内的微观设计模块。这些设计模块既来源于对聚落整体风貌的凝练，也是对居民们数百年来生活、生产、营建、审美等传统方式的现代演绎（图7-10），既来源于传统江南聚落的典型形制，又立足于聚落在现代视野下的发展需求。不同设计模块经过累加迭代，逐渐勾勒出古南街崭新的生活图景（图7-11）。

图 7-10 │ 紫砂产品被大量运用于街区的营建中

图 7-11 │ 街区内外的公共空间

7.2.2 总体设计策略

1.设计范围与设计策略

导则中的立面整治和景观提升方案涉及的场地范围为沿蠡河从红阳桥到蜀山新桥之间的东西两岸各550 m长的岸线，以及东坡路从古南街入口广场到东坡书院330 m长的街道。

由于古南街整体改造范围较大，涉及需要改造的房屋众多，故在对聚落进行基本调研、梳理和分析之后，选择有代表性的房屋进行先行设计并打造房屋改造示范工程，选择典型地块进行景观提升并形成景观整治的典型做法，以点带面，引发古南街和蠡河两岸进行全面的立面整治和景观改造（图7-12）。

2.地块选择

经过考察，团队选择了9个地块作为先行工程。其选择的依据是：区域的重要性，对重要的区域进行建筑立面改造以及沿河（沿街）的景观改造；建筑的重要性，对重要的建筑进行建筑立面和周边景观的改造；建筑类型的多样性，按照分类选择经典建筑，对其进行立面改造（图7-13）。

3. 交通规划与疏导策略

蠡河沿岸的立面整治与景观提升必然会涉及目前的停车以及机动车交通的问题。

首先，蠡河东岸的沿线通过古南街入口广场停车场的整治，已经可以做到东岸岸线全线步行。在其中步行通道被打断的部分，通过上述地块五的改造也能够实现全线贯通。

其次，蠡河西岸的交通较为复杂，目前整个岸线呈人车混行的状态，这与蠡河西岸有

图 7-12 |
改造范围示意图

更多的居民和功能需求有关。为此，设计拟在红阳桥和蜀山新桥处作为扎口，设定停车场和管控区域，限制从南北两处进入蠡河西岸的车辆。并且在蠡河西岸的住宅区内寻找空地修建临近河岸道路的停车场，将车辆限制在街区内，把西岸的沿河道路留给步行，并以此为前提条件打造沿河的休闲景观（图7-14）。

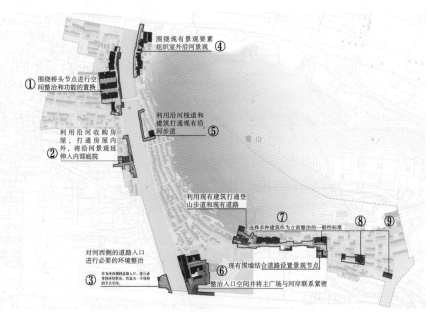

图 7-13 |
9个改造地块

① 围绕桥头节点进行空间整治和功能的置换

② 利用沿河收购房屋，打通房屋内外，将沿河景观延伸入内部庭院

③ 对河西侧的道路入口进行必要的环境整治

④ 围绕现有景观要素组织室外沿河景观

⑤ 利用沿河栈道和建筑打通现有沿河步道

⑥ 整治入口空间并将主广场与河岸联系紧密
现有围墙结合道路设置景观节点

⑦ 选择多种建筑作为立面整治的一般性标准
利用现有建筑打通登山步道和现有道路

⑧ ⑨

作为河西侧的道路入口，进行必要环境整治，营造为一个休闲的节点空间。

蜀山

图 7-14|
沿河现状立面改造

7.2.3 地块设计与改造——以点带面的示范项目

1. 地块一

地块一位于蠡河西岸，正对蜀山大桥以北区块。地块一连接蜀山大桥与西街，与蜀山大桥相邻，还保留有石桥、河埠头等传统景观，其位置重要。在地块一中有3栋现代风格多层住宅，底层目前为私人经营的日用品售卖点。紧邻西街河边有泵房、公厕，沿河岸常年停放私家车，道路不通畅。地块一的改造结合建筑立面整治、住宅底层以及周边地块功能转换、公厕环境整治、交通规划等，打造南街至西街的重要节点，提供休闲停留以及文化交流的场所（表7-1）。

地块一 表7-1

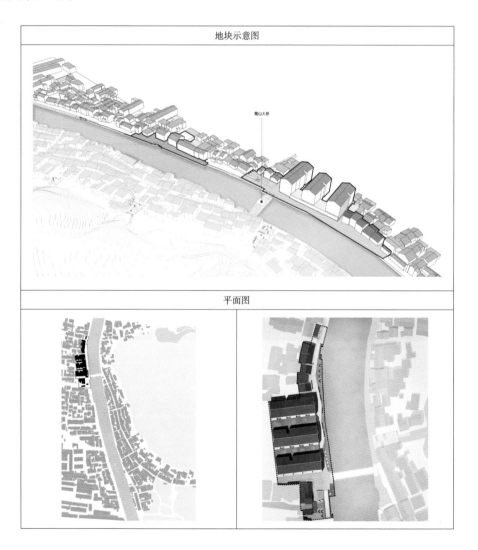

地块示意图

蜀山大桥

平面图

功能分析

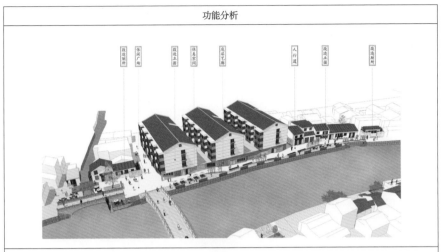

功能分析图标签（从左到右）：改造厕所、休闲广场、改造立面、休息空间、总览艺廊、人行道、改造立面、改造厕所

改造分析

效果呈现

2.地块二

地块二为现有房管所用房及周围地块。地块二的东侧为沿河道路,西侧为内院空地,地块二的建筑外观颇有特色,为红色面砖和绿色琉璃瓦屋顶的二层三开间办公楼,底层开口较大。对地块二的景观改造主要考虑:从河岸至建筑底层开敞空间再至内院形成贯通空间,将其作为居民休闲集会场所;在建筑的二楼加建西侧面向庭院的阳台,将其打造成较为高档的茶室;保留建筑外观的色彩特征,以黑色金属框架为主要材料,对既有建筑门窗进行改造;在建筑南侧加建飘窗以增加氛围感,建筑前后加建金属屋面披檐;底层尽量保持通透并与内庭院和东侧沿河景观融为一体。地块二为街道的重要节点,提供休闲停留以及文化交流的场所(表7-2)。

表7-2

地块二

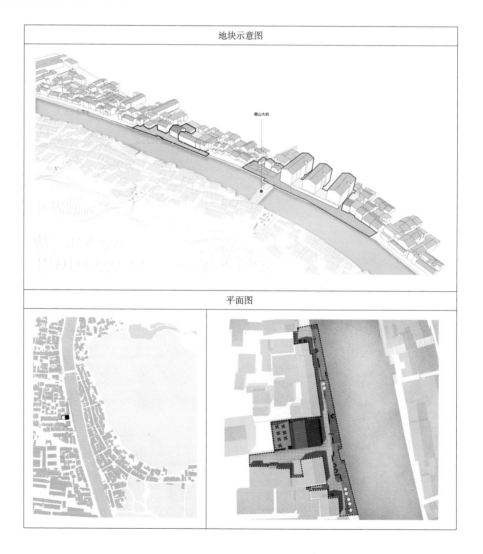

鸟瞰图

改造分析

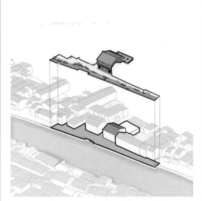

效果呈现

3. 地块三

地块三为红阳桥西侧广场地块。地块三改造的主要目的是通过景观和交通改造，整治机动车交通拥堵与停车难问题。在地块三内设定蠡河西岸机动车停车场，逐步限定车辆进入沿河道路并最终达到限制机动车进入沿河道路的目的，将蠡河两岸都打造为步行空间（表7-3）。

表 7-3 | 地块三

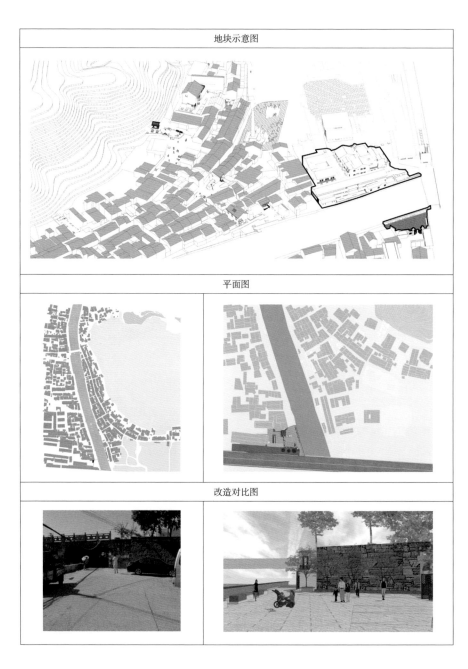

地块示意图

平面图

改造对比图

鸟瞰图

改造分析

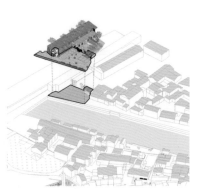

效果呈现

4. 地块四

地块四为蠡河东岸紧邻蜀山新桥的地块。地块四的建筑风貌保持较好，私人地块内部绿化状况良好。在地块四中主要提升沿河道路与私人住宅之间的公共景观，并以此为示范工程引发其余沿河地块进行景观提升治理（表7-4）。

地块四　表7-4

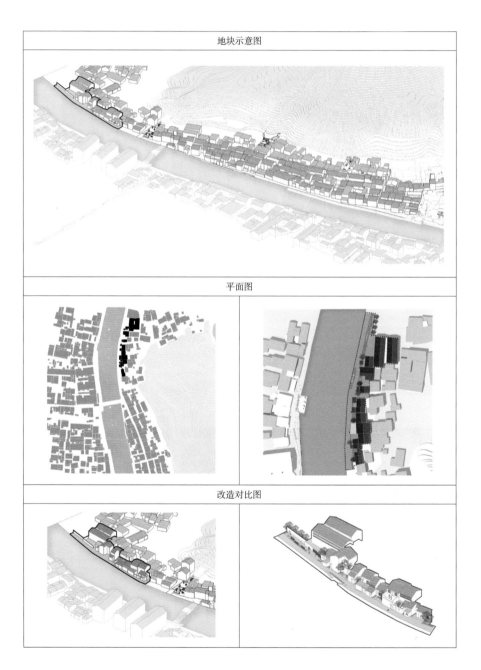

鸟瞰图

改造分析

效果呈现

5.地块五

地块五内的主要建筑为蠡河东岸蜀山大桥以南一处政府收购的房屋。从地块五至蜀山大桥的沿河道路被大量居民搭建的厨卫用房所占据，沿河道路被打断。在地块五内采用打通房屋底层并加建出挑的沿河栈道的方式，将古南街到沿河的游览道路疏通，利用现有建筑打造从古南街内街至沿河的景观视线和通廊（表7-5）。

地块五

表 7-5

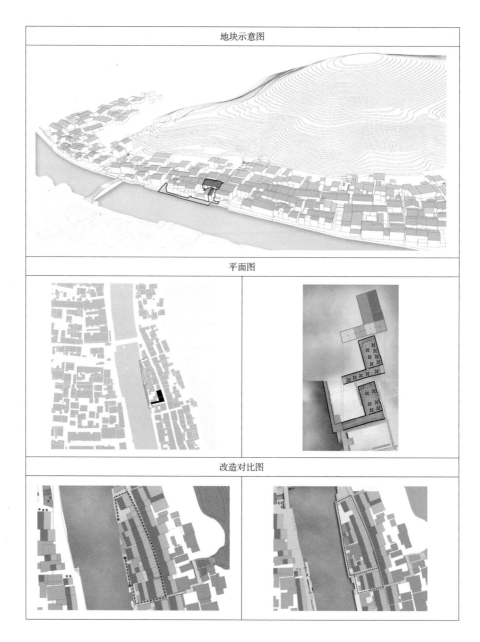

Λ解码┆历史地段保护与更新中的数字技术┆

鸟瞰图

改造分析

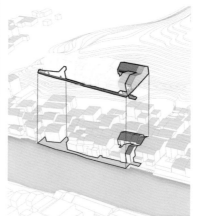

效果呈现

6. 地块六

地块六为古南街目前入口广场的南侧与红阳桥相邻的地块。地块六紧邻道路和红阳桥，其东侧有新建的游客接待站，其北侧为目前的入口广场。地块六须起到疏导游客的作用，同时宜结合地块上的游客接待站和既存建筑，设置通往河岸的公共通道，将既有的沿河建筑打造为艺术展示和公共交流空间，从而创造进入古南街的新亮点（表7-6）。

表 7-6 | 地块六

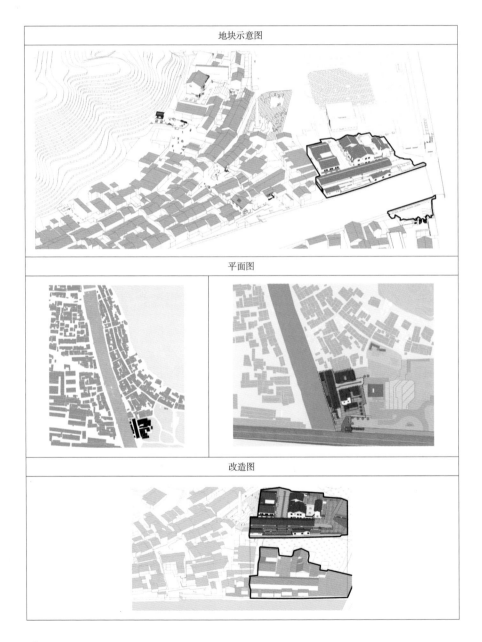

地块示意图
平面图
改造图

鸟瞰图

立面图

7.地块七

地块七为从古南街入口广场往西沿东坡路的狭长地带。地块七的改造有3个要点：第一，面向古南街入口广场处的建筑改造和上山节点的景观设计；第二，沿街多层住宅楼和组团式民居的立面改造，将其作为典型案例；第三，沿东坡路南侧围墙的景观改造与提升，为附近居民提供休闲、健身和散步的场所，其景观做法将作为示范工程（表7-7）。

表 7-7 | 地块七

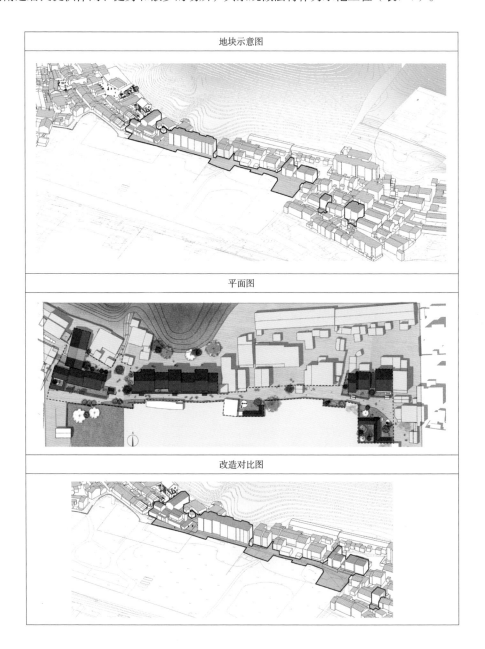

地块示意图
平面图
改造对比图

鸟瞰图

改造分析

效果呈现

8. 地块八、地块九

地块八、地块九上有3种典型建筑的立面改造工程，它们分别是：具有当地特征并数量众多的独栋二层小楼；组团式1~2层自建房屋；二层办公用房。这些建筑具有典型性，其立面改造中的构造、细部做法可以作为其他房屋立面改造的参考（表7-8）。

表 7-8｜

地块八、地块九

地块示意图

平面图	

改造对比图		

Λ解码｜历史地段保护与更新中的数字技术｜

平面图	
	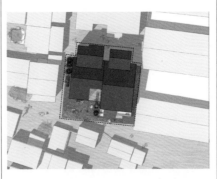

改造对比图		

		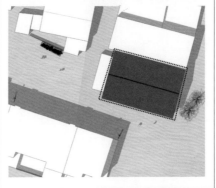
	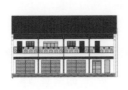	

7.2.4 景观节点设计——构件层面的模块化引导

1.既有设计总结

以上从多个层级对传统聚落进行针灸式的修复方式，在时间和空间维度上都呈现出一定程度的衔接关系。前期的设计和探索在不断积累、更新和修正的过程中，逐渐形成一套符合当地特色的设计范式和导则，同时也构建了"整体规划—组团地块—建筑单体—景观设施"的设计闭环，对于其他相同和类似处境的传统古建聚落起到了示范作用。设计的思路和方式可以总结出如下特点：

1）集成示范：从街区规划设计、环境品质优化、基础设施改善、居住条件提升等方面展开关于优化传统聚落人居环境的综合研发。

2）布局选点：选择具有代表性、富有鲜明地域特色的传统古建聚落进行适应性保护和利用的集成示范。

3）渐进改造：面对古南街错综复杂的社会经济现状，通过小规模的整治和改造对原住民进行示范和引导，在保持聚落内空间多样性的同时，使改造后的"新细胞"能够与聚落肌理和传统风貌相融合。

4）模块操作：在具体设计过程中积累和整理典型的设计方法，以便在后续设计中进行参考和优化，形成适应古南街整体风貌的案例库（图7-15）。

案例设计直接源自聚落内已有的风貌语汇，并结合现代生活的设施和审美需求进行转译和延伸，通过总结面向外部空间节点设计的可复用模块的集合，形成指导外部空间风貌保护和存续的设计导则。针对聚落外部公共空间总结相关案例，一方面使既有案例规范化、系统化，并借助程序编程高效使用，另一方面可对案例在聚落保护工作中进行选择、匹配，具有启发和推广意义。使用典型案例进行节点空间的细化设计可以在一定程度上减轻设计的工作量，并且实现聚落风貌和空间特征的统一性。

2.适应传统风貌的设计要素

本次案例库的建构对象为古南街外部公共开放空间设计，具体指剔除交通性道路、宅基地、河流、山体等场地要素，可供使用者直接使用的公共性和可达性较好的场地，例如广场、滨水空间、景观步道、绿化庭院等。针对性的设计应在聚落传统风貌的整体框架之下，考虑置入现代生活设施，营造适宜的空间氛围。

案例库建立的参考来源包括街区内现有传统风貌要素和营造方式、导则内所规定的符合传统的做法、其他项目实践中的典型范例，在前两者的基础上进行适当的优化设计和转译，以适应现代化的生活、生产和审美需求。

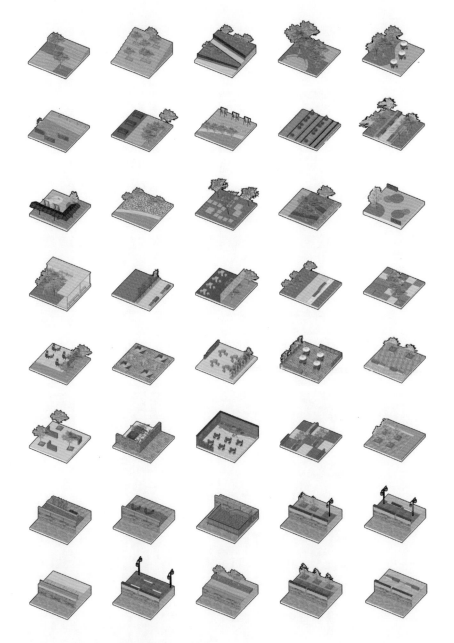

图 7-15 |

部分典型案例模块

（1）现有传统风貌要素和营造方式

古南街具有苏南传统聚落的一般性风貌特征，同时根深蒂固的紫砂文化和独特的地理特征已经渗透到聚落整体的营建之中，建筑功能类型、平面特征、材料选择、构造做法都反映出当地的生产和生活特征。对传统风貌要素和营造方式进行梳理，可提取进行下一步案例设计的风貌来源（表7-9）。

表 7-9｜

古南街现有传统风貌要素和营造方式

		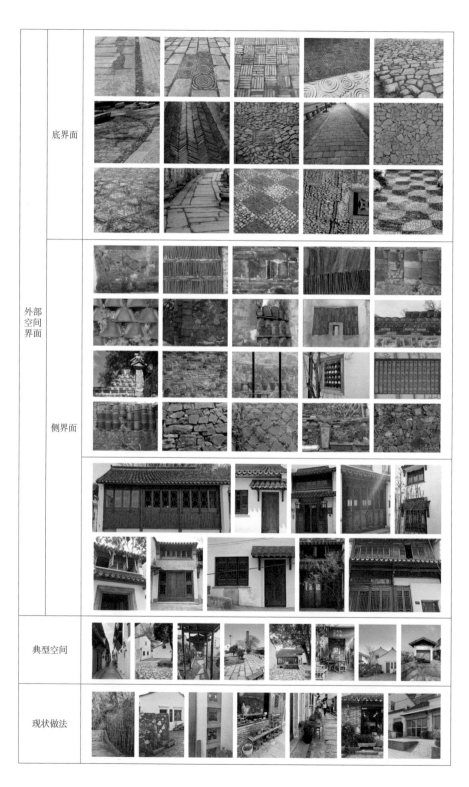
外部空间界面	底界面	
	侧界面	
典型空间		
现状做法		

（2）导则内所规定的符合传统的做法

《蜀山古南街历史文化街区建筑立面整治与风貌提升导则》对于街区内传统民居风貌的保护修缮和整治提出了指导意见。该导则介绍了传统材料和工艺，为传统民居风貌的保护和修缮提供技术支持，通过文字与图则的方式提供符合宜兴蜀山的传统建筑风貌的民居修缮指导建议。本小节提取了该导则中对外部空间设计的有关规定和做法，以期使公共空间的整体风貌和传统民居的风貌保护和谐统一（表7-10）。

表7-10 | 导则内所规定的符合传统的做法

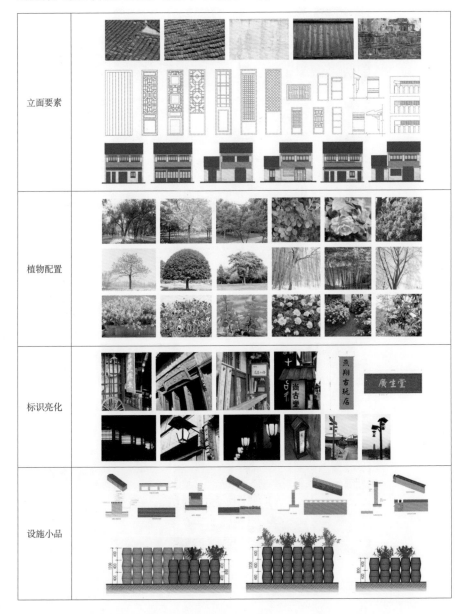

立面要素	
植物配置	
标识亮化	
设施小品	

（3）其他项目实践中的典型范例

对传统风貌的保护和传承并不是一味地复制传统做法，也须适应现代生活方式和审美需求，在传统风貌的框架之下改善生活设施和景观设施，为聚落空间注入新的活力，因此将一些优秀的项目实践纳入风貌来源的考虑范畴之内，以丰富外部空间的设计语汇，适应街区内不同区域的风貌设计要求（表7-11）。

表 7-11
其他项目实践中的典型范例

景观种植	
休憩设施	
历史街区	
亲水空间 与 场地高差	

3. 桥西节点

桥西节点地块位于蠡河西岸，连接蜀山大桥与西街，具有重要的交通作用。场地内建筑多为一般风貌建筑且品质较差：临近西街河边有泵房和公厕，地块中部有3栋商住结合的多层住宅，底层为日用品摊点，住宅楼北部有一层和二层结合的坡屋顶住宅。地块内虽然保留有石桥、河埠头等传统景观，但却存在乱停车和乱晾晒等问题，给道路造成阻碍，也极大地影响了景观视线的连通性。桥西节点地块的改造目标为：整治建筑立面，置换住宅底层功能业态，结合蠡河沿岸段塑造滨水景观空间；对公厕周围进行综合环境治理，迁移停车点，疏通交通流线；通过建筑立面改造、公共空间景观设计、人行流线梳理，将桥西节点打造成南街至西街的标志性节点，塑造休闲娱乐、滨水游览、艺术展陈、商业售卖、公共交流等融于一体的西街新地标，使蜀山大桥甚至西街重新焕发活力，应用复合型功能和多样化设计手段为其他节点起到示范作用（表7-12）。

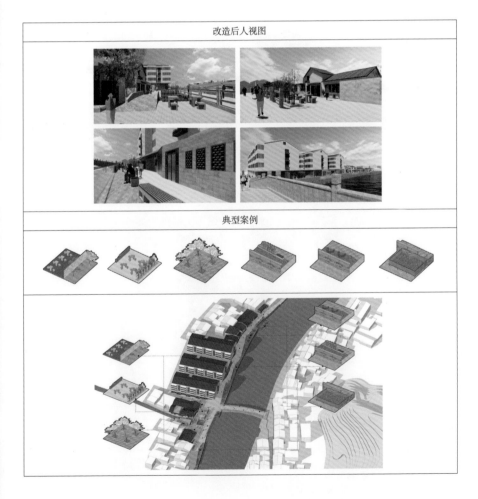

表 7-12 | 桥西节点更新示意图

4. 房管所节点

房管所节点地块位于蠡河西岸，房管所为二层三开间办公楼，因绿色琉璃瓦屋顶和红色面砖而颇具特色，在沿河建筑中具有较强的标志性。房管所西侧为内院空地，底层开口较大，具有连通沿岸和内部庭院、提升公共开放性的空间潜力。房管所节点地块的改造任务为：贯通滨水空间、建筑底层和景观庭院，塑造成为居民休闲、文化展示、游客咨询的多功能休闲集会场所；二楼进行适当加建，形成面向庭院景观的室外露台，将其作为高档茶室；保留建筑的色彩特征；适当地加入现代建筑材料对门窗构件进行改造，在南侧增建飘窗以加强建筑的感染力，通过在建筑前后加建金属屋面和披檐增加更多的灰空间，使建筑底层更加通透，并连通内院景观和蠡河沿岸滨水景观，打造西街重要节点，在满足必要办公功能的同时为居民和游客提供休闲、停留以及文化交流的场所（表7-13）。

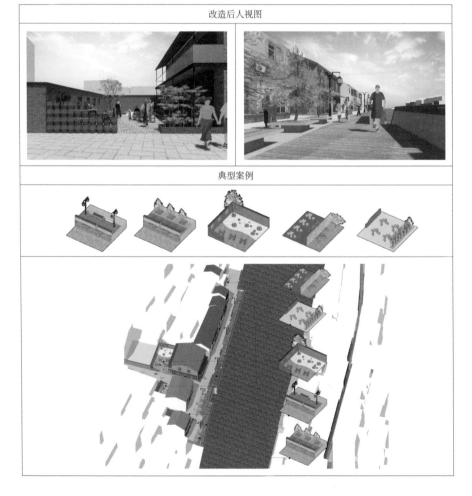

表7-13
房管所节点更新示意图

5.红阳桥西侧广场节点

红阳桥西侧广场节点地块作为西街的起点缺乏一定的标志性和停留空间，且建筑语汇较为冗杂，与传统风貌不相匹配，场地内的开放空间面积充裕，但停有大量的机动车，破坏了场地的场所氛围和可能发展为广场空间的可能性。红阳桥西侧广场节点的改造任务为：逐步迁移停车场位置；限定车辆进入沿河道路并最终达到限制机动车进入沿河道路的目的；结合场地内部高差打造富有体验特色的滨水休闲空间（表7-14）。

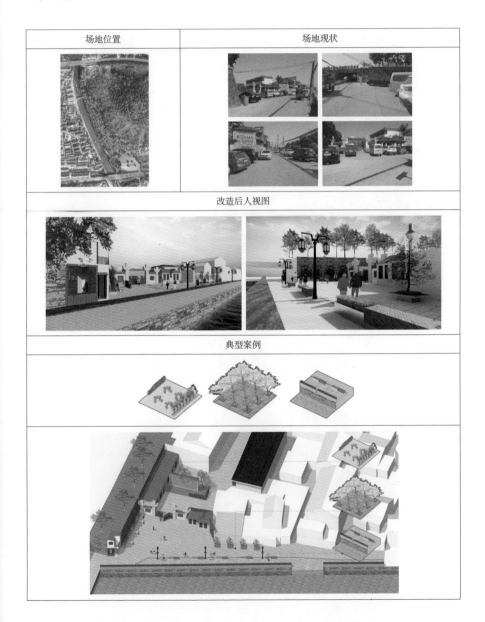

表 7-14 ｜ 红阳桥西侧广场节点更新示意图

6.蠡河东岸紧邻蜀山新桥节点

蠡河东岸紧邻蜀山新桥节点地块内建筑风貌保持较好，并且私人地块内部绿化状况良好。蠡河东岸紧邻蜀山新桥节点的改造任务为：完成景观提升以带来良好的沿河步行与观景体验，提升沿河道路与私人住宅之间的公共景观，并以此为示范工程引发其余沿河地块的景观提升（表7-15）。

表7-15|
蠡河东岸紧邻蜀山新桥节点更新示意图

7. 蠡河东岸蜀山大桥以南节点

蠡河东岸蜀山大桥以南节点地块位于南街和蜀山大桥交会节点处。本地块兼具修复后南街的传统街巷风貌和滨水景观，但私搭乱接的民居阻断了沿河道路，并且使重要道路交会点显得拥挤局促，廉价的建筑材料和建筑品质大大地破坏了聚落整体特别是沿河两岸建筑的风貌。蠡河东岸蜀山大桥以南节点的改造任务为：适当拆除违建房屋并增设出挑沿河栈道；打通南街的沿河游览路线，恢复游览路线的连续性和体验的完整性；通过改造部分建筑改善南街至河岸的交通可达性与视线连通性，提升景观游览体验（表7-16）。

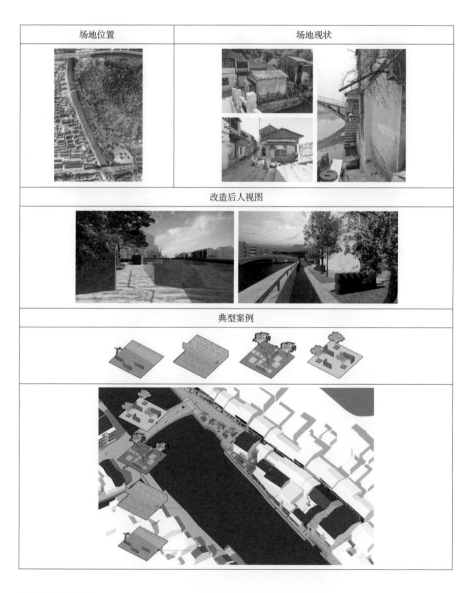

表 7-16｜蠡河东岸蜀山大桥以南节点更新示意图

8. 入口广场南侧节点

入口广场南侧节点地块紧邻道路和红阳桥，东侧有新建的游客接待站，北侧为目前的入口广场，是从街区入口进入沿河景观步道最近的地块。入口广场南侧节点的改造任务为：改善场地内现有建筑的整体风貌；结合部分建筑改造既有游客接待站对游客进行疏导；打造从入口前往河岸的重用景观通道，并将沿岸建筑组团改造为公共交流、艺术展陈、文化休闲的场所，形成进入古南街的重要节点（表7-17）。

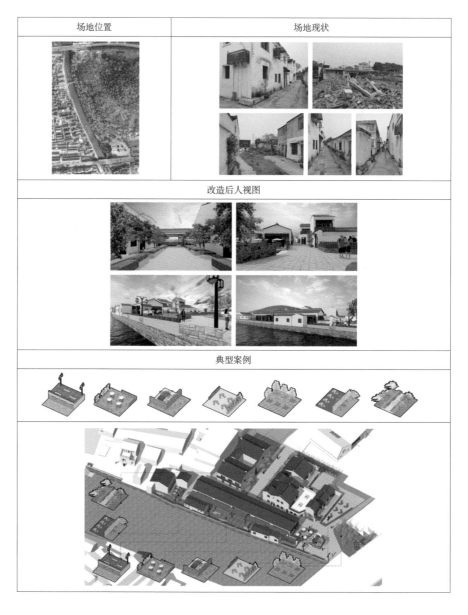

Λ解码┊历史地段保护与更新中的数字技术┊

9. 入口广场往西沿东坡路节点

入口广场往西沿东坡路节点位于入口广场往西的狭长地带，场地内传统建筑极少，多为新建楼房和平房，因而在改造设计中可以考虑融入更多的现代建筑语汇，与传统风貌相得益彰。口广场往西沿东坡路节点的改造任务为：对面向古南街入口广场处的建筑进行改造，并进行上山节点的景观设计；对沿街多层住宅楼和组团式民居的立面进行改造，将其作为典型案例；对沿东坡路南侧围墙进行景观改造与提升，给附近居民提供休闲健身和散步的场所，并将这些景观的做法作为示范工程（表7-18）。

表 7-18 | 入口广场往西沿东坡路节点更新示意图

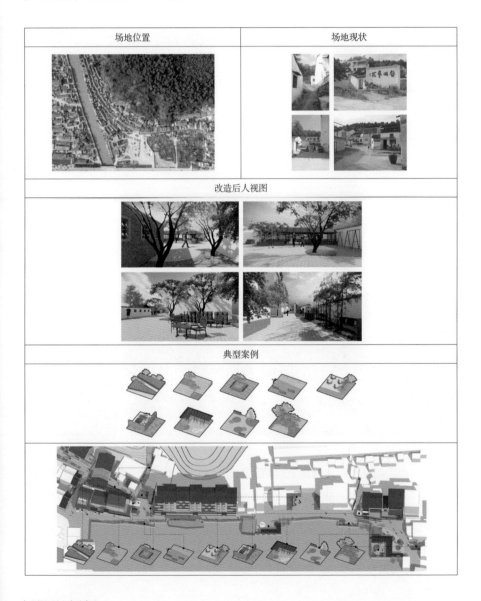

7.3 单体建筑改造

7.3.1 曼生廊和T字房

工程名称：曼生廊和T字房

建筑设计单位：

　　　　东南大学建筑学院

　　　　东南大学建筑设计研究院有限公司

建筑师：唐芃

地点：宜兴市丁蜀镇丁蜀南街

设计时间：2018年3月

竣工时间：2019年3月

业主：宜兴市丁蜀镇建设局

建筑设计团队：吴浩东、俞海洋、杨波

基地面积：572.6 m^2

建筑面积：288.5 m^2

结构形式：砖木结构

图7-16｜
曼生廊和T字房建成前后对比图

　　曼生廊和T字房本为两处不相连的建筑组团，但都紧靠蜀山，两个组团中间的区域杂树丛生，为建筑垃圾和碎陶片的堆积区（图7-16）。

　　每一个建筑在自发生长的过程中都抒写了自己的故事，设计师初到场地上感受到的气氛是建筑改建的灵感来源。曼生廊的基地是一处隐在街道内侧从主街上无法感知到的传统民居。房屋的主人倚着蜀山堆砌陶罐，形成了一个小宕口，使曼生廊容身山地地形中并拥有了一处小小的花园。穿过极窄的支巷走到花园内给人一种豁然开朗的感觉，也寓意着壶中天地的自在。这里原本叫杨家花园，是当年紫砂大师杨彭年兄妹与陈鸿寿（字曼生）交流切磋书画和研讨制壶创新之所，据说"曼生十八式"茶壶的经典形态就诞生在这里。

T字房顾名思义是一组T字形的建筑，与曼生廊有着截然不同的风格。T字的那一竖是连接主街的一条极窄的门廊，穿过门廊进入一个院子，面对着的是一栋三开间的两层砖木结构建筑和与其连接的一组用混凝土板沿着山体随意搭建的房屋。厨房、厕所、楼梯等附属空间均在主要空间中强行切割和设置，房屋内的交通流线七拐八绕，最后与蜀山的环山小径相通。这是一处为了争取更多居住空间而经过多次增改建的民居，民居内空间昏暗而狭小，空气污浊，但玻璃窗上褪色的红喜字和鲜艳的蚊帐又在讲述着发生过的新鲜喜事。

这两组建筑的改造任务同时进行，在统筹考虑之后设计师决定打通两处建筑中间的垃圾堆场区，形成从曼生廊到T字房的连续空间。设计中，设计师最关注的是将场地上感受到的气氛通过建筑改建的手法还原出来，为此曼生廊独有的自在天地的气质和T字房空间复杂、内外迂回贯通的特点被刻意保留了下来。房屋的主人已经搬走，房屋的功能将由居住空间转变为公共空间，将曼生廊设计为陈曼生纪念馆，提供临时集会和展览的空间，将T字房定位为可出租的小型茶室或私人紫砂工作室。其他相连接的辅助部分为公共休闲空间，均可从通往山上的廊子或者从连接主街的巷道出入。考虑到管理上的方便，这些廊子与巷道在空间上可以与建筑完全分离进行管理（图7-17~图7-24）。

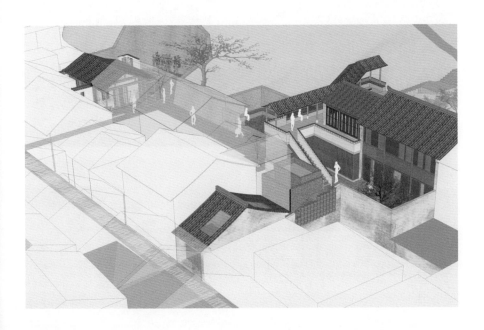

图7-17 | 曼生廊和T字房设计效果图

图 7-18|

曼生廊和丁字房建成前后对比图

图 7-19|

曼生廊和丁字房建成后实景

Λ解码 | 历史地段保护与更新中的数字技术

图 7-20 |
曼生廊和 T 字房平面图、剖面图

0 2 5 10m 一层平面

二层平面

剖面图

图 7-21 |
曼生廊和 T 字房设计效果图

图 7-22 |

曼生廊和 T 字房实景现状

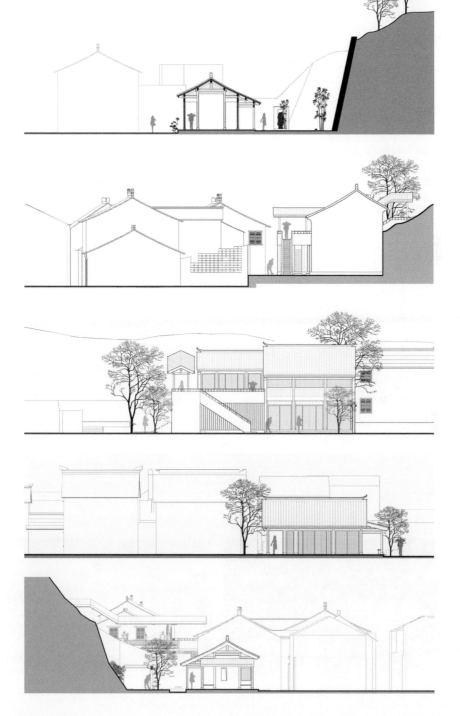

图 7-23 |
曼生廊剖面图

图 7-24 |
曼生廊和 T 字房立面图

保护规划方案的实施

7.3.2 凌霄亭

工程名称：凌霄亭

建筑设计单位：

　　东南大学建筑学院

　　东南大学建筑设计研究院有限公司

建筑师：唐芃

地点：宜兴市丁蜀镇丁蜀南街蠡河东岸

设计时间：2019年3月

竣工时间：2020年12月

业主：宜兴市丁蜀镇建设局

建筑设计团队：吴浩东、俞海洋、杨波

基地面积：92.22 m²

建筑面积：58.12 m²

结构形式：砖木结构

凌霄亭原本是一栋孤立的二层危房，位于蠡河东岸通往内部的街巷入口处，位置非常重要，占据公共景观视觉中心。凌霄亭因为原建筑的临河一面有两株凌霄花得名。危房拆除之后，为了还原原有的空间肌理，设计师在这里设计了一栋在轮廓上与原有建筑相仿的二层观景亭，其功能由民居转为公共活动空间。设计保留了凌霄花和茂盛的枇杷树，将底层作为花架和灰空间组成的休息空间，上部作为观景空间，使人们可以在花树的掩映下观看蠡河上来往的船只和对岸的人的活动。凌霄亭的周边设计有休闲的廊子和儿童读书室，这里成为古南街沿河的一处新的景观节点（图7-25~图7-33）。

图 7-25 | 凌霄亭建成前后对比图

Λ解码┊历史地段保护与更新中的数字技术┊

图 7-26|
凌霄亭实景建成前后对比图

图 7-27|
凌霄亭设计效果图

保护规划方案的实施

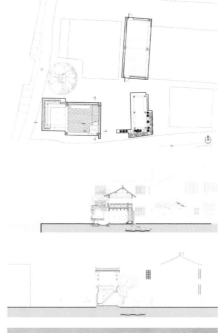

图 7-28 | 凌霄亭平面图

图 7-29 | 凌霄亭剖面图

图 7-30 | 凌霄亭立面图

图 7-31 | 凌霄亭实景现状 1

图 7-32 | 凌霄亭模型图

Λ解码┊历史地段保护与更新中的数字技术┊

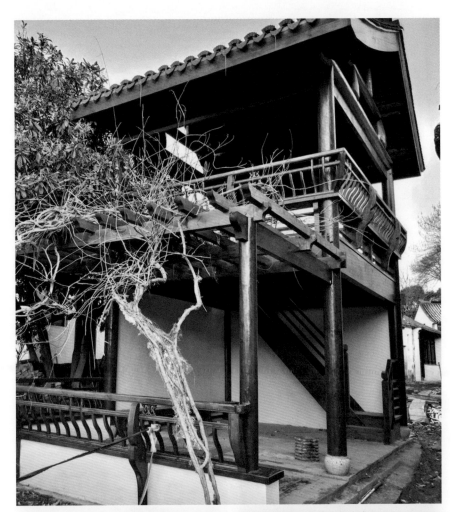

图 7-33 |

凌霄亭实景现状 2

7.3.3 桥西建筑群立面改造

项目地点：宜兴市丁蜀镇古南街蠡河西岸

设计时间：2018年3月

竣工时间：2020年12月

建筑总面积：269.29 m²

景观面积：197.89 m²

设计团队：唐芃、吴浩东、徐怡然

　　桥西建筑群位于蠡河西岸的交通转折点，对桥西建筑群的改造结合建筑立面整治、住宅底层沿街商铺处理、周边地块功能转换、公厕环境整治以及交通规划等，打造成南街至西街转折的重要节点，提供休闲停留和文化交流的场所。改造内容包括人行道路梳理、开放空间设计、立面风貌改造、底层沿街风貌设计、建筑单体改造、滨水景观设计等。通过桥西建筑群和节点的更新，重新焕发蜀山大桥周边的空间活力，通过多种设计手法的置入为其他节点起到示范作用（图7-34~图7-41）。

图7-34丨桥西建筑群建成前后对比图

图7-35丨桥西建筑群实景建成前后对比图1

图 7-36 | 桥西建筑群实景建成前后对比图 2

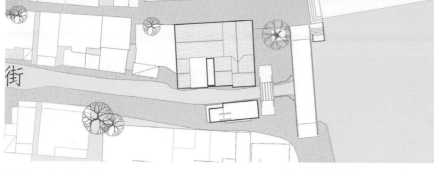

图 7-37 | 桥西建筑群平面图

图 7-38 | 桥西建筑群剖面图

图 7-39 | 桥西建筑群立面图

图 7-40 | 桥西建筑群模型图

图 7-41 | 桥西建筑群实景现状

∧解码┊历史地段保护与更新中的数字技术┊

后 记

从日本回国后不久，我就与宜兴结下了不解之缘：建成的第一个建筑作品在宜兴张渚，开展的第一次学术调研在宜兴周铁。之后，我的精力就渐渐集中在蜀山古南街这条500米长的街道上。在南街奔波的7年充实了我的回忆，虽没能躲过每一次夏日的暴雨，但也享受了每一朵盛开的凌霄。

本书是作者及团队自2015年以来的研究工作总结。古南街在悄悄地发生着变化，有些研究结合了实际工程已经显现出成效，而更多的探索还在进行中。感谢我的研究生王笑、陈今子、沈添、曾靖如、韦柳熹、蔡陈翼等对理论研究篇内容做出的重要贡献，感谢吴浩东、徐怡然、沈添、俞海洋、杨波等对工程实践篇内容做出的重要贡献。

感谢那些与我一起在路上前行的人。

唐 芃

2021年12月于四牌楼